Rust编程

入门、实战与进阶

朱春雷 ◎ 著

RUST PROGRAMMING

From Beginner to Expert

机械工业出版社

CHINA MACHINE PRESS

图书在版编目（CIP）数据

Rust 编程：入门、实战与进阶 / 朱春雷著 . -- 北京：机械工业出版社，2021.5（2023.4
重印）
ISBN 978-7-111-67910-3

I. ①R… II. ①朱… III. ①程序语言 – 程序设计 IV. ①TP312

中国版本图书馆 CIP 数据核字（2021）第 059770 号

Rust 编程：入门、实战与进阶

出版发行：机械工业出版社（北京市西城区百万庄大街 22 号　邮政编码：100037）

责任编辑：董惠芝　　　　　　　　　　　　　　责任校对：马荣敏

印　　刷：北京建宏印刷有限公司　　　　　　　版　　次：2023 年 4 月第 1 版第 2 次印刷

开　　本：186mm×240mm　1/16　　　　　　　印　　张：19.75

书　　号：ISBN 978-7-111-67910-3　　　　　　定　　价：89.00 元

客服电话：（010）88361066　68326294

为什么要写这本书

虽然对 Rust 语言早有耳闻，但真正接触 Rust 还缘于笔者在"一块 +"区块链技术社区参加的陈锡亮老师主讲的"Substrate 快速入门与开发实战"课程。Substrate 是一个开源的区块链开发框架，由 Parity 团队使用 Rust 语言编写。想学好 Substrate，毋庸置疑得先学好 Rust。因此笔者深入研读了最权威的官方教程 *The Rust Programming Language*、以代码展示方式讲解语法的 *Rust by Example* 以及深入底层系统介绍 Rust 设计哲学的《Rust 编程之道》等著作。虽有 10 年以上编程经验，熟悉 Java、Python、Go 等语言，但在学习 Rust 编程的过程中，笔者依然有严重的挫折感。挫折感的来源有以下三点。

一是初学者对 Rust 语言中一些特有的语法和符号需要一个适应过程。

二是 Rust 编译器内建各种安全检查规则，加上独有的所有权系统，在编写稍微复杂的程序时，几乎难以做到一次编译就成功通过，需要经历反复的修改与编译调试。

三是 Rust 编程中关于引用、智能指针的使用，以及在编写 Unsafe Rust 过程中如何保证内存安全很复杂，对 Java、Python、Go 等语言的开发者也是较大的挑战。

另外，纵观市面上 Rust 图书的共同点，大多侧重于对 Rust 设计思想的介绍、对语法使用以及实现原理的详细讲解，缺乏有效的编程实战教程。

因此，经过一段时间的深入思考，笔者决定撰写本书，并尝试将不限语言的数据结构和算法与 Rust 编程实战进行结合，让读者可以凭借以往的编程基础使用 Rust 语言进行实战，在实战中巩固各知识点，提升 Rust 编程能力。学以致用是贯穿本书的理念。

读者对象

本书内容由浅入深，即使没有任何 Rust 编程经验的开发者也可以学习参考。本书适用于以下几类读者。

　　❑ 有高级语言（如 Java、Python、Go、C++ 等）编程经验的开发者；

❑ 正在从事软件开发工作的开发者；

❑ 计算机软件及相关专业的学生；

❑ 其他有一定数据结构和算法经验且对 Rust 感兴趣的读者。

本书特色

以往常听一些朋友抱怨，且笔者在学习过程中也有类似感受："学习一门新的语言，对入门书籍阅读过半，还只会写 Hello World 程序，继续学习后面的章节却已忘记了前面的内容。"之所以出现这种情况，主要是因为初学者很容易纠缠于语法细节的学习，钻一些深奥复杂却不常用的语法的"牛角尖"，导致"从入门到放弃"的情况时有发生。特别是 Rust 编程的初学者，如果一开始就囿于 Rust 语法细节，很容易因受挫而放弃。

笔者较为推崇的学习方式是，掌握一门语言最基础的语法知识后就进行编程实战训练，实践中遇到了问题再去探究深层原理和细节。这样比一开始就进行"面面俱到、点点探究"的学习会更有收获，理解也更为透彻。因此，本书将秉持学以致用的原则进行讲解，不事无巨细地罗列一个个知识点，也不立刻探究背后的原理和细节，而是帮助读者以最快的速度掌握 Rust 编程所需的基本概念和基础语法，快速进入编程实战训练，以刻意练习的方式让读者掌握每个知识点。这里的刻意练习包含以下三个方面的要求。

一是在"学习区"学习。跳出学习的"舒适区"，选择有难度、有挑战的知识学习。数据结构和算法的优劣取决于开发者的技术功底，而开发者对数据结构和算法知识的掌握程序决定了他们在面对新问题时分析问题和解决问题的能力。因此，结合数据结构与算法的知识点进行编程训练，能使读者快速建立对 Rust 编程的认知，是挖掘自身成长潜能的重要手段和开发高性能程序的必备基础。

二是大量重复练习。只有不断地重复练习，才能真正掌握知识点。本书精选 LeetCode平台上与 Rust 语法知识点相关的 39 道高频算法面试真题，在细致讲解与代码实现中，把重要的语法知识点通过题目复现，帮助读者在重复练习中真正做到各个知识点的熟练掌握与融会贯通；同时，还会把初学者在练习中遇到的常见问题以及解决问题的过程展现出来，使读者在逐步解决问题中巩固知识点。

三是及时测评反馈。没有及时反馈的练习往往是无效的。本书将协助读者在 LeetCode平台上进行练习并及时获得测评反馈，增加读者的学习兴趣。

如何阅读本书

本书分为三篇，具体内容如下。

语言基础篇（第 1～11 章）：介绍 Rust 编程必须掌握的基础语法。

编程能力训练篇（第 12～13 章）：将数组、栈、队列、哈希表、链表、树等实用的数据结构和递归、分治、回溯、二分查找、排序、动态规划等常用算法与 Rust 编程实战结合进行讲解，并精选 LeetCode 上的 39 道高频算法面试真题，使用 Rust 语言进行编程实战。

综合实战篇（第 14~15 章）：以排序算法为主题，围绕功能拓展和性能拓展两条主线，结合工程管理、泛型、trait 系统、高阶函数、闭包、迭代器、单元测试、多线程并发和异步并发等重要的语法知识点进行综合实战训练。

如果你具备 Rust 基础语法知识，可以直接从编程能力训练篇开始阅读。但如果你是一名初学者，建议按照本书的编排顺序从第 1 章开始学习。

勘误和支持

由于笔者的水平有限，加之时间仓促，疏忽和不足之处在所难免，恳请读者批评指正。笔者在 GitHub 上创建了一个 Resposity，读者可以在这里找到书中的全部源代码，同时可以将书中的错误（请标明具体的页码和错误信息）直接提交 issues，笔者将会及时发布更新修订。如果你有更多的宝贵意见，也欢迎提交 issues。期待能得到你的支持与反馈。

此外，笔者会长期运营公众号"冲鸭 Rust 和区块链"，分享 Rust、算法和区块链开发的原创技术。考虑到本书定位于快速入门实战，没有涉及 Rust 宏和 Unsafe 编程，笔者后续计划从 Substrate 和 libp2p 源码解析的角度写一些进阶版实战系列来讲解这些知识点，并会分享在公众号上供大家参考。

随书源码地址：https://github.com/inrust/Rust-Programming-in-Action。

致谢

首先要感谢 Rust 社区为全球开发者提供的高质量文档和相关资料，感谢 Gavin Wood 博士为 Rust 贡献了诸多优秀的开源代码，感谢张汉东老师等国内 Rust 布道者，本书是站在巨人的肩膀上完成的。

其次要感谢机械工业出版社策划编辑杨福川和责任编辑董惠芝在这近半年时间里始终支持我的写作，你们的鼓励和帮助使我得以顺利完成全部书稿。

还要感谢 Web 3 基金会、"一块 +"区块链技术社区的同人以及在写书过程中给予指导的各位老师，你们的支持和推荐使得书稿最终顺利完成。特别感谢同窗好友叶毓睿同学，你的引荐促成了这本书的出版。

最后要感谢我的家人，因为有了你们的信任和支持，我才能够安心、坚持不懈地做自己想做的事。

目 录 *Contents*

语言基础篇

本篇介绍 Rust 编程必须掌握的基础语法，但不会事无巨细地罗列一个个知识点，也不会立刻去探究其背后的原理和细节，而是帮助读者以最快的速度掌握 Rust 编程所需的基本概念和基础语法，快速地进入编程实战训练中去。

第 1 章

初识 Rust

本章简要介绍 Rust 的概况和发展趋势，讲解如何在系统中安装 Rust，并编写和运行第一个 Rust 程序——Hello Rust，然后学习使用 Rust 构建工具和包管理器 Cargo 创建第一个项目工程——Hello Cargo。

1.1　Rust 语言简介

Rust 语言诞生于 2006 年，原本是 Mozilla 员工 Graydon Hoare 的私人项目。Mozilla 于 2009 年开始赞助这个项目，并于 2010 年对外公布。Graydon Hoare 认为，未来的互联网除了需要关注性能，更需要关注安全性和并发性。因此，他对 Rust 语言的期望是：必须更加安全、不易崩溃；不需要垃圾回收机制，不能为了内存安全而引入性能负担；拥有一系列相互协作的特性，使得程序更容易编写、维护和调试。总之，一切都是为了让开发者写出更安全、更高效的代码。在 Stack Overflow 2020 开发者调查报告中，Rust 获得"最受喜爱编程语言"第一名，如图 1-1 所示。这是 Rust 连续五年蝉联"最受喜爱编程语言"的殊荣。

计算机编程语言经历了从机器语言到汇编语言再到高级语言的演进，但一直以来始终有一个难题存在，那就是如何编写出内存安全的代码。近年来，由内存安全以及内存缓冲区溢出所导致的密钥泄露、拒绝服务和远程代码执行漏洞等相关问题频发。

简单来说，内存安全是不出现内存访问的错误。使用未初始化内存、引用空指针、释放指针后再次使用、重复释放指针、缓冲区溢出等都会导致内存访问错误。Rust 语言的独到之处就是为了保证内存安全，建立了严格的内存管理模型——所有权系统和类型系统，通过其严格的编译器来检查代码中的每个变量和引用的每个内存指针，为每个变量建立了清晰的生命周期。一旦超出生命周期，变量就会被自动释放，从而不需要垃圾回收机制。

每个被分配的内存都有一个独占其所有权的指针。当该指针被销毁时，其对应的内存才会被释放。这样，Rust 从语言层面保证了程序的正确性，让开发者在编译阶段就能识别出内存不安全的错误。

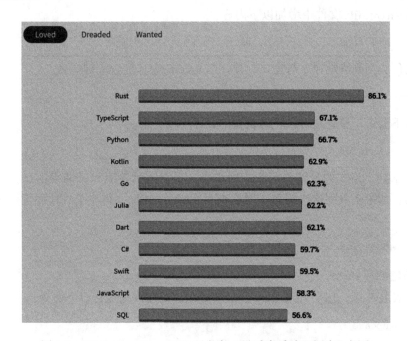

图 1-1 Stack Overflow 2020 开发者"最受喜爱编程语言"评选

除了安全性，Rust 还追求高效开发。泛型和 trait 系统使其具备了强大的抽象表达能力。同时，为了保证程序的健壮性，Rust 还设计了简单又精致的错误处理机制，让开发者可以从更细的粒度对非正常情况进行合理处理。后面的章节会逐步探索 Rust 这些独有的特性。

1.2 搭建编程环境

所谓"工欲善其事，必先利其器"，在开始编写 Rust 程序之前，请先检查系统中是否已安装了 Rust，并检查是否已升级到最新版本。

1. 安装 Rust

Rust 由工具 rustup 安装和管理。rustup 既是 Rust 安装器，又是版本管理工具。

在终端运行以下命令，遵循指示即可完成最新稳定版 Rust 的下载与安装。

```
$ curl --proto '=https' --tlsv1.2 -sSf https://sh.rustup.rs | sh
```

如果安装成功，将会出现以下内容。

```
Rust is installed now. Great!
```

2. 设置 PATH 环境变量

在 Rust 开发环境中，rustc、cargo 和 rustup 等所有 Rust 工具都安装在 ~/.cargo/bin 中。我们可以将其加入 PATH 环境变量中。

在 ~/.bash_profile 文件中增加以下内容：

```
export PATH="$HOME/.cargo/bin:$PATH"
```

保存文件，回到终端命令行窗口，使用 source 命令让配置立即生效。

```
$ source ~/.bash_profile
```

运行以下命令，检查是否已正确设置 PATH 环境变量。

```
$ rustc --version
```

如果显示如下格式的最新稳定版的版本号、提交的哈希值和日期等信息，表示环境变量设置成功。如果未看到这些信息，请检查 ~/.bash_profile 文件中 PATH 环境变量设置的路径是否正确。

```
rustc 1.48.0 (7eac88abb 2020-11-16)
```

3. 更新和卸载 Rust

如果已安装 Rust，想要升级 Rust 到最新版本，可在终端运行以下命令：

```
$ rustup update
```

如果想要卸载 Rust，可在终端运行以下命令：

```
$ rustup self uninstall
```

1.3　Hello Rust

在安装好 Rust 并配置环境变量后，我们按照惯例编写和运行第一个 Rust 程序——Hello Rust。

1. 创建项目目录

一切准备就绪，可以开始编写代码了。Rust 本身并不关心代码的存放位置，但为了便于管理和查看，创建一个存放 Rust 程序源文件的文件夹 hello_rust，在终端运行以下命令：

```
$ mkdir hello_rust
$ cd hello_rust
```

2. 编写 Rust 程序

新建一个名为 main.rs 的源文件，Rust 源文件以 .rs 扩展名结尾。打开 main.rs 文件，输入以下代码：

```
1   fn main() {
2       println!("Hello, Rust!");
3   }
```

保存文件，回到终端命令行窗口。

3. 运行 Rust 程序

代码编写完成后，需要先编译再运行。编译程序，在终端运行以下命令：

```
$ rustc main.rs
```

可以看到在当前文件夹中生成一个名为 main 的可执行程序，在终端运行以下命令：

```
$ ./main
```

可以看到打印出"Hello, Rust!"字符串。恭喜，第一个 Rust 程序已成功运行！

4. 分析 Rust 程序

回头再来看看 main.rs 源文件中的代码：

```
1   fn main() {
2       println!("Hello, Rust!");
3   }
```

上述代码声明了一个 main 函数，fn 是用于函数声明的关键字，函数体被包裹在大括号"{}"中。默认情况下，main 函数是可执行程序的入口函数，它是一个无参数、无返回值的函数。函数体完成在屏幕上打印文本的工作，每个语句使用分号";"结尾。"Hello, Rust!"是一个字符串，作为参数传递给 println!。

1.4 Hello Cargo

在体验了手工编译和运行 Rust 程序之后，下面介绍 Rust 构建工具和包管理器 Cargo。使用 Cargo 管理 Rust 项目，特别是编写复杂的 Rust 程序，可以很方便地构建代码、下载依赖库并编译这些库。在实际项目开发中，建议一律使用 Cargo 来管理 Rust 项目。Cargo 的常用命令如表 1-1 所示。

表 1-1 Cargo 常用命令

命　　令	说　　明
cargo new	新建项目
cargo build	编译项目
cargo check	检查报告项目中的错误，但不编译任何文件
cargo run	编译并运行项目
cargo test	测试项目
cargo doc	构建项目文档

（续）

命 令	说 明
cargo publish	将库发布到 crates.io
cargo clean	移除项目的 target 文件夹及其所有子文件夹和文件
cargo update	更新项目的所有依赖库

如果想查看 cargo 的帮助信息，可以在终端命令行窗口使用 cargo -h 命令。如果对某个命令不甚熟悉，可以使用 cargo help <command> 显示某个命令的帮助信息。

1. 创建项目

cargo 可以创建两种类型的项目：可执行的二进制程序和库。

1）运行以下命令，可以创建可执行的二进制程序。

```
$ cargo new project_name
```

2）运行以下命令，可以创建库。

```
$ cargo new project_name --lib
```

下面使用 Cargo 创建新项目——可执行的二进制程序 hello_cargo。在终端运行以下命令：

```
$ cargo new hello_cargo
```

这会生成一个名为 hello_cargo 的新文件夹，其中包含以下文件：

```
hello_cargo
|- Cargo.toml
|- src
    |- main.rs
```

Cargo.toml 是项目数据描述文件，其中包含项目的元数据和依赖库。src/main.rs 是源代码文件。编辑源代码文件，输入以下代码：

```
1  fn main() {
2      println!("Hello, Cargo!");
3  }
```

2. 编译并运行项目

编译项目，在终端运行以下命令：

```
$ cargo build
```

查看文件夹会发现，文件结构已发生变化，其中包含以下文件：

```
hello_cargo
|- Cargo.lock
|- Cargo.toml
|- src
```

```
        |- main.rs
|- target
    |- debug
        |- hello_cargo
        |- ...
```

cargo build 命令会在 target/debug/ 目录下生成一个可执行文件 hello_cargo。运行这个可执行文件，可以看到打印出 "Hello, Cargo!" 字符串。

```
$ ./target/debug/hello_cargo
```

也可以直接使用 cargo run 命令在编译的同时运行生成的可执行文件：

```
$ cargo run
    Compiling hello_cargo v0.1.0 (/hello_cargo)
        Finished dev [unoptimized + debuginfo] target(s) in 0.31s
            Running `target/debug/hello_cargo`
Hello, Cargo!
```

3. 发布项目

项目经过严格测试，最终准备发布时，可以使用 cargo build --release 来优化编译项目，这时会在 target/release 目录下生成一个在生产环境中使用的可执行文件。

对于简单项目，Cargo 可能并不比 rustc 提供更多的便利。但随着开发的深入，特别是对于多 crate 的复杂项目，Cargo 将会提供极大的便利。本书后续章节的示例代码将全部使用 Cargo 来构建。

1.5　本章小结

本章首先简要介绍了 Rust 语言目前在行业中的发展趋势和应用前景，然后介绍 Rust 编程环境的搭建。

Cargo 是 Rust 的构建工具和包管理器。较为复杂的 Rust 程序一般都使用 Cargo 来构建。本章介绍了 Cargo 的常用命令，并演示了从使用 Cargo 创建新项目，到编译和运行项目，再到发布项目的全过程。

第 2 章

变量与数据类型

数据结构是计算机存储和组织数据的方式。程序中常用的三大数据结构包括动态数组、映射和字符串。为此，Rust 标准库 std::collections 提供了 4 种通用的容器类型，其中包含 8 种数据结构。根据应用场景划分，动态数组可细分为普通动态数组 Vec 和双端队列 VecDeque，映射包括 HashMap，字符串包括 String 等类型。本章将学习动态数组、映射和字符串这三大数据结构的创建，以及元素的修改和访问等常见操作。

2.1 变量和可变性

Rust 的变量不同于其他编程语言的变量，其本质上是一种绑定语义，即将一个变量名与一个值绑定在一起。变量名和值建立关联关系。另一个不同点是变量默认是不可改变的，这是为了让开发者能充分利用 Rust 提供的安全性来编写代码。当然，Rust 也提供了使用可变变量的方式。下面具体介绍变量声明和可变变量以及常量的使用。

2.1.1 变量声明

Rust 通过 let 关键字声明变量，变量遵循先声明后使用的原则。变量声明的语法如下：

```
1  let x: i8 = 1;
2  let x = 1; // 等价于: let x: i32 = 1;
```

变量声明以 let 关键字开头，x 为变量名，变量名后紧跟冒号和数据类型。Rust 编译器具有变量类型的自动推导功能。在可以根据赋值类型或上下文信息推导出变量类型的情况下，冒号和数据类型可以省略。

变量名必须由字母、数字、下划线组成，字母区分大小写且不能以数字开头，也不能只有下划线。Rust 中下划线是一种特殊的标识符，其含义是"忽略这个变量"，后续章节中会用到这个标识符。

2.1.2 变量的可变性

let 声明的变量默认是不可变的，在第一次赋值后不能通过再次赋值来改变它的值，即声明的变量是只读状态。代码清单 2-1 中，第 3 行代码尝试对不可变变量 x 进行二次赋值，即进行写操作，这是不被允许的。编译代码，将会抛出"cannot assign twice to immutable variable `x`"的错误提示。根据错误提示信息可知，不能对不可变变量进行二次赋值。

代码清单2-1　对不可变变量二次赋值

```
1  fn main() {
2      let x = 3;
3      x = 5;
4      println!("x: {}", x);
5  }
```

在变量名的前面加上 mut 关键字就是告诉编译器这个变量是可以重新赋值的。代码清单 2-2 中，第 2 行代码中的 mut 关键字将变量 x 声明为可变变量，即 x 为可写状态。编译代码，不再出现上述错误。

代码清单2-2　对可变变量二次赋值

```
1  fn main() {
2      let mut x = 3;
3      x = 5;
4      println!("x: {}", x);
5  }
6
7  // x: 5
```

将变量区分为可变与不可变两种状态，是 Rust 语言安全性的一大体现。因为在大型程序中，如果有一部分代码假设一个变量为不可变的只读状态，而另一部分代码却尝试改变这个变量，那么第一部分代码就有可能以不可预料的方式运行，这种 bug 将很难被跟踪调试。而 Rust 编译器保证了如果一个变量声明为不可变变量，那它就真的不会变。当然，变量的可变性也是非常有用的，只需在变量名之前加 mut 关键字即可。这种声明方式除了允许改变该变量值之外，还明确传达了允许其他代码改变这个变量值的意图。

变量的可变性声明是初学者进行 Rust 编程时最容易出错的地方，在实战章节还会对此做重点讲解。

2.1.3 变量遮蔽

Rust 允许在同一个代码块中声明一个与之前已声明变量同名的新变量，新变量会遮蔽之前的变量，即无法再去访问前一个同名的变量，这样就实现了变量遮蔽。

代码清单2-3中，第2行代码声明变量x并与值3绑定，第3行代码获取x的值加2得到5，并通过let关键字声明新的变量x与值5绑定。此时，第一个变量x已被遮蔽，当前x的值变成了5。第4行代码获取x的值乘以2得到10，并通过let关键字再次声明新的变量x与值10绑定，当前x的值变成了10。第7行代码声明了新的变量x与字符串"Hello, Rust!"绑定，此时变量x已由i32类型变为&str类型。

代码清单2-3　变量遮蔽

```
1  fn main() {
2      let x = 3;
3      let x = x + 2;
4      let x = x * 2;
5      println!("x: {}", x);
6
7      let x = "Hello, Rust!";
8      println!("x: {}", x);
9  }
10
11 // x: 10
12 // x: Hello, Rust!
```

变量遮蔽的实质是通过let关键字声明了一个新的变量，只是名称恰巧与前一个变量名相同而已，但它们是两个完全不同的变量，处于不同的内存空间，值可以不同，值的类型也可以不同。变量遮蔽常应用于一些特殊场景，在后续实战章节中会用到。

2.1.4　常量

常量是指绑定到一个标识符且不允许改变的值，一旦定义后就没有任何方法能改变其值了。Rust声明常量的语法如下：

```
const MAX_NUM: u32 = 1024;
```

Rust使用const关键字来声明常量。常量名通常是大写字母，且必须指定常量的数据类型。常量与不可变变量的区别主要在于：

1）常量声明使用const关键字，且必须注明值的类型。

2）通过变量遮蔽的方式可以让不可变变量的值改变（本质上是新的变量，只是同名而已）。但是，常量不能遮蔽，不能重复定义。也就是说，不存在内层或后面作用域定义的常量去遮蔽外层或前面定义的同名常量的情况。常量一旦定义后就永远不可变更和重新赋值。

3）常量可以在任何作用域中声明，包括全局作用域。在声明它的作用域中，常量在整个程序生命周期内都有效，这使得常量可以作为多处代码共同使用的全局范围的值。

4）常量只能被赋值为常量表达式或数学表达式，不能是函数返回值，或是其他在运行时才能确定的值。

2.2　基本数据类型

数据类型是 Rust 作为强类型的静态编译语言的基础。有了数据类型，Rust 才能对不同的类型抽象出不同的运算，开发者才能在更高的层次上操作数据，而不用关心具体的存储和运算细节。Rust 的基本数据类型有整数类型、浮点数类型、布尔类型、字符类型、范围类型等。

2.2.1　整数类型

整数是指没有小数部分的数字，比如 0、1、−2、99999 等，而 0.0、1.0、−2.1、9.99999 都不是整数。根据有无符号，整数可以分为有符号整型和无符号整型。有符号和无符号整型代表能否存储负的整数值。有符号整型可以存储正数，也可以存储负数，而无符号整型只能存储正数。按照存储大小，整数类型可以进一步分为 1 字节、2 字节、4 字节、8 字节、16 字节（1 字节 =8 位）。表 2-1 列出了整数类型所有的细分类型，Rust 默认的整数类型是 i32。isize 和 usize 主要作为数组或集合的索引类型使用，其长度依赖于运行程序的计算机系统。在 64 位计算机系统上，其长度是 64 位；在 32 位计算机系统上，其长度是 32 位。

表 2-1　Rust 的整数类型

长　度	有符号	无符号
8 位	i8	u8
16 位	i16	u16
32 位	i32	u32
64 位	i64	u64
128 位	i128	u128
arch	isize	usize

下面介绍整数类型声明的语法，第 1 行代码是标准的整数类型变量声明；第 2 行代码创建的数字字面量后使用类型后缀，表示这是一个 u32 类型；第 3 行代码没有指定类型，也没有加类型后缀，Rust 默认整数类型为 i32；第 4～6 行代码分别使用前缀 0b、0o 和 0x 表示二进制、八进制和十六进制的数字。

```
1   let integer1: u32 = 17;        // 类型声明
2   let integer2 = 17u32;          // 类型后缀声明
3   let integer3 = 17;             // 默认i32类型
4   let integer4: u32 = 0b10001;   // 二进制
5   let integer5: u32 = 0o21;      // 八进制
6   let integer6: u32 = 0x11;      // 十六进制
7   let integer7 = 50_000;         // 数字可读性分隔符_
```

为了方便阅读数值较大的数字，Rust 允许使用下划线 "_" 作为虚拟分隔符来对数字进行可读性分隔。比如，为了提高 50000 的可读性，可以写成 50_000。Rust 在编译时会自动移除数字可读性分隔符 "_"。

有符号整数类型的数值范围是 $-2^{n-1} \sim 2^{n-1}-1$，无符号整数类型的数值范围是 $0 \sim 2^n-1$，这里 n 是长度。比如，i8 的数值范围是 $-2^7 \sim 2^7-1$，也就是 $-128 \sim 127$。u8 的数值范围是 $0 \sim 2^8-1$，也就是 $0 \sim 255$。

如果某个变量的值超出了给定的数值范围，将会发生整型溢出。编译器将其视为一种错误。比如，如果一个 u8 类型的变量被赋值 256，就会发生整型溢出而导致程序错误。

2.2.2　浮点数类型

浮点数是指带小数点的数字，比如 0.0、1.0、−2.1、9.99999 等。按照存储大小，浮点数分为 f32 和 f64 两类。Rust 默认的浮点数类型是 f64。

❑ f32：单精度浮点数，小数点后至少有 6 位有效数字。

❑ f64：双精度浮点数，小数点后至少有 15 位有效数字。

浮点数类型声明的语法如下，第 1 行代码是标准的浮点数类型变量声明。第 2 行代码创建的浮点数字面量后使用类型后缀，表示这是一个 f32 类型。第 3 行代码没有指定类型，也没有加类型后缀。第 4 行代码浮点数支持使用数字可读性分隔符 "_"。

```
1  let float1: f32 = 1.1;        // 类型声明
2  let float2 = 2.2f32;          // 类型后缀声明
3  let float3 = 3.3;             // 默认f64类型
4  let float4 = 11_000.555_001;  // 数字可读性分隔符_
```

2.2.3　布尔类型

Rust 使用 bool 来声明布尔类型的变量，声明的语法如下所示。布尔类型只有两个可能的取值，即 true 或 false，一般用于逻辑表达式中。

```
1  let t: bool = true;    // 显式类型声明
2  let f = false;         // 隐式类型声明
```

2.2.4　字符类型

Rust 使用 UTF-8 作为底层的编码。字符类型代表的是一个 Unicode 标量值（Unicode Scalar Value），包括数字、字母、Unicode 和其他特殊字符。每个字符占 4 个字节。字符类型 char 由单引号来定义，其声明语法如下所示。

```
1  let z = 'z';
2  let zz = 'ℤ';
3  let heart_eyed_cat = '😺';
```

2.2.5　范围类型

范围类型常用来生成从一个整数开始到另一个整数结束的整数序列，有左闭右开和全闭两种形式，比如（1..5）是左闭右开区间，表示生成 1、2、3、4 这 4 个数字；（1..=5）是全闭区间，表示生成 1、2、3、4、5 这 5 个数字。范围类型自带一些方法，如代码清单 2-4 所示。第 9 行代码中的 rev 方法可以将范围内的数字顺序反转，第 14 行代码中的 sum 方法可以对范围内的数字进行求和。

代码清单2-4　范围类型

```
1  fn main() {
2      print!("(1..5): ");
3      for i in 1..5 {
4          print!("{} ", i);
5      }
6      println!();
7
8      print!("(1..=5).rev: ");
9      for i in (1..=5).rev() {
10         print!("{} ", i);
11     }
12     println!();
13
14     let sum: i32 = (1..=5).sum();
15     println!("1 + 2 + 3 + 4 + 5 = {}", sum);
16 }
17
18 // (1..5): 1 2 3 4
19 // (1..=5).rev: 5 4 3 2 1
20 // 1 + 2 + 3 + 4 + 5 = 15
```

2.3　复合数据类型

复合数据类型是由其他类型组合而成的类型。Rust 的复合数据类型有元组、数组、结构体、枚举等。

2.3.1　元组类型

元组类型是由一个或多个类型的元素组合成的复合类型，使用小括号"()"把所有元素放在一起。元素之间使用逗号","分隔。元组中的每个元素都有各自的类型，且这些元素的类型可以不同。元组的长度固定，一旦定义就不能再增长或缩短。如果显式指定了元组的数据类型，那么元素的个数必须和数据类型的个数相同。

我们可以使用"元组名 . 索引"来访问元组中相应索引位置的元素，元素的索引从 0 开始计数。

代码清单 2-5 中，第 2 行代码声明的元组 tup1 包含 3 个元素，类型依次是 i8 类型、f32 类型、bool 类型。第 3 行代码声明的元组 tup2 包含两个元素，第 1 个元素是 f64 类型；第 2 个元素是元组类型，其中又包含两个元素，分别是 bool 类型和 i32 类型。第 4 行代码声明的元组 tup3 只包含一个元素。当元组中只包含一个元素时，应该在元素后面添加逗号来区分是元组，而不是括号表达式。第 6、7 行代码使用"元组名 . 索引"来访问元组中相应索引位置的元素。第 9 行代码使用模式匹配的方式来解构赋值，元组中的每个元素按照位置顺序赋值给变量，即 tup1 的 3 个元素分别解构赋值给变量 x、y 和 z。

代码清单2-5　元组类型

```
1   fn main() {
2       let tup1: (i8, f32, bool) = (-10, 7.7, false);
3       let tup2 = (7.7, (false, 10));
4       let tup3 = (100, );
5
6       println!("{}, {}", tup1.0, (tup2.1).1);
7       println!("{}", tup3.0);
8
9       let (x, y, z) = tup1;
10      println!("x: {}, y: {}, z: {}", x, y, z);
11  }
12
13  // -10, 10
14  // 100
15  // x: -10, y: 7.7, z: false
```

2.3.2　数组类型

数组类型是由相同类型的元素组合成的复合类型，我们可以使用 [T; n] 表示，T 代表元素类型，n 代表长度即元素个数。

数组的声明和初始化有以下 3 种方式。

1）指定数组类型，为每个元素赋初始值。所有初始值放入中括号"[]"中，之间使用逗号","分隔。

```
let arr: [i32; 5] = [1, 2, 3, 4, 5];
```

2）省略数组类型，为每个元素赋初始值。由于已指定每个元素的初始值，可以从初始值推断出数组类型。

```
let arr = [1, 2, 3, 4, 5];
```

3）省略数组类型，为所有元素使用默认值初始化。

```
let arr = [1; 5]; // 等价于: let arr = [1, 1, 1, 1, 1];
```

可以使用"数组名［索引］"来访问数组中相应索引位置的元素，元素的索引从 0 开始计数。

代码清单 2-6 中，第 2 行代码声明的数组 arr1 包含 5 个 i32 类型的元素并为每个元素赋初始值。第 3 行代码声明的数组 arr2 省略了数组类型，由编译器根据初始值自动推断数组类型。第 4、5 行代码使用默认值初始化数组，为每个元素指定初始值为 1。

　　访问数组元素时最常遇到的问题是索引越界，第 11 行代码如果访问 arr1[5]，将会抛出
"index out of bounds: the len is 5 but the index is 5" 的错误提示。在实际项目开发中，建议
使用更加灵活的动态数组 Vec。Vec 是允许增长和缩短长度的容器类型，其提供的 get 方法
在访问元素时可以有效避免索引越界问题。

代码清单2-6　数组类型

```
1   fn main() {
2       let arr1: [i32; 5] = [1, 2, 3, 4, 5];
3       let arr2 = [1, 2, 3, 4, 5];
4       let arr3: [i32; 5] = [1; 5];
5       let arr4 = [1; 5];
6
7       println!("{:?}", arr1);
8       println!("{:?}", arr2);
9       println!("{:?}", arr3);
10      println!("{:?}", arr4);
11      println!("arr1[0]: {}, arr3[2]: {}", arr1[0], arr3[2]);
12  }
13
14  // [1, 2, 3, 4, 5]
15  // [1, 2, 3, 4, 5]
16  // [1, 1, 1, 1, 1]
17  // [1, 1, 1, 1, 1]
18  // arr1[0]: 1, arr3[2]: 1
```

2.3.3　结构体类型

　　结构体类型是一个自定义数据类型，通过 struct 关键字加自定义命名，可以把多个类
型组合在一起成为新的类型。结构体中以 "name: type" 格式定义字段，name 是字段名称，
type 是字段类型。结构体名和字段名都遵循变量的命名规则，结构体名应该能够描述它所
组合的数据的意义；字段默认不可变，并要求明确指定数据类型，不能使用自动类型推导
功能。每个字段之间用逗号分隔，最后一个逗号可以省略。

　　结构体类型定义的语法如下。结构体 ListNode 是链表的数据结构，其中字段 next 的类
型是一个指向 ListNode 结构体本身的智能指针。

```
1   struct ListNode {
2       val: i32,
3       next: Option<Box<ListNode>>,
4   }
```

　　代码清单 2-7 中，第 1～4 行代码定义的结构体 Student 包含 &'static str 类型的字段
name 和 i32 类型的字段 score。第 10～13 行代码创建 Student 的实例 student，以 "name:
value" 格式为每个字段进行赋值，name 是字段名，value 是字段的值。第 11 行代码是字段
初始化简写语法，将变量 score 的值赋值给字段 score，两者有着相同的名称，可以简写成

score，不用写成 score: score。此外，实例中字段的顺序可以和结构体中声明的顺序不一致。

第 15、16 行代码使用"实例名 . 字段名"格式更改和访问结构体实例某个字段的值。需要注意的是，结构体实例默认是不可变的，且不允许只将某个字段标记为可变，如果要修改结构体实例必须在实例创建时就声明其为可变的。

第 18～21 行代码创建的实例 student2，除字段 name 外，其余字段的值与 student 对应字段的值相同。这就可以使用结构体更新语法，对除字段 name 外未显式设置值的字段以 student 实例对应字段的值来赋值。

代码清单2-7 结构体类型

```
1   struct Student {
2       name: &'static str,
3       score: i32,
4   }
5
6   fn main() {
7       let score = 59;
8       let username = "zhangsan";
9
10      let mut student = Student {
11          score,
12          name: username,
13      };
14
15      student.score = 60;
16      println!("name: {}, score: {}", student.name, student.score);
17
18      let student2 = Student {
19          name: "lisi",
20          ..student
21      };
22
23      println!("name: {}, score: {}", student2.name, student2.score);
24  }
25
26  // name: zhangsan, score: 60
27  // name: lisi, score: 60
```

另外，还有两种特殊的结构体：元组结构体和单元结构体。

元组结构体的特点是字段只有类型，没有名称。元组结构体的定义以及实例创建如下所示。

```
1   struct Color(i32, i32, i32);
2   let black = Color(0, 0, 0);
```

单元结构体是指没有任何字段的结构体，代码如下所示，一般只用于特定的场景，在此不再细述。

```
struct Solution;
```

2.3.4 枚举类型

枚举类型是一个自定义数据类型，通过 enum 关键字加自定义命名来定义。其包含若干枚举值，可以使用 "枚举名 :: 枚举值" 访问枚举值。当一个变量有几种可能的取值时，我们就可以将它定义为枚举类型。变量的值限于枚举值范围内，这样能有效防止用户提供无效值。根据枚举值是否带有类型参数，枚举类型还可以分成无参数枚举类型和带参数枚举类型。

代码清单 2-8 中，第 2～6 行代码定义了枚举类型 ColorNoParam，包含 Red、Yellow、Blue 这 3 个枚举值。第 9 行代码声明的变量 color_no_param 与枚举值 Red 绑定。第 10～14 行代码使用 match 模式匹配来枚举所有的值，以处理不同值所对应的情况。第 1 行代码使用 #[derive(Debug)] 让 ColorNoParam 自动实现 Debug trait，只有实现了 Debug trait 的类型才拥有使用 {:?} 格式化打印的行为，具体 trait 的相关知识会在第 5 章介绍。

代码清单2-8　无参数枚举类型

```
1  #[derive(Debug)]
2  enum ColorNoParam {
3      Red,
4      Yellow,
5      Blue,
6  }
7
8  fn main() {
9      let color_no_param = ColorNoParam::Red;
10     match color_no_param {
11         ColorNoParam::Red => println!("{:?}", ColorNoParam::Red),
12         ColorNoParam::Yellow => println!("{:?}", ColorNoParam::Yellow),
13         ColorNoParam::Blue => println!("{:?}", ColorNoParam::Blue),
14     }
15 }
16
17 // Red
```

代码清单 2-9 中，枚举类型 ColorParam 的枚举值都带有 String 类型参数，类似于函数调用，使用这种枚举值需要传入实参。

代码清单2-9　带参数枚举类型

```
1  #[derive(Debug)]
2  enum ColorParam {
3      Red(String),
4      Yellow(String),
5      Blue(String),
6  }
7
8  fn main() {
9      println!("{:?}", ColorParam::Blue(String::from("blue")));
10 }
11
12 // Blue("blue")
```

2.4 容器类型

Rust 标准库 std::collections 提供了 4 种通用的容器类型，包含以下 8 种数据结构，如表 2-2 所示。

表 2-2　Rust 容器类型

类　型	容　器	描　述
线性序列	Vec<T>	连续存储的动态数组
	VecDeque<T>	连续存储的双端队列
	LinkedList<T>	非连续存储的双向链表
键 - 值对	HashMap<K, V>	基于哈希表的无序键 - 值对
	BTreeMap<K, V>	基于 B 树的有序键 - 值对，按 Key 排序
集合	HashSet<T>	基于哈希表的无序集合
	BTreeSet<T>	基于 B 树的有序集合
优先队列	BinaryHeap<T>	基于二叉堆的优先队列

下面对 Rust 编程中最常使用、后续实战中会反复用到的 Vec、VecDeque 和 HashMap 进行介绍。

2.4.1 Vec

Vec 是一种动态可变长数组（简称动态数组），即在运行时可增长或者缩短数组的长度。动态数组在内存中开辟了一段连续内存块用于存储元素，且只能存储相同类型的元素。新加入的元素每次都会被添加到动态数组的尾部。动态数组根据添加顺序将数据存储为元素序列。序列中每个元素都分配有唯一的索引，元素的索引从 0 开始计数。

1. 动态数组的创建

创建动态数组有以下 3 种方式。

1）使用 Vec::new 函数创建空的动态数组，代码如下：

```
let mut v: Vec<i32> = Vec::new();
```

2）使用 Vec::with_capacity 函数创建指定容量的动态数组，代码如下：

```
let mut v: Vec<i32> = Vec::with_capacity(10);
```

动态数组的容量是指为存储元素所分配的内存空间量，而长度是动态数组中实际存储的元素个数。动态数组的长度小于其容量时，动态数组可以随意增长，但动态数组的长度超过其容量时就需要重新分配更大的容量。比如，容量为 10 的动态数组在存储 10 个以内的元素时，不会改变容量。当动态数组的长度增加到 11 时，就需要重新分配容量。这个分配过程会消耗一定的系统资源，因此应该尽可能根据初始元素个数以及增长情况来指定合理的容量。

3）使用 vec! 宏在创建动态数组的同时进行初始化，并且根据初始值自动推断动态数组的元素类型。代码如下所示，第 1 行代码创建一个空的动态数组，由于没有初始值，程序并不知道动态数组要存储什么类型的元素，因此需要声明元素类型。第 2 行代码创建的动态数组的初始值是 1、2、3，程序会根据初始值自动推断元素类型是 i32。第 3 行代码创建的动态数组包含 10 个元素，元素的初始值全部是 0。

```
1  let mut v: Vec<i32> = vec![];
2  let mut v = vec![1, 2, 3];
3  let mut v = vec![0; 10];
```

2. 动态数组的修改

修改动态数组的常见操作有添加元素、修改指定索引的元素值和删除元素等。

1）使用 push 方法在动态数组的尾部添加新元素。代码清单 2-10 中，第 2 行代码中 Vec::new 函数创建了一个存储 i32 类型元素的动态数组，第 3～5 行代码中 push 方法将值添加到动态数组的尾部。

代码清单2-10　添加元素

```
1  fn main() {
2      let mut v: Vec<i32> = Vec::new();
3      v.push(1);
4      v.push(2);
5      v.push(3);
6
7      println!("v: {:?}", v);
8  }
9
10 // v: [1, 2, 3]
```

2）使用"实例名［索引］"语法为指定索引的元素重新赋值。代码清单 2-11 中，第 7 行代码将索引为 1 的元素值改为 5，第 8 行代码打印当前动态数组的元素，此时对应索引的元素值已被修改。

代码清单2-11　修改指定索引的元素值

```
1  fn main() {
2      let mut v: Vec<i32> = Vec::new();
3      v.push(1);
4      v.push(2);
5      v.push(3);
6
7      v[1] = 5;
8      println!("v: {:?}", v);
9  }
10
11 // v: [1, 5, 3]
```

3）删除动态数组的元素有以下两种方式。

① 使用 pop 方法删除并返回动态数组的最后一个元素，如果数组为空则返回 None。代码清单 2-12 中，第 2 行代码中 Vec::with_capacity 函数创建了一个指定容量为 10、存储 i32 类型元素的动态数组。第 7 行代码中 pop 方法删除最后一个元素，并返回打印的 Option 类型的值 Some(3)。

代码清单2-12　使用pop方法删除元素

```
1  fn main() {
2      let mut v: Vec<i32> = Vec::with_capacity(10);
3      v.push(1);
4      v.push(2);
5      v.push(3);
6
7      println!("e: {:?}", v.pop());
8      println!("v: {:?}", v);
9  }
10
11 // e: Some(3)
12 // v: [1, 2]
```

② 使用 remove 方法删除并返回动态数组指定索引的元素，同时将其后面的所有元素向左移动一位。如果索引越界，将会导致程序错误。代码清单 2-13 中，第 2 行代码 vec! 宏创建一个包含初始值为 1、2、3 的动态数组。第 4 行代码中 remove 方法删除索引为 1 的元素，并返回打印的 i32 类型的值 2。

代码清单2-13　使用remove方法删除元素

```
1  fn main() {
2      let mut v = vec![1, 2, 3];
3
4      println!("e: {}", v.remove(1));
5      println!("v: {:?}", v);
6  }
7
8  // e: 2
9  // v: [1, 3]
```

3. 动态数组的访问

访问动态数组的元素有以下两种方式。

1）使用 "实例名 [索引]" 语法访问指定索引的元素。代码清单 2-14 中，第 3 行代码访问索引为 2 的元素，即动态数组的第 3 个元素。如果取消第 4 行的注释，由于索引已越界，将会导致程序错误。

代码清单2-14　使用索引语法访问元素

```
1  fn main() {
2      let v = vec![1, 2, 3];
```

```
3       println!("e: {}", v[2]);
4       // println!("e: {}", v[10]);
5   }
6
7   // e: 3
```

2）使用 get 方法以索引作为参数访问元素。代码清单 2-15 中，第 3 行代码访问索引为 2 的元素，返回值类型是 Option<&i32>。第 4 行代码访问索引为 10 的元素，由于索引已越界，将会返回 None。关于 Option<T> 类型的知识点将会在第 5 章详细介绍。

代码清单2-15　使用get方法访问元素

```
1   fn main() {
2       let v = vec![1, 2, 3];
3       println!("e: {:?}", v.get(2));
4       println!("e: {:?}", v.get(10));
5   }
6
7   // e: Some(3)
8   // e: None
```

除了访问动态数组指定索引的元素，我们还可以通过 for 循环遍历动态数组的所有元素。代码清单 2-16 中，第 3～5 行代码使用 for 循环遍历访问动态数组的所有元素。第 8～11 行代码使用 for 循环遍历动态数组中每一个元素的可变引用，并使用解引用操作符 "*" 来追踪和修改元素值。关于 for 循环、可变引用以及解引用操作符的知识点，我们将会在后续章节详细介绍。

代码清单2-16　遍历所有元素

```
1   fn main() {
2       let v = vec![10, 20, 30];
3       for i in v {
4           print!("{} ", i);
5       }
6
7       let mut v = vec![10, 20, 30];
8       for i in &mut v {
9           *i += 50;
10          print!("{} ", i);
11      }
12  }
13
14  // 10 20 30 60 70 80
```

2.4.2　VecDeque

双端队列是一种同时具有栈（先进后出）和队列（先进先出）特征的数据结构，适用于只能在队列两端进行添加或删除元素操作的应用场景。Rust 使用 VecDeque 结构体表示双端队列，它定义在标准库的 std::collections 模块中。使用 VecDeque 结构体之前需要显式导入 std::collections::VecDeque。

1. VecDeque 的创建

创建 VecDeque 有以下两种方式。

1）使用 VecDeque::new 函数创建空的 VecDeque，代码如下：

```
let mut v: VecDeque<u32> = VecDeque::new();
```

2）使用 VecDeque::with_capacity 函数创建指定容量的 VecDeque，代码如下：

```
let mut v: VecDeque<u32> = VecDeque::with_capacity(10);
```

2. VecDeque 的修改

修改 VecDeque 的常见操作有添加元素、修改指定索引的元素值和删除元素等。

1）使用 push_front 方法在队列的头部添加新元素，使用 push_back 方法在队列的尾部添加新元素。代码清单 2-17 中，第 4 行代码中 VecDeque::new 函数创建了一个存储 u32 类型元素的 VecDeque。第 5～7 行代码中 push_back 方法将值添加到 VecDeque 的尾部。此时，v 中的元素是 [1, 2, 3]。第 8～9 行代码中 push_front 方法将值添加到 VecDeque 的头部。此时，v 中的元素是 [2, 1, 1, 2, 3]。

代码清单2-17　添加元素

```
1   use std::collections::VecDeque;
2
3   fn main() {
4       let mut v: VecDeque<u32> = VecDeque::new();
5       v.push_back(1);
6       v.push_back(2);
7       v.push_back(3);
8       v.push_front(1);
9       v.push_front(2);
10
11      println!("v: {:?}", v);
12  }
13
14  // v: [2, 1, 1, 2, 3]
```

2）使用"实例名［索引］"语法为指定索引的元素重新赋值。代码清单 2-18 中，第 9 行代码将索引为 1 的元素值改为 5，第 10 行代码打印当前 VecDeque 的元素，此时对应索引的元素值已被修改。

代码清单2-18　修改指定索引的元素值

```
1   use std::collections::VecDeque;
2
3   fn main() {
4       let mut v: VecDeque<u32> = VecDeque::new();
```

```
5       v.push_back(1);
6       v.push_back(2);
7       v.push_back(3);
8
9       v[1] = 5;
10      println!("v: {:?}", v);
11  }
12
13  // v: [1, 5, 3]
```

3）删除 VecDeque 的元素有以下两种方式。

① 使用 pop_front 方法删除并返回队列的头部元素，使用 pop_back 方法删除并返回队列的尾部元素。代码清单 2-19 中，使用第 11 行代码中的 pop_back 方法删除队列尾部元素，并返回打印的 Option 类型的值 Some(3)。此时，v 中的元素是 [2, 1, 1, 2]。第 12 行代码中的 pop_front 方法删除队列头部元素，并返回打印的 Option 类型的值 Some(2)。此时，v 中的元素是 [1, 1, 2]。

代码清单2-19　使用pop_front、pop_back方法删除元素

```
1   use std::collections::VecDeque;
2
3   fn main() {
4       let mut v: VecDeque<u32> = VecDeque::new();
5       v.push_back(1);
6       v.push_back(2);
7       v.push_back(3);
8       v.push_front(1);
9       v.push_front(2);
10
11      println!("e: {:?}", v.pop_back());
12      println!("e: {:?}", v.pop_front());
13      println!("v: {:?}", v);
14  }
15
16  // e: Some(3)
17  // e: Some(2)
18  // v: [1, 1, 2]
```

② 使用 remove 方法删除并返回队列指定索引的元素，同时将其后面的所有元素向左移动一位。如果索引越界，则返回 None。代码清单 2-20 中，第 4 行代码中 VecDeque::with_capacity 函数创建一个指定容量为 10、存储 u32 类型元素的 VecDeque。第 9 行代码中 remove 方法删除索引为 1 的元素，并返回打印的 Option 类型的值 Some(2)。第 10 行代码删除索引为 5 的元素，由于索引已越界，返回 None。

代码清单2-20　使用remove方法删除元素

```
1   use std::collections::VecDeque;
2
```

```
3  fn main() {
4      let mut v: VecDeque<u32> = VecDeque::with_capacity(10);
5      v.push_back(1);
6      v.push_back(2);
7      v.push_back(3);
8
9      println!("e: {:?}", v.remove(1));
10     println!("e: {:?}", v.remove(5));
11     println!("v: {:?}", v);
12 }
13
14 // e: Some(2)
15 // e: None
16 // v: [1, 3]
```

3. VecDeque 的访问

访问 VecDeque 的元素有以下两种方式。

1）使用"实例名［索引］"语法访问指定索引的元素。代码清单 2-21 中，第 9 行代码访问索引为 0 的元素，即 VecDeque 的第 1 个元素。如果取消第 10 行的注释，由于索引越界，将会导致程序错误。

代码清单2-21　使用索引语法访问元素

```
1  use std::collections::VecDeque;
2
3  fn main() {
4      let mut v: VecDeque<u32> = VecDeque::new();
5      v.push_back(1);
6      v.push_back(2);
7      v.push_back(3);
8
9      println!("e: {}", v[0]);
10     // println!("e: {}", v[10]);
11 }
12
13 // e: 1
```

2）使用 get 方法以索引作为参数访问元素。代码清单 2-22 中，第 9 行代码访问索引为 0 的元素，返回值类型是 Option<&i32>。第 10 行代码访问索引为 10 的元素，由于索引越界，将会返回 None。

代码清单2-22　使用get方法访问元素

```
1  use std::collections::VecDeque;
2
3  fn main() {
4      let mut v: VecDeque<u32> = VecDeque::new();
5      v.push_back(1);
6      v.push_back(2);
7      v.push_back(3);
```

```
8
9        println!("e: {:?}", v.get(0));
10       println!("e: {:?}", v.get(10));
11   }
12
13   // e: Some(1)
14   // e: None
```

2.4.3　HashMap

哈希表（HashMap）是基于哈希算法来存储键－值对的集合，其中所有的键必须是同一类型，所有的值也必须是同一类型，不允许有重复的键，但允许不同的键有相同的值。Rust 使用 HashMap 结构体表示哈希表，它定义在标准库的 std::collections 模块中。使用 HashMap 结构体之前需要显式导入 std::collections::HashMap。

1. HashMap 的创建

创建 HashMap 有以下两种方式。

1）使用 HashMap::new 函数创建空的 HashMap，代码如下：

```
let mut map: HashMap<&str, i32> = HashMap::new();
```

2）使用 HashMap::with_capacity 函数创建指定容量的 HashMap，代码如下：

```
let mut map: HashMap<&str, i32> = HashMap::with_capacity(10);
```

2. HashMap 的修改

由于 HashMap 中元素是键－值对的特殊性，要修改 HashMap 就必须考虑键已经有值的情况。修改 HashMap 的常见操作有插入 / 更新键－值对、只在键没有对应值时插入键－值对、以新旧两值的计算结果来更新键－值对和删除键－值对。

1）使用 insert 方法在 HashMap 中插入或更新键－值对。如果键不存在，执行插入操作并返回 None。如果键已存在，执行更新操作，将对应键的值更新并返回旧值。

代码清单 2-23 中，第 4 行代码中 HashMap::new 函数创建一个空的 HashMap，可存储由 &str 类型的键与 i32 类型的值组成的键－值对。第 6 行代码由于键 zhangsan 不存在，insert 方法执行插入操作，返回 None。第 12 行代码由于键 zhangsan 已经存在，insert 方法执行更新操作，键值由 97 变成 79，返回 Some(97)。

代码清单2-23　使用insert方法插入/更新键-值对

```
1   use std::collections::HashMap;
2
3   fn main() {
4       let mut map: HashMap<&str, i32> = HashMap::new();
5
6       let zhangsan1 = map.insert("zhangsan", 97);
7       map.insert("lisi", 86);
```

```
8
9        println!("{:?}", zhangsan1);
10       println!("{:?}", map);
11
12       let zhangsan2 = map.insert("zhangsan", 79);
13       println!("{:?}", zhangsan2);
14       println!("{:?}", map);
15   }
16
17   // None
18   // {"lisi": 86, "zhangsan": 97}
19   // Some(97)
20   // {"lisi": 86, "zhangsan": 79}
```

2）使用 entry 和 or_insert 方法检查键是否有对应值，没有对应值就插入键–值对，已有对应值则不执行任何操作。entry 方法以键为参数，返回值是一个枚举类型 Entry。Entry 类型的 or_insert 方法以值为参数，在键有对应值时不执行任何操作。在键没有对应值时，将键与值组成键–值对插入 HashMap。

代码清单 2-24 中，第 6 行代码中 entry 方法会检查键 zhangsan 是否有对应值，没有对应值就插入该键–值对。第 10 行代码中 entry 方法会再次检查键 zhangsan 是否有对应值，发现键 zhangsan 已有对应值 97，那就不执行任何操作直接返回，因此键 zhangsan 的对应值不变。

代码清单2-24　使用entry方法插入键–值对

```
1    use std::collections::HashMap;
2
3    fn main() {
4        let mut map: HashMap<&str, i32> = HashMap::new();
5
6        map.entry("zhangsan").or_insert(97);
7        map.entry("lisi").or_insert(86);
8        println!("{:?}", map);
9
10       map.entry("zhangsan").or_insert(79);
11       println!("{:?}", map);
12   }
13
14   // {"lisi": 86, "zhangsan": 97}
15   // {"lisi": 86, "zhangsan": 97}
```

3）以新旧两值的计算结果来更新键–值对是指找到一个键对应值，结合新旧两值进行某些计算处理，以计算结果来更新键对应值。比如，老师发现本次考试试卷上出现了一道错题，决定为所有学生的分数都加上 2 分，那么就可以将每个学生的名字作为键，将对应分数加上 2。

代码清单 2-25 中，第 11 行代码中 iter_mut 方法会返回由 HashMap 中所有键–值对的可变引用组成的迭代器，通过 for 循环遍历迭代器。由于只针对值做处理，因此只取 &mut

i32 类型的 val，通过解引用操作符"*"对 val 进行赋值操作。关于迭代器、for 循环、可变引用以及解引用操作符的知识点，我们将会在后续章节详细介绍。

代码清单2-25　修改HashMap元素

```
1  use std::collections::HashMap;
2
3  fn main() {
4      let mut map: HashMap<&str, i32> = HashMap::new();
5
6      map.insert("zhangsan", 97);
7      map.insert("lisi", 86);
8      map.insert("wangwu", 55);
9      println!("{:?}", map);
10
11     for (_, val) in map.iter_mut() {
12         *val += 2;
13     }
14     println!("{:?}", map);
15 }
16
17 // {"zhangsan": 97, "lisi": 86, "wangwu": 55}
18 // {"zhangsan": 99, "lisi": 88, "wangwu": 57}
```

4）使用 remove 方法删除并返回指定的键 - 值对，如果不存在就返回 None。代码清单 2-26 中，第 11 行代码中的 remove 方法删除键 wangwu 的对应值，并将值返回，打印 Option 类型的值 Some(55)。

代码清单2-26　使用remove方法删除键-值对

```
1  use std::collections::HashMap;
2
3  fn main() {
4      let mut map: HashMap<&str, i32> = HashMap::new();
5
6      map.insert("zhangsan", 97);
7      map.insert("lisi", 86);
8      map.insert("wangwu", 55);
9      println!("{:?}", map);
10
11     let result = map.remove("wangwu");
12     println!("{:?}", map);
13     println!("{:?}", result);
14 }
15
16 // {"wangwu": 55, "lisi": 86, "zhangsan": 97}
17 // {"lisi": 86, "zhangsan": 97}
18 // Some(55)
```

3. HashMap 的访问
访问 HashMap 中指定的键 - 值对有以下两种方式。

1）使用"实例名［键］"语法访问指定的键－值对。如果键不存在，将会导致程序错误。代码清单 2-27 中，第 7 行代码访问键 zhangsan 的对应值，由于键 zhangsan 存在，可以正常访问到对应值。如果取消第 8 行的注释，由于键 wangwu 不存在，将会导致程序错误。

代码清单2-27　使用"实例名[键]"语法访问键-值对

```
1  use std::collections::HashMap;
2
3  fn main() {
4      let mut map: HashMap<&str, i32> = HashMap::new();
5      map.insert("zhangsan", 97);
6
7      println!("zhangsan: {}", map["zhangsan"]);
8      // println!("wangwu: {}", map["wangwu"]);
9  }
10
11 // zhangsan: 97
```

2）使用 get 方法以键为参数访问指定的键－值对。代码清单 2-28 中，第 7 行代码访问键 zhangsan 的对应值，返回值类型是 Option<&i32>。第 8 行代码访问键 wangwu 的对应值，由于键 wangwu 不存在，将会返回 None。

代码清单2-28　使用get方法以键为参数访问键-值对

```
1  use std::collections::HashMap;
2
3  fn main() {
4      let mut map: HashMap<&str, i32> = HashMap::new();
5      map.insert("zhangsan", 97);
6
7      println!("zhangsan: {:?}", map.get("zhangsan"));
8      println!("wangwu: {:?}", map.get("wangwu"));
9  }
10
11 // zhangsan: Some(97)
12 // wangwu: None
```

2.5　字符串

字符串的本质是一种特殊的容器类型，是由零个或多个字符组成的有限序列。字符串是程序开发中最常用的数据结构。不同于其他容器类型较多关注于容器中的元素，字符串常被作为一个整体来关注和使用。下面介绍字符串最常用的创建、修改、访问等操作。不过，由于字符串的处理涉及迭代器、引用、解引用、所有权和生命周期等概念，对这些概念不了解的读者可先阅读相关内容后再回到本节学习。

2.5.1　字符串的创建

Rust 常用的字符串有两种，一种是固定长度的字符串字面量 str，另一种是可变长度的字符串对象 String。

1. &str 的创建

Rust 内置的字符串类型是 str，它通常以引用的形式 &str 出现。字符串字面量 &str 是字符的集合，代表的是不可变的 UTF-8 编码的字符串的引用，创建后无法再为其追加内容或更改内容。

创建字符串字面量 &str 有以下两种方式。

1）使用双引号创建字符串字面量，代码如下：

```
let s1 = "Hello, Rust!";
```

2）使用 as_str 方法将字符串对象转换为字符串字面量，代码如下：

```
1  let str = String::from("Hello, Rust!");
2  let s2 = str.as_str();
```

2. String 的创建

字符串对象 String 是由 Rust 标准库提供的、拥有所有权的 UTF-8 编码的字符串类型，创建后可以为其追加内容或更改内容。String 类型的本质是一个字段为 Vec<u8> 类型的结构体，它把字符内容存放在堆上，由指向堆上字节序列的指针（as_ptr 方法）、记录堆上字节序列的长度（len 方法）和堆分配的容量（capacity 方法）3 部分组成。

创建字符串对象 String 有以下 3 种方式。

1）使用 String::new 函数创建空的字符串对象，代码如下：

```
let mut s = String::new();
```

2）使用 String::from 函数根据指定的字符串字面量创建字符串对象，代码如下：

```
let s = String::from("Hello, Rust!");
```

3）使用 to_string 方法将字符串字面值转换为字符串对象，代码如下：

```
1  let str = "Hello, Rust!";
2  let s = str.to_string();
```

2.5.2　字符串的修改

String 类型字符串常见的修改操作有追加、插入、连接、替换和删除等。

1）使用 push 方法在字符串后追加字符，使用 push_str 方法在字符串后追加字符串字面量。这两个方法都是在原字符串上追加，并不会返回新的字符串。

代码清单 2-29 中，第 2 行代码中变量 s 的声明使用了 mut 关键字，是因为要在字符串后追加字符，该字符串必须是可变的。第 3 行代码中 push 方法将字符 'R' 追加到 s 的尾部，

s 变为"Hello, R"。第 4 行代码中 push_str 方法将字符串字面量"ust!"追加到 s 尾部，s
变为"Hello, Rust!"。

代码清单2-29　追加字符串

```
1   fn main() {
2       let mut s = String::from("Hello, ");
3       s.push('R');
4       s.push_str("ust!");
5
6       println!("{}", s);
7   }
8
9   // Hello, Rust!
```

2）使用 insert 方法在字符串中插入字符，使用 insert_str 方法在字符串中插入字符串
字面量。这两个方法都接收两个参数，第 1 个参数是插入位置的索引，第 2 个参数是插
入字符或字符串字面量。同样地，这两个方法都是在原字符串上插入，并不会返回新的字
符串。

代码清单 2-30 中，第 3 行代码的 insert 方法在索引为 5 的位置插入字符','，s 变
为"Hello, World!"。第 4 行代码的 insert_str 方法在索引为 7 的位置插入字符串字面量
"Rust "，s 变为"Hello, Rust World!"。需要注意的是，insert 和 insert_str 方法是基于字节
序列的索引进行操作的，其内部会通过 is_char_boundary 方法判断插入位置的索引是否在
合法边界内，如果索引非法将会导致程序错误。

代码清单2-30　插入字符串

```
1   fn main() {
2       let mut s = String::from("Hello World!");
3       s.insert(5, ',');
4       s.insert_str(7, "Rust ");
5
6       println!("{}", s);
7   }
8
9   // Hello, Rust World!
```

3）使用"+"或"+="运算符将两个字符串连接成一个新的字符串，要求运算符的右
边必须是字符串字面量，不能对两个 String 类型字符串使用"+"或"+="运算符。连接
与追加的区别在于，连接会返回新的字符串，而不是在原字符串上的追加。

代码清单 2-31 中，第 6 行代码中"+"运算符对 4 个字符串进行连接，由于 s2、s3 是
String 类型，不能出现在"+"运算符的右边，因此需要将 s2、s3 转换为字符串字面量。
&s2 为 &String 类型，但 String 类型实现了 Deref trait，执行连接操作时会自动解引用为
&str 类型。s3 使用 as_str 方法将 String 类型转换为 &str 类型。s4 和第 7 行代码中的字符串
字面量"!"已是 &str 类型，可以直接使用"+"或"+="运算符连接。

代码清单2-31 使用"+"或"+="运算符连接字符串

```
1   fn main() {
2       let s1 = String::from("Hello");
3       let s2 = String::from(", ");
4       let s3 = String::from("Rust ");
5       let s4 = "World";
6       let mut s = s1 + &s2 + s3.as_str() + s4;
7       s += "!";
8
9       println!("{}", s);
10  }
11
12  // Hello, Rust World!
```

对于较为复杂或带有格式的字符串连接，我们可以使用格式化宏 format!，它对于 String 类型和 &str 类型的字符串都适用，如代码清单 2-32 所示。

代码清单2-32 使用format!连接字符串

```
1   fn main() {
2       let s1 = String::from("Hello");
3       let s2 = String::from("Rust");
4       let s3 = "World";
5       let s = format!("{}-{}-{}", s1, s2, s3);
6
7       println!("{}", s);
8   }
9
10  // Hello-Rust-World
```

4）使用 replace 和 replacen 方法将字符串中指定的子串替换为另一个字符串。replace 方法接收两个参数，第 1 个参数是要被替换的字符串子串，第 2 个参数是新字符串，它会搜索和替换所有匹配到的要被替换的子串。replacen 方法除 replace 方法接收的两个参数外，还接收第 3 个参数来指定替换的个数。

代码清单 2-33 中，第 3 行代码的 replace 方法将匹配到的两个子串都进行替换，第 4 行代码的 replacen 方法指定只替换一个匹配到的子串。

代码清单2-33 替换字符串

```
1   fn main() {
2       let s = String::from("aaabbbbccaadd");
3       let s1 = s.replace("aa", "77");
4       let s2 = s.replacen("aa", "77", 1);
5
6       println!("{}", s1);
7       println!("{}", s2);
8   }
9
10  // 77abbbbcc77dd
11  // 77abbbbccaadd
```

5）使用 pop、remove、truncate 和 clear 方法删除字符串中的字符。

❑ pop：删除并返回字符串的最后一个字符，返回值类型是 Option<char>。如果字符串为空，则返回 None。

❑ remove：删除并返回字符串中指定位置的字符，其参数是该字符的起始索引位置。remove 方法是按字节处理字符串的，如果给定的索引位置不是合法的字符边界，将会导致程序错误。

❑ truncate：删除字符串中从指定位置开始到结尾的全部字符，其参数是起始索引位置。truncate 方法也是按字节处理字符串的，如果给定的索引位置不是合法的字符边界，将会导致程序错误。

❑ clear：等价于将 truncate 方法的参数指定为 0，删除字符串中所有字符。

代码清单 2-34 中，第 4 行代码的 pop 方法删除字符串变量 s 中的最后一个字符 "d"，返回值是 Some('d')。第 7 行代码的 remove 方法删除 s 中的字符 "虎"，如果把参数改为 7 就会导致程序错误，原因将在 2.5.3 节解释。第 10 行代码的 truncate 方法删除 s 中的子串 "Léopar"，同样如果把参数改为 7 就会导致程序错误。第 13 行代码的 clear 方法删除 s 中的所有字符。

代码清单2-34　删除字符串

```
1   fn main() {
2       let mut s = String::from("Löwe 老虎 Léopard");
3
4       println!("{:?}", s.pop());
5       println!("{}", s);
6
7       println!("{:?}", s.remove(9));
8       println!("{}", s);
9
10      s.truncate(9);
11      println!("{}", s);
12
13      s.clear();
14      println!("{}", s);
15  }
16
17  // Some('d')
18  // Löwe 老虎 Léopar
19  // '虎'
20  // Löwe 老 Léopar
21  // Löwe 老
22  //
```

2.5.3　字符串的访问

这里不准备详细介绍字符编码的细节，对 Unicode 字符集、UTF-8 编码感兴趣的读者可以自行搜索相关资料学习。读者只需要了解以下两点，就基本能处理常见的字符串操作。

1）字符串是 UTF-8 编码的字节序列，不能直接使用索引来访问字符。

2）字符串操作可以分为按字节处理和按字符处理两种方式，按字节处理使用 bytes 方法返回按字节迭代的迭代器，按字符处理使用 chars 方法返回按字符迭代的迭代器。

代码清单 2-35 中，使用 len 方法获取以字节为单位的字符串长度，即字符串中所有字符的总字节数，而不是直观上看到的字符长度。字符串"Löwe 老虎"的长度是 12，其中字母"L"的长度是 1，特殊字符"ö"的长度是 2，中文"老"的长度是 3。由此可知，不同字符的长度是不一样的，如果给定的索引位置不是合法的字符边界就会导致程序错误。

代码清单2-35　使用len方法获取字符串长度

```
1  fn main() {
2      let s = String::from("Löwe 老虎");
3      println!("Löwe 老虎: {}", s.len());
4
5      let s = String::from("L");
6      println!("L: {}", s.len());
7
8      let s = String::from("ö");
9      println!("ö: {}", s.len());
10
11     let s = String::from("老");
12     println!("老: {}", s.len());
13 }
14
15 // Löwe 老虎: 12
16 // L: 1
17 // ö: 2
18 // 老: 3
```

代码清单 2-36 中，第 3 行代码的 bytes 方法返回 Bytes 迭代器，第 4~6 行代码的 for 循环对 Bytes 迭代器进行迭代处理，可以看到它是按字节进行迭代的。第 9 行代码的 chars 方法返回 Chars 迭代器，第 10~12 行代码的 for 循环对 Chars 迭代器进行迭代处理，可以看到它是按字符进行迭代的。

代码清单2-36　通过迭代器访问字符串的字符

```
1  fn main() {
2      let s = String::from("Löwe 老虎");
3      let bytes = s.bytes();
4      for b in bytes {
5          print!("{} | ", b);
6      }
7      println!();
8
9      let chars = s.chars();
10     for c in chars {
11         print!("{} | ", c);
```

```
12        }
13    }
14
15    // 76 | 195 | 182 | 119 | 101 | 32 | 232 | 128 | 129 | 232 | 153 | 142 |
16    //L | ö | w | e |   | 老 | 虎 |
```

2.6 字面量和运算符

2.6.1 字面量

字面量是指由文字、数字或符号构成的值，它只能作为等号右边的值出现。比如整数 1、浮点数 1.2、字符 'a'、字符串 "abc"、布尔值 true 和单元值 () 都是字面量。

通过在字面量后面加类型后缀可以进行类型说明，比如 1u8 是使用 u8 后缀来表明字面量是一个 8 位无符号整数，1.2f32 是使用 f32 后缀来表明字面量是一个 32 位的浮点数。

这里简要介绍一下单元类型。单元类型的值叫作单元值，以"()"表示。一个函数无返回值，实际上是以单元值作为函数的返回值了。

2.6.2 运算符

运算符用于对数据执行指定的操作，被运算符执行操作的数据叫作操作数。比如常见的加法运算 3+5=8，其中"+"是运算符，3 和 5 是操作数，8 是运算符操作的结果。

Rust 语言支持算术运算符、关系运算符、逻辑运算符、位运算符 4 种运算符。

1. 算术运算符

算术运算符主要包括加、减、乘、除、求余等运算。表 2-3 列出了 Rust 中所有算术运算符。需要注意的是，Rust 不支持自增运算符"++"和自减运算符"−−"。

表 2-3 Rust 算术运算符

名　称	运算符	说　明
加	+	加法运算
减	−	减法运算
乘	*	乘法运算
除	/	除法运算
求余	%	求余运算

2. 关系运算符

关系运算符用于比较两个值之间的关系，并返回一个布尔类型的值。表 2-4 列出了 Rust 中所有的关系运算符。

表 2-4　Rust 关系运算符

名　称	运算符	说　明
大于	>	左操作数大于右操作数时返回 true，否则返回 false
小于	<	左操作数小于右操作数时返回 true，否则返回 false
大于等于	>=	左操作数大于或等于右操作数时返回 true，否则返回 false
小于等于	<=	左操作数小于或等于右操作数时返回 true，否则返回 false
等于	==	左操作数等于右操作数时返回 true，否则返回 false
不等于	!=	左操作数不等于右操作数时返回 true，否则返回 false

3. 逻辑运算符

逻辑运算符用于组合两个或多个条件表达式，并返回一个布尔类型的逻辑运算结果。表 2-5 列出了 Rust 中所有的逻辑运算符。

表 2-5　Rust 逻辑运算符

名　称	运算符	说　明
逻辑与	&&	两边的条件表达式都为真时返回 true，否则返回 false
逻辑或	||	两边的条件表达式只要有一个为真时返回 true，否则返回 false
逻辑非	!	条件表达式为真时返回 false，否则返回 true

4. 位运算符

位运算符是对二进制格式的数据进行操作。表 2-6 列出了 Rust 中所有的位运算符。

表 2-6　Rust 位运算符

名　称	运算符	说　明
位与	&	相同位都是 1 时返回 1，否则返回 0
位或	|	相同位只要有一个是 1 就返回 1，否则返回 0
异或	^	相同位不相同时返回 1，否则返回 0
位非	!	把位中的 1 换成 0，0 换成 1
左移	<<	操作数中所有位向左移动指定位数，右边的位补 0
右移	>>	操作数中所有位向右移动指定位数，左边的位补 0

2.7　本章小结

本章介绍了如何声明变量以及使用变量，针对 Rust 中变量默认是不可变的，要想修改变量的值必须在声明变量时使用 mut 关键字，对这一特殊处理做了重点介绍和代码演示；还介绍了如何使用整数、浮点数、布尔值、字符等基本数据类型，以及元组、数组、结构体、枚举等复合数据类型。另外，本章还对 Rust 中的字面量以及常用的算术运算符、关系运算符、逻辑运算符和位运算符，进行了介绍。

关于容器类型，本章重点介绍了 Vec、VecDeque 和 HashMap 这 3 个类型，使读者了解了 Vec 和 VecDeque 的区别，以及如何增删改查其中的元素。特别要注意，避免操作元素时索引越界而导致程序错误。

字符串是程序开发中最常用的数据结构。本章重点介绍了字符串类型 &str 和 String 的创建，以及如何按字节处理和按字符处理两种方式操作 String 类型字符串。

第 3 章 *Chapter 3*

流 程 控 制

Rust 中控制代码执行流程的是条件判断和循环。条件判断是指根据条件表达式的值是否为 true 来决定是否执行某段代码，循环是指根据条件表达式的值是否为 true 来决定是否重复执行某段代码。

本章首先介绍用于条件判断的 if、if-else 和 if-else if-else，以及用于循环的 loop、while 和 for；然后介绍 match 模式匹配；最后学习使用 if let 和 while let 替代 match 模式匹配来简化代码。

3.1 条件判断

条件判断由条件表达式构成，用于实现满足指定条件执行某个功能的程序逻辑。Rust 中有 3 种条件判断，具体如下。

1）if：满足指定条件，执行某个功能。

2）if-else：满足指定条件执行某个功能，不满足指定条件执行另一个功能。

3）if-else if-else：用于多个条件分支执行对应功能的程序逻辑。

3.1.1 if 条件判断

if 条件判断模拟"如果……就……"的逻辑，其核心是值为 true 或 false 的表达式，语法如下所示。如果 conditional_test 为 true，执行大括号中的代码。如果 conditional_test 为 false，忽略大括号中的代码，并继续执行大括号后的第一条语句。需要注意的是，Rust 并不会自动将非布尔值转换为布尔值，因此必须显式地使用布尔值作为表达式的值，否则会导致程序错误。

```
1  if conditional_test {
2      // conditional_test为true时执行代码
3      ...
4  }
```

设一个表示某人年龄的变量 age，如果其年龄大于 18 岁，就打印"You are an adult"。使用 if 条件判断来实现该处理逻辑，代码如下所示。

```
1  if age > 18 {
2      println!("You are an adult.");
3  }
```

3.1.2　if-else 条件判断

if-else 条件判断模拟"如果……就……否则……"的逻辑，实现表达式的值为 true 时执行一个操作，为 false 时执行另一个操作，语法如下所示。

```
1  if conditional_test {
2      // conditional_test为true时执行代码
3      ...
4  } else {
5      // conditional_test为false时执行代码
6      ...
7  }
```

设一个表示某人年龄的变量 age，如果其年龄大于 18 岁，就打印"You are an adult"，否则就打印"You are not an adult"。使用 if-else 条件判断来实现该处理逻辑，代码如下所示。

```
1  if age > 18 {
2      println!("You are an adult.");
3  } else {
4      println!("You are not an adult.");
5  }
```

3.1.3　if-else if-else 条件判断

在实际项目开发中，如果需要检查超过两个以上的条件，可以使用 if-else if-else 条件判断，语法如下所示。程序会依次检查每个条件表达式，直至遇到表达式的值为 true 时执行紧跟在该条件表达式之后的大括号中的代码，并跳过余下的条件检查，即程序只会执行其中的一个代码块。

```
1  if conditional_test_1 {
2      // conditional_test_1为true时执行代码
3  } else if conditional_test_2 {
4      // conditional_test_2为true时执行代码
5  } else {
6      // conditional_test_1和conditional_test_2都为false时执行代码
7  }
```

下面代码中有 7 条可能的执行路径，程序会按顺序依次检查每个条件表达式，并执行第一个表达式的值为 true 的代码块。如果某人年龄为 15 岁，打印"You are a teenager"。

```
1  if age < 1 {
2      println!("You are a baby.");
3  } else if age < 3 {
4      println!("You are a toddler.");
5  } else if age < 5 {
6      println!("You are a preschooler.");
7  } else if age < 10 {
8      println!("You are a schoolchild.");
9  } else if age < 12 {
10     println!("You are a preteen.");
11 } else if age < 18 {
12     println!("You are a teenager.");
13 } else {
14     println!("You are an adult.");
15 }
```

3.2　循环

循环是在满足指定条件的情况下，重复执行一段代码。Rust 中有 3 种循环。

1）loop：重复执行、永远不会结束的循环。

2）while：在条件表达式的值为 true 时永远执行的循环。

3）for：重复执行指定次数的循环。

3.2.1　loop 循环

loop 循环没有循环条件，会无限次重复执行一段代码，直到调用 break 语句退出循环。break 语句是循环控制语句，用于退出循环并将返回值返回。

代码清单 3-1 中，第 2 行代码声明了变量 count 并将其初始化为 0，第 3 行代码声明的变量 counter 用来存放 loop 循环的返回值。第 4～10 行是 loop 循环执行的代码，每一次循环会将 count 加 1，并检查 count 的值是否等于 10。当 count 的值等于 10 时，使用 break 语句退出循环并返回 count*2 的值。此时，counter 的值是 20。

代码清单3-1　loop循环

```
1  fn main() {
2      let mut count = 0;
3      let counter = loop {
4          count += 1;
5          let counter = count * 2;
6          println!("count: {}, counter: {}", count, counter);
7
8          if count == 10 {
9              break counter;
```

```
10            }
11        };
12    }
13
14    // count: 1, counter: 2
15    // count: 2, counter: 4
16    // ...
17    // count: 10, counter: 20
```

3.2.2 while 循环

while 循环会在每次执行代码之前进行条件判断，只要条件表达式的值为 true 就会重复执行代码。while 循环不需要 loop 循环中必须使用的 if 条件判断和 break 语句，让代码结构更加简洁。

代码清单 3-2 中，使用 while 循环重构代码清单 3-1，实现了相似的功能，但省掉了使用 if 条件判断和 break 语句的烦琐。

代码清单3-2　while循环

```
1   fn main() {
2       let mut count = 0;
3       let mut counter = 0;
4       while count != 10 {
5           count += 1;
6           counter = count * 2;
7           println!("count: {}, counter: {}", count, counter);
8       }
9   }
10
11  // count: 1, counter: 2
12  // count: 2, counter: 4
13  // ...
14  // count: 10, counter: 20
```

3.2.3 for 循环

for 循环使用 "for…in…" 的语法格式，是一种重复执行指定次数的循环。因其安全性和简洁性常用于对范围类型或集合类型的所有元素执行指定的操作。

代码清单 3-3 中，使用 for 循环实现了与代码清单 3-1 和代码清单 3-2 同样的功能，可以看到 for 循环的代码是最简洁的。

代码清单3-3　for循环

```
1   fn main() {
2       let mut counter = 0;
3       for count in 1..=10 {
4           counter = count * 2;
5           println!("count: {}, counter: {}", count, counter);
```

```
 6       }
 7  }
 8
 9  // count: 1, counter: 2
10  // count: 2, counter: 4
11  // ...
12  // count: 10, counter: 20
```

3.2.4　continue 和 break 语句

continue 和 break 都是用于循环控制的语句。break 语句直接退出循环，不再执行循环体内的任何代码。而 continue 语句仅是跳出当前轮循环，不再执行循环体内 continue 语句之后的代码，但它会再次进行条件判断，决定是否重复执行循环。

代码清单 3-4 中，第 3 行代码在 i 等于 0 或者 4 时，会跳出当前轮循环，不再执行循环体内余下的代码，因此不会打印 0 和 4 这两个数字。第 4 行代码在 i 等于 6 时会退出循环，因此不会打印 6、7、8、9 这 4 个数字。

代码清单3-4　continue和break语句

```
 1  fn main() {
 2      for i in 0..10 {
 3          if i == 0 || i == 4 { continue; }
 4          if i == 6 { break; }
 5
 6          println!("i: {}", i);
 7      };
 8  }
 9
10  // i: 1
11  // i: 2
12  // i: 3
13  // i: 5
```

3.3　match 模式匹配

在 2.3.4 节中，我们使用了 match 模式匹配来处理枚举类型的值。match 模式匹配也可用于流程控制，检查当前值是否匹配一系列模式中的某一个。模式可由字面值、变量、通配符和其他内容构成。每一个模式都是一个分支，程序根据匹配的模式执行相应的代码。

Rust 要求 match 模式匹配是穷尽式的，即必须穷举所有的可能性，否则会导致程序错误。有一个处理方法是将通配符 "_" 放置在其他分支之后，通配符 "_" 会匹配上面没有指定的所有可能的模式。代码清单 3-5 中，第 12 行代码使用通配符处理变量 age 值小于 0 或大于 100 的情况。

代码清单3-5 match模式匹配

```
1   fn main() {
2       let age = 6;
3
4       match age {
5           0 => println!("You are a baby."),
6           1..=2 => println!("You are a toddler."),
7           3..=4 => println!("You are a preschooler."),
8           5..=9 => println!("You are a schoolchild."),
9           10..=11 => println!("You are a preteen."),
10          12..=17 => println!("You are a teenager."),
11          18..=100 => println!("You are an adult."),
12          _ => (),
13      }
14  }
15
16  // You are a schoolchild.
```

3.4 if let 和 while let 模式匹配

Rust 提供了 if let 和 while let 模式匹配，在某些场景中可替代 match 模式匹配来简化代码。

代码清单 3-6 中，match_value 函数仅要求对 Some(7) 进行匹配操作，并不要求处理其他情况，但是为了满足 match 模式穷尽匹配的要求，必须在处理 Some(7) 分支后加上 "_ => ()" 分支。if_let_value 函数使用 if let 简化了这一处理逻辑。if let 后紧跟的表达式中，左侧为匹配模式，右侧为要匹配的值，两者通过等号分隔开。这里左侧的匹配模式对应 match 的一个分支，可以将 if let 视为 match 的语法糖，仅当匹配某一模式时执行代码，并忽略其他所有模式。

代码清单3-6 if let

```
1   fn match_value(value: Option<i32>) {
2       match value {
3           Some(7) => println!("seven"),
4           _ => (),
5       }
6   }
7
8   fn if_let_value(value: Option<i32>) {
9       if let Some(7) = value {
10          println!("seven");
11      }
12  }
```

代码清单 3-7 中，match_vec 函数通过 loop 循环遍历动态数组 vec，将元素依次取出并打印。pop 方法返回 Option 类型，因此使用 match 模式匹配，Some(value) 匹配 vec 中的元素，None 匹配 vec 被取空的情况。while_let_vec 函数使用 while let 简化了这一处理逻辑。while let 后紧跟的表达式中，左侧为匹配模式，右侧为要匹配的值，两者通过等号分隔开。当 vec 中的元素被取空时，while 循环会自动退出。

代码清单3-7　while let

```
 1  fn match_vec() {
 2      let mut vec = vec![1, 2, 3, 4, 5];
 3      loop {
 4          match vec.pop() {
 5              Some(value) => println!("{}", value),
 6              None => break,
 7          }
 8      }
 9  }
10
11  fn while_let_vec() {
12      let mut vec = vec![1, 2, 3, 4, 5];
13      while let Some(value) = vec.pop() {
14          println!("{}", value);
15      }
16  }
```

3.5　本章小结

本章介绍了使用条件判断和循环对代码进行流程控制，其中条件判断包括 if、if-else 和 if-else if-else，循环包括 loop、while 和 for；然后介绍了使用 continue 语句和 break 语句控制循环流程；最后介绍了 match 模式匹配的应用，以及在某些场景中使用 if let 和 while let 模式匹配替代 match 模式匹配来简化代码。

Chapter 4 第4章

函数、闭包与迭代器

几乎所有的高级语言都支持函数或类似函数的编程结构。函数之所以普遍且重要是因为操作系统进程执行模型大多是基于"栈"的，编译器只需处理好函数的参数和返回值就能让其在栈上运行。同时，函数对代码的抽象能将编程语言的不同层级的抽象体粘结起来。

Rust 是支持函数式编程的语言。函数作为一等公民，本身就是一种类型。函数类型变量可以作为其他函数的参数或返回值，也可以赋值给别的变量，还可以直接调用执行。

本章将介绍编写执行特定任务的普通函数以及将函数作为参数或返回值的高阶函数，还会介绍闭包的特性和用法，以及迭代器的消费器、适配器的使用。

4.1　函数

函数是 Rust 程序的基本构造单位，也是程序执行的基本语法结构。Rust 中函数不仅承载了诸如高阶函数、参数模式匹配等函数式编程的特性，还包含了面向对象范式中诸如结构体及其实例实现方法的特性。

除 Rust 核心库和标准库提供的函数外，执行一个特定任务的代码也可以被封装成函数，使代码更具可读性和复用性。本节会介绍普通函数的定义与使用、函数与方法的区别以及高阶函数的定义与使用。

4.1.1　定义函数

Rust 中函数使用 fn 关键字定义，由函数签名和函数体组合而成。函数签名由函数名、参数和返回值类型组成，主要作用是防止定义两个相同签名的函数。函数名建议使用 snake case 规范风格，所有字母都是小写并使用下划线分隔单词。参数用于将外部变量或者值传递到函数内部使用，但参数不是必需的，可以置空。同样，返回值类型也不是必需的，如果函数需要返回某个值，应在函数签名中指定返回值类型。函数体被包含于一对大括号之内，是函数要执行的具体代码。

　　函数需要调用才会被执行，让函数运行起来的过程叫作函数调用。在 fn1 函数中调用 fn2 函数，fn1 函数就叫作函数调用者。函数定义时指定的参数叫作形参，调用函数时传递给函数的变量或者值叫作实参。当一个函数拥有参数（形参），在调用该函数时必须为这些参数提供具体的值（实参），并且函数调用时传递的实参数量和类型必须与形参的数量和类型一致。

　　先来看一个简单的函数定义与调用的示例，如代码清单 4-1 所示。

代码清单4-1　函数定义与调用

```
1   fn add(x: i32, y: i32) -> i32 {
2       x + y
3   }
4
5   fn main() {
6       let x = 5;
7       let y = {
8           let x = 2;
9           x + 1
10      };
11
12      let sum = add(x, y);
13      println!("{} + {} = {}", x, y, sum);
14  }
15
16  // 5 + 3 = 8
```

（1）main 函数

main 函数是程序的入口点。对于二进制可执行文件来说，main 函数是必不可少的。对于库函数来说，main 函数不是必需的。

（2）函数体

函数体由一系列语句和一个可选的结尾表达式构成。代码清单 4-1 中，main 函数的函数体内声明了两个变量 x 和 y，调用 add 函数执行加法计算，并将计算结果作为返回值与变量 sum 绑定。第 7～10 行代码赋值语句的右侧是一个代码块，它的返回值是 3，这个值与变量 y 绑定。需要注意的是，第 9 行代码中 "$x+1$" 的结尾没有分号，代表这是一个表达式而非语句，将会自动返回表达式的值。表达式的结尾如果加上分号，它就变成了语句，而语句没有返回值。

（3）函数参数

函数参数是一种特殊变量，它是函数签名的一部分。Rust 要求函数参数必须明确指定数据类型，但不能指定默认值。函数参数分为可变参数和不可变参数，默认是不可变参数。当需要可变操作时，可以使用 mut 关键字。函数如果有多个参数，可以使用逗号分隔。

代码清单 4-1 中，第 1 行代码的 add 函数有两个 i32 类型的形参 x 和 y，第 12 行代码调用 add 函数时向其传递两个实参，实参 x 的值是 5，实参 y 的值是 3。

（4）返回值

如果函数需要返回值给调用者，在函数定义时就要明确返回值的类型，这可以在函数签名中使用"→"加上数据类型来定义。函数只能有唯一的返回值，如果需要返回多个值，可以使用元组类型。Rust 中每个函数都有返回值，即使是没有显式返回值的函数，也会隐式地返回一个单元值 ()。

大部分情况下，函数隐式地返回函数体最后一个表达式的值。add 函数体中最后一个表达式 "x+y" 的值将默认视为函数的返回值，即第 2 行代码 "x+y" 等同于 "return x+y;"。但是，对于流程控制结构中的循环或条件判断分支，如果需要提前退出函数并返回指定的值，必须显式地使用 return 语句来返回。

不管是显式还是隐式，函数体中返回值的类型必须和函数签名中返回值的类型一致，否则将会导致程序错误。

4.1.2　方法和函数

方法来自面向对象的编程范式，它表示某个类型实例的行为。方法与函数类似，使用 fn 关键字定义，可以有参数、返回值和函数体。2.3.3 节介绍过关于结构体的知识，这里以结构体为例介绍结构体的方法和关联函数。

结构体的方法必须在结构体的上下文中定义，也就是定义在 impl 块中。需要注意的是，定义在 impl 块中的不一定是方法，有可能是关联函数。方法要求第一个参数必须是 self，它代表调用该方法的结构体实例。在方法中使用 &self 能够读取实例中的数据，使用 &mut self 能够向实例中写入数据。使用方法替代函数的最大好处在于组织性，应该将结构体实例所有的行为都一起放入 impl 块中。

关联函数是指在 impl 块中定义，但又不以 self 作为参数的函数。它与结构体相关联，但不直接作用于结构体实例，常用作返回一个结构体实例的构造函数。

代码清单 4-2 中，结构体 Student 的 impl 块中定义了 get_name、set_name、get_score、set_score 这 4 个方法和 new 关联函数。方法的第一个参数都是 self，在方法内部可以使用 "self. 字段名"语法来访问结构体的字段，在方法外部可使用 "实例名 . 方法名"语法调用方法。调用关联函数可使用 "结构体名 :: 关联函数名"语法。在调用结构体方法时，第一个参数 self 不需要传递实参，这个参数的传递是由 Rust 编译器完成的。因为在 impl Student 上下文，Rust 知道 self 的类型是结构体 Student，即 &self 等价于 student: &Student。

代码清单4-2 结构体方法和关联函数

```
1  #[derive(Debug, PartialEq)]
2  pub struct Student {
3      name: &'static str,
4      score: i32,
5  }
6
7  impl Student {
8      pub fn new(name: &'static str, score: i32) -> Self {
9          Student { name, score }
10     }
11
12     pub fn get_name(&self) -> &str {
13         self.name
14     }
15
16     pub fn set_name(&mut self, name: &'static str) {
17         self.name = name;
18     }
19
20     pub fn get_score(&self) -> i32 {
21         self.score
22     }
23
24     pub fn set_score(&mut self, score: i32) {
25         self.score = score;
26     }
27 }
28
29 fn main() {
30     let mut student: Student = Student::new("zhangsan", 59);
31     println!("name: {}, score: {}", student.get_name(), student.get_score());
32
33     student.set_score(60);
34     println!("{:?}", student);
35 }
36
37 // name: zhangsan, score: 59
38 // Student { name: "zhangsan", score: 60 }
```

4.1.3 高阶函数

高阶函数是指以函数为参数或返回值的函数，是函数式编程语言最基础的特性。函数是一种类型，函数类型的变量可以像其他类型的变量一样使用，既可以被直接调用执行，也可以作为其他函数的参数或返回值。实现这一切的基础是函数指针，函数指针类型使用fn() 来指定。

1. 函数指针

函数指针是指向函数的指针，其值是函数的地址。代码清单 4-3 中，第 6 行代码声明了一个函数指针 fn_ptr，在声明中必须显式指定函数指针类型 fn()。需要注意的是，等号右侧使用的是函数名 hello，而不是调用函数 hello。第 7 行代码打印出 fn_ptr 的指针地址，证明其是一个函数指针。

代码清单4-3　函数指针

```
1    fn hello() {
2        println!("hello function pointer!");
3    }
4
5    fn main() {
6        let fn_ptr: fn() = hello;
7        println!("{:p}", fn_ptr);
8
9        let other_fn = hello;
10       // println!("{:p}", other_fn);
11
12       fn_ptr();
13       other_fn();
14   }
15
16   // 0x1000f1020
17   // hello function pointer!
18   // hello function pointer!
```

第 9 行代码变量 other_fn 声明中没有指定函数指针类型 fn()，如果取消第 10 行的注释，编译代码会得到如下错误提示。

```
error[E0277]: the trait bound `fn() {hello}: std::fmt::Pointer` is not satisfied
  --> src/main.rs:10:22
   |
10 |     println!("{:p}", other_fn);
   |                      ^^^^^^^^ the trait `std::fmt::Pointer` is not implemented
   |                               for `fn() {hello}`
   |
   = note: required by `std::fmt::Pointer::fmt`
```

根据错误信息可知，other_fn 的类型实际上是 fn() {hello}，这是函数 hello 本身的类型，而非函数指针类型。但是，从第 12、13 行代码可以看到，不管是函数指针类型，还是函数 hello 本身的类型，都可以直接进行调用。

2. 函数作参数

函数作为参数时，为了提升代码可读性，可以使用 type 关键字为函数指针类型定义别名。

代码清单 4-4 中，第 1 行代码使用 type 关键字为函数指针类型 fn(i32, i32) -> i32 定义了别名 MathOp。第 2 行代码中 math 函数的第一个参数 op 的类型是 MathOp，因此 math 是高阶函数。main 函数中调用 math 函数，并传入 add 或 subtract 函数作为实参，它们会自动转换成函数指针类型。

代码清单4-4　函数作参数

```
1  type MathOp = fn(i32, i32) -> i32;
2  fn math(op: MathOp, x: i32, y: i32) -> i32 {
3      println!("{:p}", op);
4      op(x, y)
5  }
6
7  fn add(x: i32, y: i32) -> i32 {
8      x + y
9  }
10
11  fn subtract(x: i32, y: i32) -> i32 {
12      x - y
13  }
14
15  fn main() {
16      let (x, y) = (8, 3);
17      println!("add operation result: {}", math(add, x, y));
18      println!("subtraction operation result: {}", math(subtract, x, y));
19  }
20
21  // 0x104860fb0
22  // add operation result: 11
23  // 0x104860ff0
24  // subtraction operation result: 5
```

3. 函数作返回值

函数作为返回值时，也可以使用type关键字为函数指针类型定义别名。代码清单 4-5 中，第 2 行代码 math_op 函数的返回值是函数指针类型，函数体中使用 match 模式匹配，如果字符串字面量是"add"则返回 add 函数，否则返回 subtract 函数。这里的 add 和 subtract 都是函数名。

代码清单4-5　函数作返回值

```
1  type MathOp = fn(i32, i32) -> i32;
2  fn math_op(op: &str) -> MathOp {
3      match op {
4          "add" => add,
5          _ => subtract,
6      }
7  }
8
9  fn add(x: i32, y: i32) -> i32 {
10      x + y
11  }
12
13  fn subtract(x: i32, y: i32) -> i32 {
14      x - y
15  }
16
```

```
17  fn main() {
18      let (x, y) = (8, 3);
19
20      let mut op = math_op("add");
21      println!("operation result: {}", op(x, y));
22
23      op = math_op("divide");
24      println!("operation result: {}", op(x, y));
25  }
26
27  // operation result: 11
28  // operation result: 5
```

4.2 闭包

闭包是在一个函数内创建的匿名函数，虽然没有函数名，但可以将闭包赋值给一个变量，通过调用该变量完成闭包的调用。对于只使用一次的函数，使用闭包是最佳的替代方案。此外，闭包可以访问外层函数中的变量，即闭包是一个可以捕获外部环境变量的函数。外部环境变量是指闭包定义时所在的作用域中的变量，而非在闭包内定义的变量。

4.2.1 基本语法

闭包由管道符"||"和大括号"{}"组合而成。管道符中指定闭包的参数，如果有多个参数，使用逗号分隔。闭包的参数类型可以省略。管道符后可以指定返回值类型，但不是必需的。大括号即闭包体，用来存放执行语句。如果闭包体只有一行，大括号也可以省略。闭包体中最后一个表达式的值默认为闭包的返回值。

代码清单 4-6 中，第 2 行代码中 let 语句声明了变量 add_one，并与一个闭包的定义绑定。注意，这里并没有执行闭包中的代码。第 3 行代码通过调用 add_one 并传入参数真正执行了闭包中的代码。

代码清单4-6　闭包基本语法

```
1  fn main() {
2      let add_one = |x: u32| -> u32 { x + 1 };
3      println!("{}", add_one(1));
4  }
5
6  // 2
```

4.2.2 类型推断

闭包并不像函数那样严格要求为参数和返回值注明类型，这是因为闭包通常只应用于相对较小的场景上下文，编译器能可靠地推断参数和返回值的类型。

下面是对具有相同行为的函数与闭包的纵向对比，代码中增加了一些空格来使相应部分对齐。第 1 行代码是一个函数定义，第 2 行代码是一个完整的闭包定义，第 3 行代码的闭包定义中省略了参数与返回值的类型，第 4 行代码省略了参数与返回值的类型以及大括号。第 2～4 行代码都是有效的闭包定义，并在调用时产生相同的行为。

```
1  fn add_one_v1  (x: u32) -> u32 { x + 1 }
2  let add_one_v2 = |x: u32| -> u32 { x + 1 };
3  let add_one_v3 = |x|          { x + 1 };
4  let add_one_v4 = |x|            x + 1;
```

虽然编译器会为每个参数和返回值推断出一个具体的类型，但是如果多次调用同一闭包却传递不同类型的参数将会导致类型错误。代码如下所示，第 2 行代码使用 i32 类型的值作为闭包参数，编译器会推断参数和返回值的类型都为 i32，这样 i32 类型会被锁定在闭包中。第 3 行代码使用 f64 类型的值作为闭包参数，会导致抛出"expected integer, found floating-point number"的错误提示。

```
1  let add_one_v4 = |x| x + 1;
2  let i = add_one_v4(1);
3  let f = add_one_v4(1.1);
```

4.2.3　捕获环境变量

闭包和函数的最大区别是，闭包可以捕获和使用其被定义时所在的作用域中的变量。代码清单 4-7 中，第 3～5 行代码声明的变量 add 与闭包绑定，该闭包捕获和使用了作用域中变量 i 的值。

代码清单4-7　闭包捕获环境变量

```
1  fn main() {
2      let i = 1;
3      let add = |x| {
4          x + i
5      };
6
7      println!("add result: {}", add(7));
8  }
9
10 // add result: 8
```

4.3　迭代器

之前使用过 for 循环来遍历数据集合，并对每个元素执行指定的操作，但这一过程必须使用一个变量记录数据集合中每一次访问的位置。对于这种场景，推荐使用迭代器模式来遍历数据集合。

迭代器模式是将遍历数据集合的行为抽象为单独的迭代对象，这样在遍历集合时可以把集合中所有元素按顺序传递给处理逻辑。使用迭代器可以极大地简化数据操作，本节会介绍 Rust 中的迭代器模式，以及与迭代器配合使用的消费器和适配器。

4.3.1　Iterator trait

Iterator trait 是迭代器模式的抽象接口，接口中有两个重要方法。

1）iter 方法用于返回一个迭代器实例。

2）next 方法用于返回迭代器中的下一个元素，并将其封装在 Some 函数中。如果已经迭代到集合的末尾（最后一个元素的后面），则返回 None。

代码清单 4-8 中，通过 iter 方法将数组转换为迭代器，再调用迭代器的 next 方法获取元素。需要注意的是，第 3 行代码声明的变量 iter 必须是可变的，因为每一次调用 next 方法都会从迭代器中消费一个元素。

代码清单4-8　数组转换为迭代器访问元素

```
1   fn main() {
2       let v = [1, 2, 3];
3       let mut iter = v.iter();
4
5       println!("{:?}", iter.next());
6       println!("{:?}", iter.next());
7       println!("{:?}", iter.next());
8       println!("{:?}", iter.next());
9   }
10
11  // Some(1)
12  // Some(2)
13  // Some(3)
14  // None
```

4.3.2　消费器

Rust 中的迭代器都是惰性的，它们不会自动发生遍历行为。Iterator trait 中定义了一类方法，这类方法叫作消费器。通过消费器可以消费迭代器中的元素，这些方法的默认实现都调用了 next 方法。下面介绍常用的消费器 sum、any 和 collect，其他消费器可以在std::iter::Iterator 中找到。

1. sum

消费器 sum 可以对迭代器中的元素执行求和操作，它将迭代器中每个元素进行累加并返回总和。代码清单 4-9 中，通过 iter 方法将数组转换为迭代器，再调用 sum 消费器获取迭代器中所有元素的总和。

代码清单4-9　消费器sum

```
1  fn main() {
2      let v = [1, 2, 3];
3      let total: i32 = v.iter().sum();
4
5      println!("total: {}", total);
6  }
7
8  // total: 6
```

2. any

消费器 any 可以查找迭代器中是否存在满足条件的元素。代码清单 4-10 中，消费器 any 使用了两种方式检查数组中是否存在数值等于 2 的元素。

代码清单4-10　消费器any

```
1  fn main() {
2      let v = [1, 3, 4, 5];
3      let result1 = v.iter().any(|&x| x == 2);
4      let result2 = v.iter().any(|x| *x == 2);
5      // let result3 = v.iter().any(|x| x == 2);
6
7      println!("{}", result1);
8      println!("{}", result2);
9  }
10
11 // false
12 // false
```

如果取消第 5 行的注释，编译代码会得到如下错误提示。

```
error[E0277]: can't compare `&{integer}` with `{integer}`
 --> src/main.rs:5:38
  |
5 |     let result3 = v.iter().any(|x| x == 2);
  |                                    ^^ no implementation for `&{integer} == {integer}`
  |
  = help: the trait `std::cmp::PartialEq<{integer}>` is not implemented for `&{integer}`
```

发生错误的原因是，消费器 any 的内部实现中有一个 for 循环，会自动调用迭代器的 next 方法返回 Option<&[T]> 或 Option<&mut[T]> 类型的值，再通过模式匹配得到 &[T] 或 &mut[T] 类型的值。因此，在消费器 any 调用闭包中只有使用引用和解引用两种方式，程序才能正常运行。关于引用和解引用的知识将会在后续章节中介绍。

3. collect

消费器 collect 可以将迭代器转换成指定的容器类型，即将迭代器中的元素收集到指定的容器中。代码清单 4-11 中，通过 iter 方法将数组转换为迭代器，再使用 map 方法对原迭代器中的每个元素调用闭包执行加 1 操作并生成一个新迭代器，最后调用 collect 方法将新迭代器中的元素收集到动态数组中。

代码清单4-11 消费器collect

```
 1  fn main() {
 2      let v1 = [1, 2, 3, 4, 5];
 3      let v2: Vec<i32> = v1.iter().map(|x| x + 1).collect();
 4
 5      println!("{:?}", v2);
 6  }
 7
 8  // [2, 3, 4, 5, 6]
```

4.3.3 迭代器适配器

Iterator trait 中定义了一类方法,这类方法叫作迭代器适配器。它会将当前迭代器转换成另一种类型的迭代器,并支持链式调用多个迭代器适配器。不过,由于所有的迭代器都是惰性的,必须使用一个消费器来获取迭代器适配器的调用结果。下面介绍常用的迭代器适配器 map、take、filter、rev 和 zip,其他迭代器适配器可以在 std::iter 中找到。

1. map

适配器 map 对迭代器中每个元素调用闭包并生成一个新迭代器。代码清单 4-12 中,通过 iter 方法将数组转换为迭代器,再使用 map 方法对原迭代器中的每个元素调用闭包执行加 3 操作并生成一个新迭代器,最后调用 collect 方法将新迭代器中的元素收集到动态数组中。

代码清单4-12 迭代器适配器map

```
 1  fn main() {
 2      let v = [1, 2, 3];
 3      let result: Vec<i32> = v.iter()
 4          .map(|x| x + 3)
 5          .collect();
 6
 7      println!("{:?}", result);
 8  }
 9
10  // [4, 5, 6]
```

2. take

适配器 take 生成一个仅迭代原迭代器中前 n 个元素的新迭代器,常用于遍历指定数量元素的场景。代码清单 4-13 中,迭代器使用适配器 take 生成一个由前 3 个元素组成的新迭代器。

代码清单4-13 迭代器适配器take

```
 1  fn main() {
 2      let v = [1, 2, 3, 4, 5];
 3      let result = v.iter().take(3);
 4
```

```
5        for i in result {
6            println!("{}", i);
7        }
8    }
9
10   // 1
11   // 2
12   // 3
```

3. filter

适配器 filter 对迭代器中每个元素调用闭包并生成一个过滤元素的新迭代器。闭包会返回 true 或 false，如果返回 true 则该元素放入新迭代器，否则该元素将被忽略。

代码清单 4-14 中，通过 iter 方法将数组转换为迭代器，再使用 map 方法对原迭代器中的每个元素调用闭包执行加 3 操作并生成一个新迭代器，然后新迭代器调用 filter 方法生成一个由能被 3 整除的元素组成的新迭代器，最后调用 collect 方法将新迭代器中的元素收集到动态数组中。

代码清单4-14　迭代器适配器filter

```
1    fn main() {
2        let v = [1, 2, 3];
3        let result: Vec<i32> = v.iter()
4            .map(|x| x + 3)
5            .filter(|x| x % 3 == 0)
6            .collect();
7
8        println!("{:?}", result);
9    }
10
11   // [6]
```

4. rev

通常，迭代器从左到右进行迭代。适配器 rev 可以反转迭代方向，生成一个方向相反的新迭代器，即新迭代器将从右向左进行迭代，如代码清单 4-15 所示。

代码清单4-15　迭代器适配器rev

```
1    fn main() {
2        let v = [1, 2, 3];
3        let result = v.iter().rev();
4
5        for i in result {
6            println!("{}", i);
7        }
8    }
9
10   // 3
11   // 2
12   // 1
```

5. zip

适配器 zip 可将两个迭代器压缩在一起生成一个新迭代器。实际上，它在两个迭代器上同时迭代并返回一个元组，其中第一个元素来自第一个迭代器，第二个元素来自第二个迭代器。如果两个迭代器中任一迭代器返回 None，适配器 zip 就返回 None。

代码清单 4-16 中，通过 iter 方法将数组 v1 和 v2 分别转换为迭代器，再使用适配器在两个迭代器上同时迭代，生成一个由元组（a, b）组成的新迭代器，接着使用 map 方法调用闭包对新迭代器中的每个元素执行 a、b 相加操作并生成一个新迭代器，然后新迭代器调用 filter 方法再次生成一个由能被 3 整除的元素组成的新迭代器，最后调用 collect 方法将新迭代器中的元素收集到动态数组中。

代码清单4-16　迭代器适配器zip

```
1  fn main() {
2      let v1 = [1, 2, 3];
3      let v2 = [2, 3, 6];
4
5      let result: Vec<i32> = v1.iter().zip(v2.iter())
6          .map(|(a, b)| a + b)
7          .filter(|x| x % 3 == 0)
8          .collect();
9
10     println!("{:?}", result);
11 }
12
13 // [3, 9]
```

4.4　本章小结

Rust 是支持函数式编程的语言。函数可以作为其他函数的参数或返回值。将函数作为参数或返回值的函数叫作高阶函数，在函数之间传递的是函数指针类型 fn()。同时，Rust 支持面向对象编程范式的语言，通过方法为结构体实例定义行为，这样方便将某个结构体实例的所有行为组织在一起。

闭包是一个可以捕获外部环境变量的函数，是一个匿名函数，没有函数名称。我们可以把闭包赋值给一个变量，通过调用该变量来调用闭包。

迭代器主要用来遍历数据集合，把集合中所有元素按顺序传递给处理逻辑。Rust 基于结构体和 trait 实现了迭代器模式和迭代器适配器模式，但这些迭代器和迭代器适配器都是惰性的，必须通过消费器发生消费数据的行为才会促使其工作。标准库 std::iter 中定义了很多迭代器相关的方法，读者可以自行探索和练习。

第 5 章 *Chapter 5*

类 型 系 统

Rust 是一门强类型且类型安全的静态语言。Rust 中一切皆类型，包括基本的原生类型和复合类型。一些表达式有时有返回值，有时没有返回值，或者有时返回正确的值，有时返回错误的值。Rust 将这些情况都纳入了类型系统，也就是 Option<T> 和 Result<T, E> 类型。对于一些根本无法返回值的类型，比如线程崩溃，我们称之为 never 类型。另外，Rust 还把作用域纳入类型系统，这就是第 6 章将会介绍的生命周期。总之，Rust 的类型系统基本涵盖了编程中的各种情况。

本章将重点介绍泛型和 trait 系统。泛型是 Rust 类型系统中的重要概念，其把一个泛化的类型作为参数，单个类型可以抽象化为一簇类型。trait 系统可以说是 Rust 的灵魂。Rust 中所有的抽象，比如接口抽象、面向对象编程范式抽象、函数式编程范式抽象等，都是基于 trait 系统完成的。同时，trait 系统还保证了这些抽象运行时几乎是零开销。

5.1 泛型

泛型是在运行时指定数据类型的机制，其优势是可以编写更为抽象和通用的代码，减少重复的工作量，即一套代码就可以应用于多种类型。泛型类型是具体类型的抽象，Rust 使用 <T> 语法表示泛型类型，其中 T 可以代表任意数据类型。

5.1.1 泛型与容器

最常见的泛型应用莫过于容器，第 2 章中介绍的 Vec<T>、HashMap<K, V> 都是泛型类型的应用。比如，Vec<T> 在使用中可以指定 T 的类型为 i32 或 String 等。

代码清单 5-1 中，第 2 行代码声明了一个 Vec<i32> 类型的变量 vec_integer，这里指

定 T 为 i32 类型。也就是说，这个动态数组中只能存放 i32 类型的值，第 3 行代码向 vec_
integer 中插入数值 30。

代码清单5-1　泛型类型应用Vec<T>

```
1  fn main() {
2      let mut vec_integer: Vec<i32> = vec![10, 20];
3      vec_integer.push(30);
4      // vec_integer.push("hello");
5
6      println!("{:?}", vec_integer);
7  }
8
9  // [10, 20, 30]
```

如果向 vec_integer 中插入一个非 i32 类型的值，比如取消第 4 行的注释，编译代码会
得到如下错误提示。

```
error[E0308]: mismatched types
 --> src/main.rs:4:22
  |
4 |     vec_integer.push("hello");
  |                      ^^^^^^^ expected `i32`, found `&str`
```

根据错误信息可知，vec_integer 只支持插入 i32 类型的值，不支持 &str 类型的字符串
字面量，否则会出现类型不匹配的错误。

5.1.2　泛型与结构体

泛型类型的结构体是指结构体的字段类型是泛型类型，它可以拥有一个或多个泛型类
型。定义泛型结构体时，可以在结构体名称后面带上 <T> 或 <T, U> 等，在定义字段的类型
时使用 T 或 U。

代码清单 5-2 中，结构体 Rectangle1 的字段 width 和 height 可以是任意类型，但这两
个字段的类型必须相同。结构体 Rectangle2 定义了两个泛型类型 T 和 U，字段 width 是 T
类型，字段 height 是 U 类型。width 和 height 这两个字段的类型可以相同，也可以不同。

代码清单5-2　定义泛型结构体

```
1  struct Rectangle1<T> {
2      width: T,
3      height: T,
4  }
5
6  struct Rectangle2<T, U> {
7      width: T,
8      height: U,
9  }
10
11 impl<T> Rectangle1<T> {
```

```
12      fn width(&self) -> &T {
13          &self.width
14      }
15
16      fn height(&self) -> &T {
17          &self.height
18      }
19  }
20
21  impl Rectangle1<i32> {
22      fn area(&self) -> i32 {
23          self.width * self.height
24      }
25  }
26
27  impl<T, U> Rectangle2<T, U> {
28      fn width(&self) -> &T {
29          &self.width
30      }
31
32      fn height(&self) -> &U {
33          &self.height
34      }
35  }
36
37  fn main() {
38      // let rect = Rectangle1 { width: 8, height: 2.2 };
39      let rect1 = Rectangle1 { width: 8, height: 2 };
40      println!("rect1.width: {}, rect1.height: {}", rect1.width(), rect1.
            height());
41      println!("rect1.area: {}", rect1.area());
42
43      let rect2 = Rectangle2 { width: 8, height: 2.2 };
44      println!("rect2.width: {}, rect2.height: {}", rect2.width(), rect2.
            height());
45  }
46
47  // rect1.width: 8, rect1.height: 2
48  // rect1.area: 16
49  // rect2.width: 8, rect2.height: 2.2
```

如果取消第 38 行的注释，编译代码会出现如下错误提示。因为把 i32 类型的值赋值给 width，这会告诉编译器 Rectangle1<T> 实例中的 T 是 i32 类型，而再把 f64 类型的值赋值给 height，就会出现类型不匹配错误。

```
error[E0308]: mismatched types
  --> src/main.rs:38:47
   |
38 |     let rect = Rectangle1 { width: 8, height: 2.2 };
   |                                               ^^^ expected integer, found floating-point number
```

在结构体定义中，可以使用任意多的泛型类型，但太多的泛型类型会让代码难以阅读和理解。当需要使用多个泛型类型时，表明代码需要重构为更小的部分。

泛型结构体支持实现泛型方法（见 5.1.5 节），还支持为指定的类型实现方法。代码清单 5-2 中，第 21～25 行代码为 Rectangle1<i32> 实现方法，这里不需要在 impl 后面带上 <T>。结构体 Rectangle1<i32> 的实例会有一个 area 方法，而其他非 i32 类型的 Rectangle1<T> 实例是没有 area 方法的。

5.1.3 泛型与枚举

泛型枚举是指枚举值类型是泛型类型。标准库提供的 Option<T> 就是一个应用广泛的泛型枚举，其定义如下：

```
1  enum Option<T> {
2      Some(T),
3      None,
4  }
```

Option<T> 表示可能有值，也可能无值这一抽象概念，Some(T) 表示可能的值可以是任意类型 T，None 表示不存在任何值。Option<T> 类型会被 Rust 自动引入，不需要再显式地引入作用域。也就是说，程序中可以直接使用 Some(T) 或 None 来表示 Option<T> 类型，不用写成 Option::Some(T) 或 Option::None。

Option<T> 类型的变量声明如下，在使用 None 进行赋值时需要明确 T 的具体类型，否则编译器无法根据 None 值推断 Some(T) 中 T 的类型。

```
1  let some_number = Some(5);
2  let some_string = Some("a string");
3  let absent_number: Option<i32> = None;
```

代码清单 5-3 中，第 1 行代码 option_add 函数的返回值类型是 Option<i32>，如果有返回值就返回 Some 值，如果返回值为空就返回 None。第 5 行代码 unwrap 方法可将 Some(3) 中的数值 3 取出，但是值为 None 时使用 unwrap 方法会导致程序错误，因此应该先使用 is_none 方法判断值是否为 None。

代码清单5-3　Option作为返回值类型

```
1  fn option_add(x: Option<i32>, y: Option<i32>) -> Option<i32> {
2      return if x.is_none() && y.is_none() { None }
3          else if x.is_none() { y }
4          else if y.is_none() { x }
5          else { Some(x.unwrap() + y.unwrap()) };
6  }
7
8  fn option_print(opt: Option<i32>) {
9      match opt {
10         Some(result) => println!("Option: {}", result),
11         _ => println!("Option is None!"),
12     }
```

```
13  }
14
15  fn main() {
16      let result1 = option_add(Some(3), Some(5));
17      let result2 = option_add(Some(3), None);
18      let result3 = option_add(None, None);
19
20      option_print(result1);
21      option_print(result2);
22      option_print(result3);
23  }
24
25  // Option: 8
26  // Option: 3
27  // Option is None!
```

5.1.4　泛型与函数

函数的参数和返回值都可以是泛型类型，带有泛型类型的参数或返回值的函数叫作泛型函数。泛型函数不要求所有参数都是泛型，可以只是某个参数是泛型。在定义泛型函数时可以在函数名称后面带上 <T>，在定义参数或返回值的类型时使用 T。

代码清单 5-4 中，第 1 行代码声明泛型函数 foo 的参数和返回值类型都是 T。第 6、7 行代码调用 foo 函数时，可以使用 i32 类型的实参，也可以使用 &str 类型的实参。

代码清单5-4　泛型作为函数参数与返回值的类型

```
1  fn foo<T>(x: T) -> T {
2      return x;
3  }
4
5  fn main() {
6      println!("{}", foo(5));
7      println!("{}", foo("hello"));
8  }
9
10 // 5
11 // hello
```

5.1.5　泛型与方法

带有泛型类型的参数或返回值的方法叫作泛型方法，代码如下所示。要定义泛型结构体 Rectangle1<T> 的泛型方法，需要在 impl 后面带上 <T>，这样方法的参数或返回值的类型才能使用 T。

```
1  impl<T> Rectangle1<T> {
2      fn width(&self) -> &T {
3          &self.width
```

```
4       }
5
6       fn height(&self) -> &T {
7           &self.height
8       }
9   }
```

5.2　trait 系统

Rust 中没有类（Class）和接口（Interface）这样的概念。trait 是唯一的接口抽象方式，用于跨多个结构体以一种抽象的方式定义共享的行为（方法），即 trait 可以让不同的结构体实现相同的行为。下面介绍 trait 的定义与实现，以及如何使用 trait 作为参数和返回值类型。

5.2.1　trait 定义与实现

trait 的本质是一组方法原型，是实现某些目的的行为集合。比如，求周长和面积是几何图形的共同需求，可以将求周长和面积通过 trait 定义为几何图形共享的行为。下面定义一个 Geometry trait，它包含 area 和 perimeter 方法，分别用于计算面积和计算周长，代码如下所示。

```
1   trait Geometry {
2       fn area(&self) -> f32;
3       fn perimeter(&self) -> f32;
4   }
```

从语法上说，trait 可以包含两种形式的方法：抽象方法（没有具体实现的方法）和具体方法（带有具体实现的方法）。如果想让实现 trait 的所有结构体共享某个方法，可以使用具体方法。如果想让实现 trait 的每个结构体自身实现某个方法，可以使用抽象方法。不过，即使是具体方法，实现 trait 的结构体也可以对该方法进行重载。

定义了 Geometry trait 后，我们就可以在需要计算面积、周长这些行为的几何图形结构体上实现了。代码清单 5-5 中，长方形结构体 Rectangle 有宽度 width 和高度 height 两个字段，圆形结构体 Circle 有半径 radius 字段。要在 Rectangle 和 Circle 上实现 Geometry trait，可以使用 impl Trait for Type 的语法（表示 Type 实现 Trait 接口）。在 impl 块中，先使用 trait 定义的方法签名，再在方法体内编写具体的行为。实现了 Geometry trait 后，Rectangle 和 Circle 的实例就可以像调用普通方法一样调用 trait 定义的方法了。

代码清单5-5　调用trait定义的方法

```
1   struct Rectangle {
2       width: f32,
3       height: f32,
4   }
```

```
 5
 6    impl Geometry for Rectangle {
 7        fn area(&self) -> f32 {
 8            self.width * self.height
 9        }
10
11        fn perimeter(&self) -> f32 {
12            (self.width + self.height) * 2.0
13        }
14    }
15
16    struct Circle {
17        radius: f32,
18    }
19
20    impl Geometry for Circle {
21        fn area(&self) -> f32 {
22            3.14 * self.radius * self.radius
23        }
24
25        fn perimeter(&self) -> f32 {
26            3.14 * 2.0 * self.radius
27        }
28    }
29
30    fn main() {
31        let rect = Rectangle { width: 8.8, height: 2.2 };
32        println!("rect.area: {}, rect.perimeter: {}",
33            rect.area(), rect.perimeter());
34
35        let circle = Circle { radius: 3.0 };
36        println!("circle.area: {}, circle.perimeter: {}",
37            circle.area(), circle.perimeter());
38    }
39
40    // rect.area: 19.36, rect.perimeter: 22
41    // circle.area: 28.26, circle.perimeter: 18.84
```

5.2.2　trait 作为参数

trait 作为参数的两种常用方式,一是使用 impl Trait 语法表示参数类型,二是使用 trait 对泛型参数进行约束。这样,我们不仅可以在函数体内调用 trait 定义的方法,还可以将其用于一些复杂的开发场景。

1. impl Trait

函数的参数类型可以使用 impl Trait 语法,如代码清单 5-6 所示。print 函数的参数类型是 impl Geometry,该参数支持任何实现了 Geometry trait 的结构体实例,即可以向其传递 Rectangle 或 Circle 的实例,这样函数体内就可以调用 area、perimeter 方法了。需要注意的是，调用 print 函数时如果向其传递 String 或 i32 等类型的参数会导致程序错误，因为它们没有实现 Geometry trait。

代码清单5-6　impl Geometry作为参数类型

```
1   fn print(geometry: impl Geometry) {
2       println!("area: {}, perimeter: {}",
3           geometry.area(), geometry.perimeter());
4   }
5
6   fn main() {
7       let rect = Rectangle { width: 10.5, height: 5.5 };
8       print(rect);
9   }
10
11  // area: 57.75, perimeter: 32
```

如果希望 print 函数除了能调用 area、perimeter 方法外，还能输出 geometry 的格式化内容，那么 geometry 需要同时实现 Geometry trait 和 Display trait。这可以通过"+"运算符来完成。

代码清单 5-7 为结构体 Rectangle 实现了 Display trait，对要输出的格式化内容进行了自定义处理。print 函数的参数类型变成了"impl Geometry + Display"，表示同时实现 Geometry trait 和 Display trait。

代码清单5-7　"impl Geometry + Display"作为参数类型

```
1   use std::fmt::{Display, Formatter, Result};
2
3   impl Display for Rectangle {
4       fn fmt(&self, f: &mut Formatter<'_>) -> Result {
5           write!(f, "Rectangle: ({}, {})", self.width, self.height)
6       }
7   }
8
9   fn print(geometry: impl Geometry + Display) {
10      println!("{}, area: {}, perimeter: {}",
11          geometry, geometry.area(), geometry.perimeter());
12  }
13
14  fn main() {
15      let rect = Rectangle { width: 10.5, height: 5.5 };
16      print(rect);
17  }
18
19  // Rectangle: (10.5, 5.5), area: 57.75, perimeter: 32
```

impl Trait 语句还支持为多个参数指定类型。代码清单 5-8 中，area_add 函数的两个参数类型都是 impl Geometry，可以分别向它们传递 Rectangle 或 Circle 的实例。

代码清单5-8　多impl Geometry作为参数类型

```
1   fn area_add(geo1: impl Geometry, geo2: impl Geometry) {
2       println!("rect.area: {}, circle.area: {}, total area: {}",
3               geo1.area(), geo2.area(), geo1.area() + geo2.area());
4   }
5
6   fn main() {
7       let rect = Rectangle { width: 10.5, height: 5.5 };
8       let circle = Circle { radius: 3.0 };
9
10      area_add(rect, circle);
11  }
12
13  // rect.area: 57.75, circle.area: 28.26, total area: 86.01
```

2. trait 约束

trait 约束是指使用 trait 对泛型进行约束。trait 约束与泛型类型的参数声明在一起，适用于复杂的开发场景，其语法如下：

```
fn generic<T: MyTrait + MyOtherTrait + SomeStandarTrait>(t: T) {}
```

代码清单 5-9 中，print 函数是泛型函数，对泛型参数使用了 trait 约束，<T: Geometry + Display> 表示泛型参数实现了 Geometry trait 和 Display trait。

代码清单5-9　对泛型参数使用trait约束

```
1   use std::fmt::{Display, Formatter, Result};
2
3   impl Display for Circle {
4       fn fmt(&self, f: &mut Formatter<'_>) -> Result {
5           write!(f, "Circle: ({})", self.radius)
6       }
7   }
8
9   fn print<T: Geometry + Display>(geometry: T) {
10      println!("{}, area: {}, perimeter: {}",
11              geometry, geometry.area(), geometry.perimeter());
12  }
13
14  fn main() {
15      let circle = Circle { radius: 3.0 };
16      print(circle);
17  }
18
19  // Circle: (3), area: 28.26, perimeter: 18.84
```

同样地，我们可以对多个泛型参数使用 trait 约束。下面对代码清单 5-8 中的 area_add 函数进行重构。

```
1   fn area_add<T: Geometry, U: Geometry>(geo1: T, geo2: U) {
2       println!("rect.area: {}, circle.area: {}, total area: {}",
```

```
3                     geo1.area(), geo2.area(), geo1.area() + geo2.area());
4   }
```

如果泛型参数有多个 trait 约束，那么拥有多个泛型参数的函数，在函数名和参数列表之间会有很长的 trait 约束信息，使得函数签名可读性差。比如：

```
fn area_add<T: Geometry + Display + Clone, U: Geometry + Display + Debug>(geo1: T, geo2: U) {}
```

Rust 提供 where 关键字来处理这种情况，对上面的 area_add 函数进行重构。下述代码在函数签名后面跟上 where 从句，为每个泛型参数指定 trait 约束，这样函数签名的可读性就提高了。

```
fn area_add<T, U>(geo1: T, geo2: U)
    where T: Geometry + Display + Clone,
        U: Geometry + Display + Debug {}
```

5.2.3 返回实现 trait 的类型

函数的返回值类型也可以使用 impl Trait 语法，返回某个实现了 trait 的类型，代码如下所示。return_geometry 函数的返回值类型是 impl Geometry，函数体中返回了实现 Geometry trait 的 Rectangle 类型。需要注意的是，这只适用于返回单一类型的情况，如果返回可能为 Rectangle，也可能为 Circle，将会导致程序错误。

```
1   fn return_geometry() -> impl Geometry {
2       Rectangle {
3           width: 12.5,
4           height: 5.5,
5       }
6   }
```

5.2.4 标准库常用 trait

标准库中提供了很多有用的 trait，其中一些 trait 可应用于结构体或枚举定义的 derive 属性中。对于使用 # [derive] 语法标记的类型，编译器会自动为其生成对应 trait 的默认实现代码。

1. 格式化输出 Debug 与 Display

Debug trait 可以开启格式化字符串中的调试格式，常用于调试上下文中以 {:?} 或 {:#?} 格式打印输出一个类型的实例。Debug 可以与 derive 属性一起使用。

Display trait 是以 {} 格式打印输出信息的，主要用于面向用户的输出。但是，Display 不能与 derive 属性一起使用。要实现 Display，需要实现 fmt 方法。

代码清单 5-10 中，第 3～4 行代码在结构体 Point 定义上标记 #[derive(Debug)]，编译时会自动为 Point 生成 Debug trait 的默认实现代码。第 9～13 行代码为 Point 实现了 Display trait 的 fmt 方法。第 19 行代码使用 "{:#?}" 格式，以优雅的方式打印输出。

代码清单5-10 Debug trait与Display trait

```
1   use std::fmt::{Display, Formatter, Result};
2
3   #[derive(Debug)]
4   struct Point {
5       x: i32,
6       y: i32,
7   }
8
9   impl Display for Point {
10      fn fmt(&self, f: &mut Formatter<'_>) -> Result {
11          write!(f, "({}, {})", self.x, self.y)
12      }
13  }
14
15  fn main() {
16      let origin = Point { x: 0, y: 0 };
17      println!("{}", origin);
18      println!("{:?}", origin);
19      println!("{:#?}", origin);
20  }
21
22  // (0, 0)
23  // Point { x: 0, y: 0 }
24  // Point {
25  //     x: 0,
26  //     y: 0,
27  // }
```

2. 等值比较 Eq 与 PartialEq

Eq trait 和 PartialEq trait 来自数学中的等价关系和局部等价关系。两者都满足以下两个特性。

1）对称性（Symmetric），即 a == b 可推导出 b == a。

2）传递性（Transitive），即 a == b 且 b == c 可推导出 a == c。

Eq 相比 PartialEq 还需要满足反身性（Reflexive），即 a == a。对于浮点数类型，两个非数字值 NaN（Not-a-Number）是互不相等的，即 NaN != NaN，因此 Rust 只为其实现了 PartialEq。实现 Eq 不需要额外的代码，只需要在实现 PartialEq 的基础上，在类型上标记 #[derive(Eq)] 即可。

PartialEq 也可以与 derive 属性一起使用，用于比较一个类型的两个实例是否相等，并开启"=="和"!="运算符功能。在结构体上标记 #[derive(PartialEq)]，只有所有字段都相等，两个实例才相等，只要有任何字段不相等则两个实例不相等。在枚举上标记 #[derive(PartialEq)]，当每一个成员都和其自身相等，且和其他成员都不相等时，两个实例才相等。

我们可以自定义实现 PartialEq 中用于判断两个实例是否相等的 eq 方法。Rust 会根据

eq 方法自动实现判断两个实例是否不相等的 ne 方法。代码清单 5-11 中，第 12～16 行代码为 Book 实现了 PartialEq trait 的 eq 方法，只要字段 isbn 值相等，即使字段 format 值不同，两本书也视为同一本书。

代码清单5-11　自定义实现PartialEq trait

```
1    enum BookFormat {
2        Paperback,
3        Hardback,
4        Ebook,
5    }
6
7    struct Book {
8        isbn: i32,
9        format: BookFormat,
10   }
11
12   impl PartialEq for Book {
13       fn eq(&self, other: &Self) -> bool {
14           self.isbn == other.isbn
15       }
16   }
17
18   fn main() {
19       let b1 = Book { isbn: 3, format: BookFormat::Paperback };
20       let b2 = Book { isbn: 3, format: BookFormat::Ebook };
21       let b3 = Book { isbn: 5, format: BookFormat::Paperback };
22
23       assert!(b1 == b2);
24       assert!(b1 != b3);
25   }
```

3. 次序比较 Ord 与 PartialOrd

Ord trait 是表示全序关系的 trait，全序关系是指集合中任何一对元素都是相互可比较的。Ord 应该满足以下两个特性。

1）完全反对称性（Total and Asymmetric），即任何一对元素之间的关系只能是 a < b、a == b 或 a > b 中的其中一种。

2）传递性（Transitive），即 a < b 且 b < c 可推导出 a < c，"=="和">"同理。

PartialOrd trait 是基于排序目的对类型实例进行比较的 trait，可以直接使用 <、>、<= 和 >= 运算符进行比较。PartialOrd 应该满足以下两个特性。

1）反对称性，即 a < b 则 !(a > b)，反之亦然。

2）传递性，即 a < b 且 b < c 可推导出 a < c，"=="和">"同理。

Ord 和 PartialOrd 都要求能进行元素是否相等的比较，因此对 Eq 和 PartialEq 有以下依赖要求。

1）PartialOrd 要求类型实现 PartialEq。

2）Ord 要求类型实现 PartialOrd 和 Eq。

Ord 可以与 derive 属性一起使用。如果要自定义实现 Ord，需要实现 cmp 方法。Ord 会为类型提供 max 和 min 方法，以便执行比较操作。

PartialOrd 也可以与 derive 属性一起使用。如果要自定义实现 PartialOrd，需要实现 partial_cmp 方法。如果类型已实现了 Ord，可以通过调用 cmp 方法来实现 partial_cmp 方法。PartialOrd 会为类型提供 lt、le、gt 和 ge 方法，用于执行比较操作。

代码清单 5-12 中，第 3～4 行代码在结构体 Person 定义上标记 #[derive(Eq)]。因为根据依赖关系，Ord 要求类型实现 Eq。第 10～14 行代码为 Person 实现了 Ord 的 cmp 方法，这里 Person 实例按字段 height 进行排序，不考虑 id 和 name。第 16～20 行代码为 Person 实现了 PartialOrd 的 partial_cmp 方法，是通过调用 cmp 方法完成的。第 22～26 行代码为 Person 实现了 PartialEq。根据依赖关系，PartialOrd 要求类型实现 PartialEq。

代码清单5-12　Ord trait与PartialOrd trait

```
1   use std::cmp::Ordering;
2
3   #[derive(Eq)]
4   struct Person {
5       id: u32,
6       name: String,
7       height: u32,
8   }
9
10  impl Ord for Person {
11      fn cmp(&self, other: &Person) -> Ordering {
12          self.height.cmp(&other.height)
13      }
14  }
15
16  impl PartialOrd for Person {
17      fn partial_cmp(&self, other: &Person) -> Option<Ordering> {
18          Some(self.cmp(other))
19      }
20  }
21
22  impl PartialEq for Person {
23      fn eq(&self, other: &Person) -> bool {
24          self.height == other.height
25      }
26  }
27
28  fn main() {
29      let person1 = Person { id: 1, name: String::from("zhangsan"), height: 168 };
30      let person2 = Person { id: 2, name: String::from("lisi"), height: 175 };
31      let person3 = Person { id: 3, name: String::from("wanwu"), height: 180 };
32
33      assert_eq!(person1 < person2, true);
34      assert_eq!(person2 > person3, false);
```

```
35
36      assert!(person1.lt(&person2));
37      assert!(person3.gt(&person2));
38
39      let tallest_person = person1.max(person2).max(person3);
40      println!("id: {}, name: {}", tallest_person.id, tallest_person.name);
41  }
42
43  // id: 3, name: wanwu
```

4. 复制值 Clone 与 Copy

由于本节涉及栈内存和堆内存、按位复制和深复制以及引用等概念，对这些知识点不甚熟悉的读者可以先行跳过，待学习第 6 章后再回来阅读本节内容。

Clone trait 用于标记可以对值进行深复制的类型，即对栈上和堆上的数据一起复制。要实现 Clone，需要实现 clone 方法。如果要使用 #[derive(Clone)] 语法标记结构体或枚举，要求结构体的每个字段或枚举的每个值都可调用 clone 方法，意味着所有字段或值的类型都必须实现 Clone。

Copy trait 用于标记可以按位复制其值的类型，即复制栈上的数据。Copy 继承自 Clone，这意味着要实现 Copy 的类型，必须实现 Clone 的 clone 方法。如果想让一个类型实现 Copy，就必须同时实现 Clone，会比较烦琐且累赘，所以 Rust 提供了方便的 derive 属性来完成这项重复的工作，代码如下所示。

```
1  #[derive(Copy, Clone)]
2  struct MyStruct;
```

其等价于如下代码，但简练和方便了许多。

```
1  struct MyStruct;
2
3  impl Copy for MyStruct { }
4
5  impl Clone for MyStruct {
6      fn clone(&self) -> MyStruct {
7          *self
8      }
9  }
```

Rust 为数字类型、字符类型、布尔类型、单元值等实现了 Copy，但并非所有类型都可以实现 Copy。对于结构体来说，必须所有字段都实现了 Copy，这个结构体才能实现 Copy。

Copy 是一个隐式行为。开发者不能重载 Copy 行为，它永远是简单的按位复制。Copy 的隐式行为常发生在执行变量绑定、函数参数传递、函数返回等场景中。与 Copy 不同的是，Clone 是一个显式行为。任何类型都可以实现 Clone，开发者可以按需实现 clone 方法。

5. 默认值 Default

Default trait 为类型提供有用的默认值，通常用于为结构体的字段提供默认值。如果结构体每个字段的类型都实现了 Default，那么 Default 可以与 derive 属性一起使用，对每个字段的类型都使用默认值。

代码清单 5-13 中，由于 Rust 已经为基本数据类型实现了 Default，因此可以在结构体 MyStruct 上标记 #[derive(Default)]。第 8 行代码中 Default::default 函数为 MyStruct 的所有字段提供默认值，第 9 行代码实现了自定义 MyStruct 的一部分字段，而其他字段使用 ..Default::default() 设置为默认值。

代码清单5-13　Default trait

```
1  #[derive(Default, Debug)]
2  struct MyStruct {
3      foo: i32,
4      bar: f32,
5  }
6
7  fn main() {
8      let options1: MyStruct = Default::default();
9      let options2 = MyStruct { foo: 7, ..Default::default() };
10
11     println!("options1: {:?}", options1);
12     println!("options2: {:?}", options2);
10 }
11 // options1: MyStruct { foo: 0, bar: 0.0 }
12 // options2: MyStruct { foo: 7, bar: 0.0 }
```

5.3　类型转换

Rust 中类型转换分为隐式类型转换和显式类型转换。隐式类型转换是由编译器来完成的，显式类型转换是由开发者来指定的。一般，我们所说的类型转换是指显式类型转换。下面介绍几种常见的类型转换。

5.3.1　原生类型间的转换

as 关键字用于 Rust 中原生数据类型间的转换。需要注意的是，短类型转换为长类型是没有问题的，但是长类型转换为短类型会被截断处理。此外，当有符号类型向无符号类型转换时，不适合使用 as 关键字。

代码清单 5-14 中，第 2～3 行代码将 u16 类型转换为 u32 类型没有问题。第 6～7 行代码将变量 x 赋值为 u32 类型的最大值，将其转换为 u16 类型时会被截断处理，变量 y 的值变成了 u16 类型的最大值。第 10～11 行代码将 u8 类型转换为 char 类型，第 14～15 行代码将 char 类型转换为 u8 类型，可以看到 u8 类型和 char 类型可以相互转换。第 18～19 行代码将 i32 类型转换为 f64 类型，第 22～23 行代码将 f64 类型转换为 i32 类型，可以看到 f64 类型转换为 i32 类型会有精度丢失问题。

代码清单5-14　原生类型间的转换

```
1  fn main() {
2      let x: u16 = 7;
3      let y = x as u32;
4      println!("u16: {}, u32: {}", x, y);
5
6      let x = std::u32::MAX;
7      let y = x as u16;
8      println!("u32: {}, u16: {}", x, y);
9
10     let x = 65u8;
11     let y = x as char;
12     println!("u8: {}, char: {}", x, y);
13
14     let x = 'A';
15     let y = x as u8;
16     println!("char: {}, u8: {}", x, y);
17
18     let x = 7;
19     let y = x as f64;
20     println!("i32: {}, f64: {}", x, y);
21
22     let x = 7.7;
23     let y = x as i32;
24     println!("f64: {}, i32: {}", x, y);
25 }
26
27 // u16: 7, u32: 7
28 // u32: 4294967295, u16: 65535
29 // u8: 65, char: A
30 // char: A, u8: 65
31 // i32: 7, f64: 7
32 // f64: 7.7, i32: 7
```

5.3.2　数字与 String 类型间的转换

在项目开发中，数字与 String 类型间的转换是常见的场景。使用 to_string 方法可以将任意数字转换为 String 类型，使用 parse 方法可以将 String 类型解析为指定的数字类型。

代码清单 5-15 中，通过使用 to_string 方法，第 2～3 行代码将 i32 类型转换为 String 类型，第 6～7 行代码将 f64 类型转换为 String 类型。通过使用 parse 方法，第 10～11 行代码将 String 类型转换为 i32 类型，第 14～15 行代码将 String 类型转换为 f64 类型。x.parse::<i32>() 中的 "::<>" 叫作 turbofish 操作符，用于为泛型类型指定具体的类型。x.parse::<i32>() 返回的是 Result<i32, ParseIntError> 类型，再使用 unwrap 方法可获取 Result 中 i32 类型的值。

代码清单5-15　数字与String类型间的转换

```
1  fn main() {
2      let x = 7;
3      let y = x.to_string();
```

```
4        println!("i32: {}, String: {}", x, y);
5
6        let x = 7.7;
7        let y = x.to_string();
8        println!("f64: {}, String: {}", x, y);
9
10       let x = String::from("7");
11       let y = x.parse::<i32>().unwrap();
12       println!("String: {}, i32: {}", x, y);
13
14       let x = String::from("7.7");
15       let y = x.parse::<f64>().unwrap();
16       println!("String: {}, f64: {}", x, y);
17   }
18
19   // i32: 7, String: 7
20   // f64: 7.7, String: 7.7
21   // String: 7, i32: 7
22   // String: 7.7, f64: 7.7
```

5.3.3　&str 与 String 类型间的转换

2.5.1 节介绍过 &str 和 String 类型字符串的创建。我们有时需要对这两种类型进行相互转换。使用 as_str 方法可以将 String 类型转换为 &str 类型，使用 to_string 方法可以将 &str 类型转换为 String 类型，代码如下所示。

```
1   let x = String::from("hello");
2   let y = x.as_str();
3
4   let x = "hello";
5   let y = x.to_string();
```

5.4　本章小结

本章介绍了 Rust 最为重要的类型系统。如果没有类型系统，Rust 语言的安全基石将不复存在。Rust 除了可使用类型系统来存储信息，还将信息处理过程中的各种行为都纳入类型系统，以防止未定义的行为发生。编译器根据类型系统进行严格的类型检查，以保证内存安全和并发安全。

泛型是 Rust 类型系统中的重要概念，其优势是在灵活地提供更多功能的同时不引入重复代码。trait 系统是 Rust 中唯一的接口抽象方式，让开发者可以在多种类型之上按行为统一抽象成抽象类型，即 trait 可以让不同的类型共享相同的行为。

本章还介绍了 Rust 中常见的几种显式类型转换，包括原生类型间的转换、数字与 String 类型间的转换、&str 与 String 类型间的转换。

第 6 章

所有权系统

所有权系统（Ownership System）是 Rust 语言最基础、最独特，也是最重要的特性。它让 Rust 无须内存垃圾回收机制就可保障内存安全与运行效率。所有权系统包括所有权（Ownership）、借用（Borrowing）、生命周期（Lifetimes）。它们之间相互关联、相辅相成。

Rust 编译器在编译时会根据所有权系统的一系列规则进行检查，所有的分析与检查都是在编译时完成的。因此，所有权系统拥有零或者极小的运行时开销。在运行时，所有权系统的任何功能都不会影响程序的运行效率。

然而，所有权系统有着一个很大的开销——学习曲线。对于大多数初学者来说，所有权是一个全新的概念。同时，Rust 有着一个极其严格的编译器，它的检查是非常严谨的。初学者在尝试编写代码时，几乎不可能让代码一次编译就通过。也就是说，编译器会拒绝编译初学者认为合理的程序，导致初学者都会经历一段漫长的"与借用检查器作斗争"的过程。但这种"斗争"会随着初学者对所有权系统工作方式以及具体规则的深入了解而逐步减少。初学者一旦熟悉和适应了所有权系统，就能编写出安全且高效的代码了。

6.1 通用概念

在开始学习所有权机制之前，我们有必要先了解一些通用概念。Rust 作为系统编程语言，值位于栈上还是堆上在很大程度上影响了其行为以及管理内存的方式，这也成为理解所有权机制的基础和必要知识准备。

6.1.1 栈内存与堆内存

栈和堆都是代码在运行时可供使用的内存，但它们存储数据的方式不同。栈内存存储的数据大小在编译时已知且固定，放入数据叫作入栈，取出数据叫作出栈。数据出入栈的顺序是先进后出或者后进先出，也就是数据出栈顺序与入栈顺序是相反的。Rust 所有的基本类型都可以存储在栈上，因为它们的大小都是固定的。

堆内存存储的数据大小在编译时未知或可能发生变化，也就是只有在程序运行时才能确定数据的大小。比如，字符串类型的数据在编译时大小是未知的，且运行时大小可能发生变化，因此其必须存储在堆上。当向堆上放入数据时，操作系统会先找到一块足够大的内存空间，将其标记为已使用，并返回一个指向该空间地址的指针，这个过程称作在堆上分配内存。

数据入栈比在堆上分配内存的速度要快。入栈时，操作系统无须为存储新数据去搜索内存空间，其位置总是在栈顶。与之相比，在堆上分配内存需要做更多的工作。因此，访问栈上数据比访问堆上数据的速度要快，访问栈上数据只需要从栈顶获取，而访问堆上数据需要通过指针搜索内存地址。

所有权系统要做的正是跟踪代码正在使用的堆上数据，最大限度地减少堆上重复的数据，及时清理堆上不再使用的数据，确保垃圾数据不会耗尽内存空间等。开发者在实际开发中并不需要时时考虑数据是存储在栈上还是堆上，不过了解所有权的存在有助于管理堆内存中的数据，理解所有权机制的工作方式。

6.1.2 值语义与引用语义

值语义（Value Semantic）是指按位复制后与原值无关，保证值的独立性。基本数据类型都是值语义。要修改具有值语义特性的变量，只能通过它本身来修改；修改了具有值语义特性的变量，并不会影响复制的值。按位复制就是栈复制，也叫作浅复制（Shallow Copy），是指只复制栈上数据。与之对应的是深复制（Deep Copy），是指对栈上和堆上数据一起复制。

引用语义（Reference Semantic）是指数据存储在堆内存中，通过存储在栈内存的指针来管理堆内存的数据，并且禁止按位复制。因为按位复制只能复制栈上的指针，这样就会有两个栈上的指针指向堆上的同一数据容易造成堆上数据二次释放。动态数组、字符串都属于引用语义。

6.1.3 复制语义与移动语义

在所有权机制下，Rust 又引入了复制语义（Copy Semantic）和移动语义（Move Semantic）。

复制语义对应值语义，具有值语义特性的变量可以在栈上进行按位复制，以便于内存管理。

移动语义对应引用语义，在堆上存储的数据只能进行深复制，而深复制又可能带来极大的性能开销，因此需要在栈上移动指向堆上数据的指针地址，这样不仅保证了内存安全，还拥有与按位复制同样的性能。

6.2 所有权机制

所有运行的程序都必须管理其使用内存的方式。Rust 是通过所有权系统来管理内存的。所有权系统是 Rust 的核心功能，也是 Rust 语言最与众不同的特性。它让 Rust 无须实行垃圾回收机制就可保障内存安全。

Rust 所有权机制的核心是以下 3 点。

1）每个值都有一个被称为其所有者的变量，也就是每块内存空间都有其所有者，所有者具有这块内存空间的释放和读写权限。

2）每个值在任一时刻有且仅有一个所有者。

3）当所有者（变量）离开作用域，这个变量将被丢弃。

6.2.1 变量绑定

Rust 使用 let 关键字来声明变量，这里的"变量"不是传统意义上的变量，本质上是一种绑定语义。let 关键字将一个变量与一个值绑定在一起，这个变量就拥有了这个值的所有权。更进一步讲，就是将变量与存储这个值的内存空间绑定，从而让变量对这块内存空间拥有所有权。并且 Rust 确保对于每块内存空间都只有一个变量与之绑定，不允许有两个变量同时指向同一块内存空间。

变量绑定具有空间和时间的双重属性。空间属性是指变量与内存空间进行了绑定，时间属性是指绑定的时效性，也就是它的生命周期。一个变量的生命周期是指它从创建到销毁的整个过程。每个 let 关键字声明的变量都会创建一个默认的词法作用域，变量在作用域内有效。当变量离开作用域，它所绑定的资源就会被释放，变量也会随之无效并被销毁。

以 String 类型为例，它需要在堆上分配一块在编译时未知大小的内存来存放数据，这意味着必须在运行时向操作系统请求内存，并在处理完 String 相关业务逻辑后将内存返还给操作系统。代码如下所示，第 2 行代码 let 关键字声明变量 s，并与通过调用 String::from 函数分配到的内存绑定，此时 s 进入作用域开始有效。第 5 行代码在 "}" 处 s 离开作用域，成为无效变量并被销毁。对于释放内存，Rust 采取的策略是内存的所有者（变量）离开作用域后就自动释放。当 s 离开作用域，Rust 会自动调用 drop 函数来释放 s 所绑定的内存。

```
1  fn foo() {
2      let s = String::from("hello"); // s有效
3
4      // 使用s
5  }                                 // 作用域结束，s无效，内存被释放
```

这种内存处理模式对编写 Rust 代码有着非常重要的影响，这里虽然看起来很简单，但是在复杂场景下，比如有多个变量在多个作用域中使用同一个堆上数据，代码的行为就可能不好预测了。

6.2.2 所有权转移

与变量绑定相辅相成的另一个机制是所有权转移，所有权转移对应于移动语义。一个属于移动语义类型的值，其绑定变量的所有权转移给另一个变量的过程叫作所有权转移。所有权转移之后原变量不能再继续使用。Rust 中会发生所有权转移的场景主要有变量赋值、向函数传递值、从函数返回值。

1. 变量赋值

所有权机制只针对在堆上分配的数据，而基本类型数据的存储都是在栈上，因此其没有所有权的概念。对于基本类型来说，把一个变量赋值给另一个变量可以在内存上重新开辟一个空间来存储复制的数据，再与新的变量绑定。

代码清单 6-1 中，第 2～3 行代码将值 5 绑定到变量 x，因为整型属于基本类型（是值语义），因此在栈上生成一个 x 的复制并绑定到变量 y。第 6～7 行代码初看与第 2～3 行代码非常相似，但运行逻辑并不是先创建一个字符串 "hello"，然后将其绑定到变量 s1，再生成一个 s1 的复制并绑定到变量 s2。

代码清单6-1 字符串变量赋值给另一个变量时转移所有权

```
1  fn main() {
2      let x = 5;
3      let y = x;
4      println!("x: {}, y: {}", x, y);
5
6      let s1 = String::from("hello");
7      let s2 = s1; // s1绑定值的所有权转移给s2
8      println!("s1: {}, s2: {}", s1, s2);
9  }
```

编译代码，得到如下错误提示。

```
error[E0382]: borrow of moved value: `s1`
 --> src/main.rs:8:32
  |
6 |     let s1 = String::from("hello");
  |         -- move occurs because `s1` has type `std::string::String`, which does
  |            not implement the `Copy` trait
7 |     let s2 = s1;
  |              -- value moved here
8 |     println!("s1: {}, s2: {}", s1, s2);
  |                                ^^ value borrowed here after move
```

根据错误信息可知，第 7 行代码将 s1 赋值给 s2 时发生了所有权转移，之后 s1 就不能再继续使用。这是因为 String 类型是引用语义，数据存储在堆上，并在栈上存放指向堆上数据的指针。如图 6-1 所示，与 s1 绑定的字符串 "hello" 在内存中的存储分为两部分，左侧部分是存储在栈上的一组数据，其中包括指向存放在堆上的字符串内容的指针、长度和容量；右侧部分则是存储在堆上的内容。左侧的长度表示字符串内容使用了多少字节的内存，容量是字符串内容从操作系统总共获取了多少字节的内存。

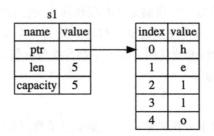

图 6-1　字符串 "hello" 与 s1 绑定的内存表现

如果以值语义的处理逻辑生成一个 s1 的复制并绑定到 s2，内存表现如图 6-2 所示。

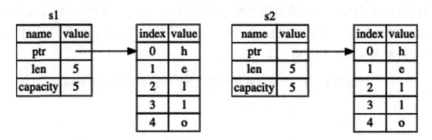

图 6-2　复制栈上和堆上数据的内存表现

Rust 如果深复制了栈上和堆上的数据，那么当堆上数据占内存空间比较大时，会对运行时性能造成严重影响。实际上，把 s1 赋值给 s2 只会从栈上复制它的指针、长度和容量，并没有复制指针指向的堆上数据。仅复制栈上数据的内存表现如图 6-3 所示。

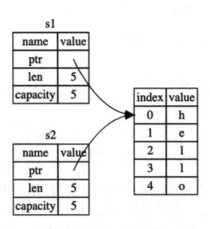

图 6-3　仅复制栈上数据的内存表现

但是，这种处理方式会带来一个新的问题，如果 s1 和 s2 两个数据指针都指向了堆上的同一位置，当 s1 和 s2 离开各自的作用域时，都会尝试释放这一相同的内存空间，这时二次释放会导致潜在的安全漏洞出现。

为了确保内存安全，Rust 在完成对 s1 栈上数据复制的同时会将 s1 置为无效，因此在 s1 离开作用域后不需要清理任何资源。也就是说，在 s2 创建之后已不能再使用 s1，因为 Rust 禁止使用无效的变量，否则将会抛出"value borrowed here after move"错误提示。值"hello"的所有权由 s1 转移到 s2，并使 s1 无效的这一过程叫作所有权转移。s1 无效后的内存表现如图 6-4 所示。因为当前只有 s2 是有效的，其离开作用域后会被自动释放内存，这样就完美地解决了内存二次释放的问题。

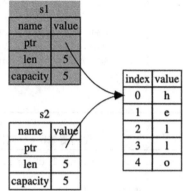

图 6-4 s1 无效后的内存表现

2. 向函数传递值

将值传递给函数在语义上与给变量赋值相似，代码清单 6-2 中通过注释展示了变量进入和离开作用域所发生的事情以及在参数传递过程中发生的所有权转移。第 3 行代码调用 take_ownership 函数之后，如果尝试继续使用 s，将会抛出"value borrowed here after move"错误提示。

代码清单6-2 向函数传递字符串参数时转移所有权

```
1   fn main() {
2       let s = String::from("hello"); // s有效
3       take_ownership(s);             // s所有权转移给函数参数
4                                      // s无效，不能继续使用
5       let x = 5;                     // x有效
6       make_copy(x);                  // x绑定值按位复制后传递给函数参数
7                                      // x有效，可以继续使用
8   } // 作用域结束，x无效，s无效，s所有权已转移，无须特殊操作
9
10  fn take_ownership(str: String) {   // str有效
11      println!("{}", str);
12  } // 作用域结束，str无效，释放str占用的内存
13
14  fn make_copy(int: i32) {           // int有效
15      println!("{}", int);
16  } // 作用域结束，int无效，无须特殊操作
```

下面再来对比两个程序，代码清单 6-3 中的 key 是 &str 类型，程序可以正常运行。代码清单 6-4 中的 key 是 String 类型，程序会发生错误。这两个程序的区别在于 String 类型的 key 作为实参传递给 insert 方法，其所有权会被转移给 map，因此不能再继续使用 key。

代码清单6-3 向HashMap的方法传递&str类型参数时不转移所有权

```
1   use std::collections::HashMap;
2
```

```
3  fn main() {
4      let key = "Favorite color";
5      let value = "Red";
6
7      let mut map = HashMap::new();
8      map.insert(key, value);
9      println!("{}", map[key]);
10 }
11
12 // Red
```

代码清单6-4　向HashMap的方法传递String类型参数时转移所有权

```
1  use std::collections::HashMap;
2
3  fn main() {
4      let key = String::from("Favorite color");
5      let value = String::from("Red");
6
7      let mut map = HashMap::new();
8      map.insert(key, value);
9      println!("{}", map[key]);
10 }
11
12 // panic
```

如果需要继续使用 key，可以将 &key 作为实参传递给 insert 方法，这样 key 的所有权就不会转移给 map。修改代码，如代码清单 6-5 所示。第 8 行代码将 &key 和 &value 作为实参传递给 insert 方法，程序可以正常运行。关于 & 操作符的使用会在 6.3.1 节详细介绍。

代码清单6-5　向HashMap的方法传递String类型参数的引用时不转移所有权

```
1  use std::collections::HashMap;
2
3  fn main() {
4      let key = String::from("Favorite color");
5      let value = String::from("Red");
6
7      let mut map = HashMap::new();
8      map.insert(&key, &value);
9      println!("{}", map[&key]);
10 }
11
12 // Red
```

3. 从函数返回值

函数的形参所获得的所有权会在函数执行完成时失效，失效之后就再也不能被访问。为了解决这个问题，我们可以通过函数返回值将所有权转移给调用者。代码清单 6-6 中通过注释展示了返回值转移所有权的过程。

代码清单6-6 转移返回值的所有权

```
1  fn main() {
2      // give_ownership函数返回值所有权转移给s1
3      let s1 = give_ownership();
4      // s1所有权转移到take_and_give_back函数中
5      // take_and_give_back函数返回值所有权转移给s2
6      let s2 = take_and_give_back(s1);
7  } // 作用域结束，s2无效，释放s2占用的内存
8    // s1无效，s1所有权已转移，无须特殊操作
9
10 fn give_ownership() -> String {
11     let str = String::from("ownership");        // str有效
12     str
13 } // 作用域结束，str所有权转移给函数调用者
14
15 fn take_and_give_back(name: String) -> String { // name有效
16     let hello = String::from("hello");          // hello有效
17     hello + " " + &name
18 } // 作用域结束，返回值的所有权转移给函数调用者
19   // hello无效，释放hello占用的内存
20   // name无效，释放name占用的内存
```

6.2.3 浅复制与深复制

通过上面的学习已经知道，浅复制是指复制栈上数据，深复制是指复制栈上和堆上数据。基本类型数据默认支持浅复制，String 类型数据不支持浅复制。这里读者可能会有 3 个疑问，为什么基本类型数据默认支持浅复制？元组、结构体、枚举等复合类型数据是否支持浅复制？如果在某些场景中确实需要深复制 String 类型数据，该怎么办？关于这三个问题将在本节依次进行介绍。

在 5.2.4 节介绍过 Copy trait，由 Copy trait 可以区分值语义和引用语义，即实现了 Copy trait 的类型都是值语义，凡是值语义类型数据都支持浅复制。整数类型、浮点数类型、布尔类型、字符类型等基本类型数据都默认实现了 Copy trait，因此基本类型数据默认支持浅复制。

对于元组类型，如果每个元素的类型都实现了 Copy trait，那么该元组类型数据支持浅复制。比如，元组（i32, bool）支持浅复制，但元组（i32, String）不支持浅复制。

结构体和枚举有些特殊，即使所有字段的类型都实现了 Copy trait，也不支持浅复制。代码清单 6-7 中，结构体 Foo 的字段都是基本类型，但 Foo 本身并不会自动实现 Copy trait，也就不支持浅复制。因此，第 9 行代码在将 Foo 的实例 foo 赋值给变量 other 时会发生所有权转移，第 10 行代码 println! 语句已不能再使用 foo。

代码清单6-7 字段都实现Copy trait的结构体不支持浅复制

```
1  #[derive(Debug)]
2  struct Foo {
```

```
3        x: i32,
4        y: bool,
5    }
6
7    fn main() {
8        let foo = Foo { x: 8, y: true };
9        let other = foo;
10       println!("foo: {:?}, other: {:?}", foo, other);
11   }
```

编译代码，会得到如下错误提示。

```
error[E0382]: borrow of moved value: `foo`
  --> src/main.rs:10:40
   |
8  |      let foo = Foo { x: 8, y: true };
   |          --- move occurs because `foo` has type `Foo`, which does not implement
                  the `Copy` trait
9  |      let other = foo;
   |                  --- value moved here
10 |      println!("foo: {:?}, other: {:?}", foo, other);
   |                                         ^^^ value borrowed here after move
```

要解决这个问题，必须在 Foo 定义上标记 #[derive(Copy, Clone)]，让 Foo 实现 Copy trait。对代码清单 6-7 做如下修改，代码即可正常编译了。

```
1    #[derive(Debug, Copy, Clone)]
2    struct Foo {
3        x: i32,
4        y: bool,
5    }
```

需要注意的是，如果结构体包含引用语义类型的字段，那么即使添加了上述属性也不支持浅复制。代码清单 6-8 中，结构体 Foo 的字段 y 是 String 类型，结构体 Foo 无法实现 Copy trait，因此不支持浅复制。

代码清单6-8　字段是String类型的结构体不支持浅复制

```
1    #[derive(Debug, Copy, Clone)]
2    struct Foo {
3        x: i32,
4        y: String,
5    }
6
7    fn main() {
8        let foo = Foo { x: 8, y: String::from("hello") };
9        let other = foo;
10       println!("foo: {:?}, other: {:?}", foo, other);
11   }
```

编译代码，会得到如下错误提示。

```
error[E0204]: the trait `Copy` may not be implemented for this type
 --> src/main.rs:1:17
  |
1 | #[derive(Debug, Copy, Clone)]
  |                 ^^^^
...
4 |     y: String,
  |     --------- this field does not implement `Copy`
```

在某些场景中，如果确实需要深复制堆上数据，而不仅仅是栈上数据，可以使用 clone 方法。代码清单 6-9 中，s2 不仅复制了 s1 栈上数据，还复制了堆上数据。在离开作用域前，s1 和 s2 都保持有效，它们的内存表现如图 6-5 所示。

代码清单6-9　对String使用clone方法深复制

```
1  fn main() {
2      let s1 = String::from("hello");
3      let s2 = s1.clone();
4      println!("s1 = {}, s2 = {}", s1, s2);
5  }
6
7  // s1 = hello, s2 = hello
```

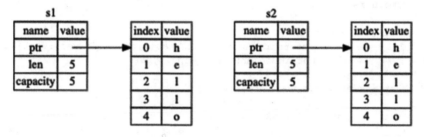

图 6-5　深复制数据的内存表现

6.3　引用和借用

以笔者的理解，引用（Reference）是一种语法（本质上是 Rust 提供的一种指针语义），而借用（Borrowing）是对引用行为的描述。引用分为不可变引用和可变引用，对应着不可变借用和可变借用。使用 & 操作符执行不可变引用，使用 &mut 执行可变引用。&x 也可称为对 x 的借用。通过 & 操作符完成对所有权的借用，不会造成所有权的转移。

6.3.1　引用与可变引用

下面通过一个逐步迭代的示例了解代码中为何使用引用以及如何使用引用。

代码清单 6-10 中，两个动态数组类型变量 vec1 和 vec2 作为实参传递给 sum_vec 函数，在函数内对两个动态数组中所有元素计算总和，最后打印出 vec1、vec2 和 sum_vec 函数返回值。

代码清单6-10　向函数传递实参时转移所有权

```
1   fn main() {
2       let vec1 = vec![1, 2, 3];
3       let vec2 = vec![4, 5, 6];
4
5       let answer = sum_vec(vec1, vec2);
6       println!("v1: {:?}, v2: {:?}, sum: {}", vec1, vec2, answer);
7   }
8
9   fn sum_vec(v1: Vec<i32>, v2: Vec<i32>) -> i32 {
10      let sum1: i32 = v1.iter().sum();
11      let sum2: i32 = v2.iter().sum();
12
13      sum1 + sum2
14  }
```

编译代码，会得到如下错误提示。

```
error[E0382]: borrow of moved value: `vec1`
 --> src/main.rs:6:45
  |
2 |     let vec1 = vec![1, 2, 3];
  |         ---- move occurs because `vec1` has type `std::vec::Vec<i32>`, which
            does not implement the `Copy` trait
...
5 |     let answer = sum_vec(vec1, vec2);
  |                          ---- value moved here
6 |     println!("v1: {:?}, v2: {:?}, sum: {}", vec1, vec2, answer);
  |                                             ^^^^ value borrowed here after move

error[E0382]: borrow of moved value: `vec2`
 --> src/main.rs:6:51
  |
3 |     let vec2 = vec![4, 5, 6];
  |         ---- move occurs because `vec2` has type `std::vec::Vec<i32>`, which
            does not implement the `Copy` trait
4 |
5 |     let answer = sum_vec(vec1, vec2);
  |                                ---- value moved here
6 |     println!("v1: {:?}, v2: {:?}, sum: {}", vec1, vec2, answer);
  |                                                   ^^^^ value borrowed here after move
```

　　根据错误信息可知，当把变量 vec1 传递给 sum_vec 函数时发生所有权转移，vec1 绑定的动态数组的所有权转移给了 sum_vec 函数的参数 v1，那么打印时再次调用 vec1 就会发生错误。

　　一个解决方案是将 sum_vec 函数获取的两个动态数组的所有权返回，这里可以使用元组返回多个值，如代码清单 6-11 所示。

代码清单6-11   返回参数的所有权

```
1   fn main() {
2       let vec1 = vec![1, 2, 3];
3       let vec2 = vec![4, 5, 6];
4
5       let (v1, v2, answer) = sum_vec(vec1, vec2);
6       println!("v1: {:?}, v2: {:?}, sum: {}", v1, v2, answer);
7   }
8
9   fn sum_vec(v1: Vec<i32>, v2: Vec<i32>) -> (Vec<i32>, Vec<i32>, i32) {
10      let sum1: i32 = v1.iter().sum();
11      let sum2: i32 = v2.iter().sum();
12
13      (v1, v2, sum1 + sum2)
14  }
15
16  // v1: [1, 2, 3], v2: [4, 5, 6], sum: 21
```

函数先获取值的所有权，使用之后再返回所有权，这是一个非常常见的场景。如果每次都这样编写代码，未免太过烦琐。是否有一个更好的解决方案，让函数只使用一个值而不获取值的所有权呢？答案是肯定的。Rust 支持所有权的借用，通过引用给函数传递实参，就是把所有权借用给函数的参数，当函数的参数离开作用域时会自动归还所有权。这个过程需要将函数的参数通过 & 操作符定义为引用，同时传递实参时也应该传递变量的引用。

代码清单 6-12 定义与调用了带有引用参数的 sum_vec 函数。第 9 行代码定义了带有 &Vec<i32> 类型参数的函数，第 5 行代码通过传递 &Vec<i32> 类型的实参来调用函数。相比代码清单 6-11，使用引用的方式可以让代码简洁很多。

代码清单6-12   以引用作为函数参数不获取值的所有权

```
1   fn main() {
2       let vec1 = vec![1, 2, 3];
3       let vec2 = vec![4, 5, 6];
4
5       let answer = sum_vec(&vec1, &vec2);
6       println!("v1: {:?}, v2: {:?}, sum: {}", vec1, vec2, answer);
7   }
8
9   fn sum_vec(v1: &Vec<i32>, v2: &Vec<i32>) -> i32 {
10      let sum1: i32 = v1.iter().sum();
11      let sum2: i32 = v2.iter().sum();
12
13      sum1 + sum2
14  }
15
16  // v1: [1, 2, 3], v2: [4, 5, 6], sum: 21
```

引用默认是只读的，要想修改引用的值，应该使用可变引用 &mut。在定义与调用带有可变引用参数的函数时，必须同时满足以下 3 个要求，缺一不可，否则会导致程序错误。

1）变量本身必须是可变的，因为可变引用只能操作可变变量，不能获取不可变变量的可变引用。变量声明中必须使用 mut。

2）函数的参数必须是可变的，函数的参数定义中必须使用 &mut。

3）调用函数时传递的实参必须是可变的，传递给函数的实参必须使用 &mut。

代码清单 6-13 定义与调用了带有可变引用参数的 push_vec 函数。push_vec 函数实现以单调递增的方式向动态数组中添加元素。第 11 行代码定义了带有 &mut Vec<i32> 类型参数的函数，第 3 行代码通过传递 &mut Vec<i32> 类型的实参来调用函数。需要注意的是，第 2 行代码声明变量 vec 时必须使用 mut，否则将会抛出 "cannot borrow `vec` as mutable, as it is not declared as mutable" 的错误提示。如果代码中使用引用参数而不是可变引用参数，将会抛出 "cannot borrow `*v` as mutable, as it is behind a `&` reference" 的错误提示。

代码清单6-13　以可变引用修改动态数组的值

```
1   fn main() {
2       let mut vec = Vec::new();
3       push_vec(&mut vec, 1);
4       push_vec(&mut vec, 2);
5       push_vec(&mut vec, 2);
6       push_vec(&mut vec, 5);
7
8       println!("vec: {:?}", vec);
9   }
10
11  fn push_vec(v: &mut Vec<i32>, value: i32) {
12      if v.is_empty() || v.get(v.len() - 1).unwrap() < &value {
13          v.push(value);
14      }
15  }
16
17  // vec: [1, 2, 5]
```

下面再来看一个对基本类型的可变引用进行修改的示例。代码清单 6-14 中，变量 y 是变量 x 的可变引用，可以使用解引用操作符 "*" 来追踪引用的值，*y 表示 y 所引用的值，即 x 的值。关于解引用操作符 "*" 的使用，读者可参阅 7.1.2 节。

代码清单6-14　以可变引用修改基本类型的值

```
1   fn main() {
2       let mut x = 6;
3
4       let y = &mut x;
5       *y += 1;
6
7       println!("x: {}", x);
8   }
9
10  // x: 7
```

6.3.2 借用规则

为了保证内存安全，借用必须遵循以下规则。

1）对于同一个资源的借用，在同一个作用域只能有一个可变引用（&mut T），或有 n 个不可变引用（&T），但不能同时存在可变引用和不可变引用。

2）在可变引用释放前不能访问资源所有者。

3）任何引用的作用域都必须小于资源所有者的作用域，并在离开作用域后自动释放。

借用规则类似于读写锁，即同一时刻只能拥有一个写锁，或者多个读锁，不允许写锁和读锁同时出现。这是为了避免数据竞争，保障数据一致性。Rust 在编译时完成借用规则的检查，这样可以有效地避免运行时出现死锁等问题。

代码清单 6-15 在代码清单 6-14 基础上做了小小的改动，第 7 行代码声明的变量 z 是变量 x 的引用。

代码清单6-15　在可变借用的同时进行不可变借用

```
1  fn main() {
2      let mut x = 6;
3
4      let y = &mut x;
5      *y += 1;
6
7      let z = &x;
8      println!("y: {}, z: {}", *y, *z);
9  }
```

编译代码，会得到如下错误提示。

```
error[E0502]: cannot borrow `x` as immutable because it is also borrowed as mutable
 --> src/main.rs:7:13
  |
4 |     let y = &mut x;
  |             ------ mutable borrow occurs here
...
7 |     let z = &x;
  |             ^^ immutable borrow occurs here
8 |     println!("y: {}, z: {}", *y, *z);
  |                              -- mutable borrow later used here
```

根据错误信息可知，在同一个作用域，有一个可变引用 y，又有一个不可变引用 z，这显然违反了借用规则的第一条——不能同时存在可变引用和不可变引用。

修改代码清单 6-15，将第 7 行代码中的变量 x 赋值给变量 z，如代码清单 6-16 所示。

代码清单6-16　在可变引用释放前访问资源所有者

```
1  fn main() {
2      let mut x = 6;
3
4      let y = &mut x;
```

```
5        *y += 1;
6
7        let z = x;
8        println!("y: {}, z: {}", *y, z);
9    }
```

编译代码，会得到如下错误提示。

```
error[E0503]: cannot use `x` because it was mutably borrowed
 --> src/main.rs:7:13
  |
4 |       let y = &mut x;
  |               ------ borrow of `x` occurs here
...
7 |       let z = x;
  |               ^ use of borrowed `x`
8 |       println!("y: {}, z: {}", *y, z);
  |                                    -- borrow later used here
```

根据错误信息可知，在变量 x 的可变引用 y 未释放前再次访问变量 x，这违反了借用规则的第二条——在可变引用释放前不能访问资源所有者。

上面通过两个示例讲解了违反借用规则第一条和第二条可能会出现的问题，而违反借用规则第三条会导致悬垂引用，这将在 6.4.2 节进行介绍。

6.3.3　借用示例 1：切片

切片本身是没有所有权的，它是通过引用语法实现对集合中一段连续的元素序列的借用。切片可以和常见的能够在内存中开辟一段连续内存块的数据结构一起使用，比如数组、动态数组、字符串等。字符串切片就是指向字符串中一段连续的字符。

1. 切片定义

切片本质上是指向一段内存空间的指针，用于访问一段连续内存块中的数据。它的数据结构存储了切片的起始位置和长度。切片定义的语法如下所示。

```
let slice = &data[start_index..end_index];
```

其中，start_index..end_index 表示一个范围类型，starting_index 是切片的第一个位置，ending_index 是切片最后一个位置的后一个值，即生成的是从 start_index 开始到 end_index 结束的元素序列，但 end_index 索引指向的字符不包含在内。start_index 和 end_index 都可以省略，省略 start_index 表示从 0 开始，且 start_index 的最小取值也是 0；而省略 end_index 表示取最大长度，且 end_index 的最大取值也就是最大长度。

代码清单 6-17 中，第 3 行代码字符串切片 &s[0..5] 是引用变量 s 并带上 [0..5]，它代表这不是 s 的引用，而是 s 中一部分值的引用。第 3 行与第 4 行代码是等价的，当字符串切片从索引 0 开始，可以省略 start_index。第 5 行与第 6 行代码是等价的，当字符串切片要取到字符串最大长度时，可以省略 end_index。第 7 行与第 8 行代码是等价的，当要获取整个字

符串的切片时，可以省略 start_index 与 end_index。第 10～16 行代码定义的动态数组切片
的类型是 &[i32]，与字符串切片的工作方式类似。

代码清单6-17　字符串切片与动态数组切片

```
1   fn main() {
2       let s = String::from("Hello, Rust!");
3       println!("{}", &s[0..5]);
4       println!("{}", &s[..5]);
5       println!("{}", &s[7..s.len()]);
6       println!("{}", &s[7..]);
7       println!("{}", &s[0..s.len()]);
8       println!("{}", &s[..]);
9
10      let vec = vec![1, 2, 3, 4, 5];
11      println!("{:?}", &vec[0..2]);
12      println!("{:?}", &vec[..2]);
13      println!("{:?}", &vec[2..vec.len()]);
14      println!("{:?}", &vec[2..]);
15      println!("{:?}", &vec[0..vec.len()]);
16      println!("{:?}", &vec[..]);
17  }
18
19  // Hello
20  // Hello
21  // Rust!
22  // Rust!
23  // Hello, Rust!
24  // Hello, Rust!
25  // [1, 2]
26  // [1, 2]
27  // [3, 4, 5]
28  // [3, 4, 5]
29  // [1, 2, 3, 4, 5]
30  // [1, 2, 3, 4, 5]
```

2. 切片作为函数参数

切片可以作为函数的参数，把数组、动态数组、字符串中一段连续的元素序列通过引
用的方式传递给函数。

代码清单 6-18 中，print_str 和 print_vec 函数的参数类型都是切片，特别是 print_str 函
数以 &str 为参数类型，这样既能接收字符串切片作为实参，也能接收字符串字面量作为实
参，以便于函数更加灵活、通用。

代码清单6-18　切片作为函数参数

```
1   fn main() {
2       let s = String::from("Hello, Rust!");
3       let str = "Hello";
4       let vec = vec![1, 2, 3, 4, 5];
5
```

```
6        print_str(&s[0..5]);
7        print_str(&str);
8        print_vec(&vec[2..]);
9    }
10
11   fn print_str(s: &str) {
12       println!("slice: {:?}, length: {}", s, s.len());
13   }
14
15   fn print_vec(vec: &[i32]) {
16       println!("slice: {:?}, length: {}", vec, vec.len());
17   }
18
19   // slice: "Hello", length: 5
20   // slice: "Hello", length: 5
21   // slice: [3, 4, 5], length: 3
```

3. 可变切片

默认情况下，切片是不能改变所引用的数组、动态数组、字符串中的元素的，也就是说不能通过更改切片的元素来影响源数据。但是，如果声明源数据是可变的，同时声明切片也是可变的，就可以通过更改切片的元素来更改源数据。

代码清单6-19中，动态数组和动态数组切片都是可变的，修改切片第1个元素的值，动态数组中对应的第4个元素的值也会被更改。

代码清单6-19   更改可变切片的元素会更改源数据

```
1    fn main() {
2        let mut vec = vec![1, 2, 3, 4, 5];
3        let vec_slice = &mut vec[3..];
4        vec_slice[0] = 7;
5        println!("{:?}", vec);
6    }
7
8    // [1, 2, 3, 7, 5]
```

6.3.4   借用示例2：迭代器

Rust 提供的迭代器 IntoIter、Iter、IterMut 和所有权借用的对应关系如表 6-1 所示。

表 6-1   迭代器类型和所有权借用对应关系

迭代器	所有权借用	创建方法	迭代器元素类型
IntoIter	转移所有权	into_iter	T
Iter	不可变借用	iter	&T
IterMut	可变借用	iter_mut	&mut T

1. 转移所有权 IntoIter

迭代器 IntoIter 由 into_iter 方法创建，会把容器中元素的所有权转移给迭代器，之后原容器不能再使用。

代码清单 6-20 中，into_iter 方法创建迭代器后，原动态数组不能再使用。如果取消第 10 行的注释，将会抛出 "value borrowed here after move" 的错误提示。

代码清单6-20   into_iter方法转移所有权

```
1   fn main() {
2       let vec = vec!["Java", "Rust", "Python"];
3       for str in vec.into_iter() {
4           match str {
5               "Rust" => println!("Niubility"),
6               _ => println!("{}", str),
7           }
8       }
9
10      // println!("{:?}", vec);
11  }
12
13  // Java
14  // Niubility
15  // Python
```

2. 不可变借用 Iter

迭代器 Iter 由 iter 方法创建，能把容器中元素的引用传递给迭代器，而不发生所有权转移。引用传递之后，原容器还可以继续使用。

代码清单 6-21 中，由于迭代器中元素是对动态数组中元素的引用，因此在 match 模式匹配时需要使用 & 操作符。迭代器遍历元素后，原动态数组还可以继续使用。

代码清单6-21   iter方法获得所有权的不可变借用

```
1   fn main() {
2       let vec = vec!["Java", "Rust", "Python"];
3       for str in vec.iter() {
4           match str {
5               &"Rust" => println!("Niubility"),
6               _ => println!("{}", str),
7           }
8       }
9
10      println!("{:?}", vec);
11  }
12
13  // Java
14  // Niubility
15  // Python
16  // ["Java", "Rust", "Python"]
```

3. 可变借用 IterMut

迭代器 IterMut 由 iter_mut 方法创建，会把容器中元素的可变引用传递给迭代器，不发生所有权转移。引用传递之后，原容器还可以继续使用。

iter_mut 方法与 iter 方法的不同点在于，iter 方法创建的是只读迭代器，不能在迭代器中改变原容器的元素。但 iter_mut 方法创建的是可变迭代器，在迭代器中可以改变原容器的元素。

代码清单 6-22 中，由于迭代器中元素是对动态数组中元素的可变引用，因此在 match 模式匹配时需要使用 &mut，并且通过解引用操作符"＊"可以更改原动态数组中的元素。迭代器遍历元素后，原动态数组还可以继续使用。

代码清单6-22　iter_mut方法获得所有权的可变借用

```
1   fn main() {
2       let mut vec = vec!["Java", "Rust", "Python"];
3       for str in vec.iter_mut() {
4           match str {
5               &mut "Rust" => {
6                   *str = "Niubility";
7                   println!("{}", str);
8               },
9               _ => println!("{}", str),
10          }
11      }
12
13      println!("{:?}", vec);
14  }
15
16  // Java
17  // Niubility
18  // Python
19  // ["Java", "Niubility", "Python"]
```

6.4　生命周期

Rust 的每一个引用以及包含引用的数据结构，都有一个其保持有效的作用域。生命周期可以视为这个作用域的名字。通常，生命周期是隐式的且可以推断的，但是也可能出现多个引用的生命周期以某种方式相关联的情况。这就需要使用生命周期注解来描述多个生命周期间的关系，以确保运行时实际使用的引用都是有效的。

6.4.1　生命周期语法

生命周期注解的语法是以 ' 开头再加上小写字母，如 'a 是生命周期的标识符，也是默认使用的名称，'a 读作"生命周期 a"。这里的 a 也可以用 b、c、d、…，甚至可以用 this_is_ a_long_name 等。当然，实际编程中并不建议使用冗长的标识符，这会严重降低程序的可读性。生命周期注解位于引用的 & 操作符之后，并用一个空格将生命周期注解与引用类型分隔开，比如 &'a i32、&'a mut i32、&'a str。需要注意的是，生命周期注解并不改变任何引用的生命周期的大小，只用于描述多个生命周期间的关系。

1. 隐式生命周期

我们经常会遇到参数或者返回值为引用类型的函数，以下代码所示的 foo 函数有一个 &str 类型的参数，同时返回值也是 &str 类型。

```
1  fn foo(x: &str) -> &str {
2      x
3  }
```

实际上，foo 函数包含隐式的生命周期注解，相当于如下代码。它是由编译器自动推导的，这里要求返回值的生命周期必须大于或等于参数 x 的生命周期。

```
1  fn foo<'a>(x: &'a str) -> &'a str {
2      x
3  }
```

2. 显式生命周期

在实际项目开发中，除非编译器无法自动推导出生命周期，否则不建议显式指定生命周期，因为这会降低程序的可读性。那么，在什么情况下需要显式指定生命周期呢？

下面编写一个 long_str 函数，它能返回两个字符串中较长的字符串。该函数的两个参数都是 &str 类型，返回值也是 &str 类型。

```
1  fn long_str(x: &str, y: &str) -> &str {
2      if x.len() > y.len() {
3          x
4      } else {
5          y
6      }
7  }
```

编译代码，会得到如下错误提示。

```
error[E0106]: missing lifetime specifier
 --> src/main.rs:1:34
  |
1 | fn long_str(x: &str, y: &str) -> &str {
  |                ----     ----     ^ expected named lifetime parameter
  |
  = help: this function's return type contains a borrowed value, but the
    signature does not say whether it is borrowed from `x` or `y`
help: consider introducing a named lifetime parameter
  |
1 | fn long_str<'a>(x: &'a str, y: &'a str) -> &'a str {
  |            ^^^^    ^^^^^^^     ^^^^^^^       ^^^
```

根据错误信息可知，编译器在检查函数的所有输入参数和返回值时，并不知道传递给函数的具体值，也就不知道是 if 会被执行，还是 else 会被执行，因此无法推导出要返回的引用是指向 x 还是 y。同时，借用检查器无法确定 x 和 y 的生命周期是如何与返回值的生命周期相关联的，也就不能通过观察作用域来确定返回的引用是否总是有效。为了避免这个错误，我们应该显式指定生命周期来定义引用间的关系，以便借用检查器进行分析，代码如下所示。

```
1  fn long_str<'a>(x: &'a str, y: &'a str) -> &'a str {
2      if x.len() > y.len() {
3          x
4      } else {
5          y
6      }
7  }
```

3. 静态生命周期

Rust 预定义了一种特殊的生命周期注解 'static，它具有和整个程序运行时相同的生命周期。字符串字面量是直接硬编码到最终的可执行文件中的，因此拥有 'static 生命周期，其声明方式如下。

```
let s: &'static str = "I have a static lifetime.";
```

下面代码中的 foo 函数是合法的，因为字符串字面量" Hello, Rust！"的类型是 &'static str。它比任意传入的参数生命周期 'a 都要长。

```
1  fn foo<'a>(x: &'a str) -> &'a str {
2      "Hello, Rust!"
3  }
```

将引用指定为 'static 之前应该思考，这个引用是否真的需要在整个程序的生命周期内都有效。程序中大部分出现的与生命周期有关的问题，都是因为创建了悬垂引用或是生命周期不匹配，要解决这些问题不能只靠将生命周期指定为 'static。

6.4.2 悬垂引用

生命周期的作用是避免代码中出现悬垂引用。悬垂引用是指引用了无效的数据，也就是内存中的数据释放后再次被使用。代码清单 6-23 中存在两个作用域，第 1～10 行代码是外部作用域，第 4～7 行代码是内部作用域。外部作用域声明了一个没有初始值的变量 r，而内部作用域声明了一个初始值为 7 的变量 i，并将 r 的值设置为 i 的引用。在内部作用域结束后，在外部作用域尝试打印 r 的值。

代码清单6-23 使用离开作用域的值的引用

```
1  fn main() {
2      let r;
```

```
3
4        {
5            let i = 7;
6            r = &i;
7        }
8
9        println!("r: {}", r);
10   }
```

编译代码，会得到如下错误提示。

```
error[E0597]: `i` does not live long enough
 --> src/main.rs:6:13
  |
6 |            r = &i;
  |                ^^ borrowed value does not live long enough
7 |        }
  |        - `i` dropped here while still borrowed
8 |
9 |        println!("r: {}", r);
  |                          - borrow later used here
```

根据错误信息可知，在第 7 行内部作用域结束时，变量 i 就离开了作用域，而变量 r 因为是在外部作用域声明的，此时仍是有效的。第 9 行代码尝试使用变量 r 的值，导致变量 r 将会引用变量 i 离开作用域时被释放的内存，这显然违反了 6.3.2 节中借用规则的第三条——任何引用的作用域都必须小于资源所有者的作用域。因此在变量 i 被释放后，任何对变量 r 的操作都应该被禁止。

那么，Rust 是如何知道变量 r 引用的值在尝试使用之前就已经离开作用域呢？这得益于编译器中的借用检查器，它通过比较生命周期来确保所有的借用都是有效的。

以代码清单 6-23 为例，在其中标记变量 r 和 i 生命周期的注释，如代码清单 6-24 所示。变量 r 的生命周期标记为 'a，变量 i 的生命周期标记为 'b，生命周期 'a 比生命周期 'b 大。编译时，Rust 会比较这两个生命周期的大小，并发现拥有大的生命周期 'a 的变量 r 却引用了小的生命周期 'b 的变量 i，即引用的生命周期大于资源所有者的生命周期，于是就会报编译时错误。

代码清单6-24　标记变量r和i的生命周期

```
1    fn main() {
2        let r;                    // 'a开始
3
4        {
5            let i = 7;            // 'b开始
6            r = &i;
7        }                         // 'b结束
8
9        println!("r: {}", r);
10   }                             // 'a结束
```

再来看一个能正确编译，不会产生悬垂引用的示例。代码清单 6-25 中，还是把变量 *r* 的生命周期标记为 'a，变量 *i* 的生命周期标记为 'b。但是，这里的生命周期 'a 比生命周期 'b 要小，那么变量 *r* 就可以引用变量 *i*，因为变量 *i* 比变量 *r* 有着更大的生命周期。

代码清单6-25　有效引用的示例

```
1  fn main() {
2      let i = 7;              // 'b开始
3      let r = &i;            // 'a开始
4
5      println!("r: {}", r);
6  }                          // 'a结束，'b结束
```

6.4.3　生命周期与函数

通常，在函数体内不需要显式指定生命周期，这是因为在上下文中 Rust 能够分析函数中的代码而不需要任何协助。但是，当被函数之外的代码调用时，通过 Rust 分析出参数或返回值的生命周期几乎是不可能的，这些参数与返回值的生命周期在函数每次被调用时都可能不同，这就需要在函数签名中显式指定参数与返回值的生命周期。

在函数签名中使用生命周期注解，类似于声明泛型类型的语法——将生命周期声明在函数名和参数列表间的尖括号中。生命周期注解语法用于函数是为了将参数与返回值的生命周期形成某种关联，这样 Rust 就有了足够的信息来保证内存安全，以防产生悬垂引用等违反内存安全的行为。需要注意的是，在函数签名中指定生命周期，并不会改变任何传入值或返回值的生命周期，而是指出了任何不满足这个约束条件的值都将被借用检查器拒绝。

代码清单 6-26 中，long_str 函数签名中指定生命周期 'a，表明函数参数和返回值之间的约束条件是它们必须拥有相同的生命周期。当具体的实参传递给 long_str 函数时，'a 的实际生命周期等于 x 和 y 的生命周期中较小的那个，同时它也是返回值的生命周期，这样就确保了返回值在 x 和 y 中较小的那个生命周期结束之前保持有效。

代码清单6-26　在两个字符串切片中找出字符串长度最长的切片

```
1  fn main() {
2      let str1 = String::from("abcd");
3      let str2 = "xyz";
4
5      let result = long_str(str1.as_str(), str2);
6      println!("longer string: {}", result);
7  }
8
9  fn long_str<'a>(x: &'a str, y: &'a str) -> &'a str {
10     if x.len() > y.len() {
11         x
12     } else {
13         y
14     }
```

```
15  }
16
17  // longer string: abcd
```

对于 'a 的实际生命周期等于 x 和 y 的生命周期中较小的那个，这个描述还是有些抽象，下面再通过一个示例来加深理解。

代码清单 6-27 在外部作用域声明变量 result，在内部作用域对 result 进行赋值，再在外部作用域使用 result。其中，变量 str1 和 str2 拥有不同的生命周期，以 str1 和 str2 作为实参调用 long_str 函数，可以看到函数返回值的生命周期必须是 str1 和 str2 生命周期中较小的那个。

代码清单6-27　传递不同生命周期的实参来调用函数1

```
1  fn main() {
2      let str1 = String::from("abcd");
3      let result;
4      {
5          let str2 = String::from("xyz");
6          result = long_str(str1.as_str(), str2.as_str());
7      }
8
9      println!("longer string: {}", result);
10  }
```

编译代码，会得到如下错误提示。

```
error[E0597]: `str2` does not live long enough
 --> src/main.rs:6:42
  |
6 |          result = long_str(str1.as_str(), str2.as_str());
  |                                           ^^^^ borrowed value does not live long enough
7 |      }
  |      - `str2` dropped here while still borrowed
8 |
9 |      println!("longer string: {}", result);
  |                                    ------ borrow later used here
```

代码清单 6-27 的代码逻辑在很多编程语言中是可以正常运行的，但 Rust 要求 long_str 函数返回值的生命周期与传入参数的生命周期中较小的那个保持一致，这意味着 result 的生命周期等于 str2 的生命周期。也就是说，为了确保第 9 行代码使用的 result 是有效的，str2 需要保证在外部作用域结束前生命周期是有效的。实际上，str2 在内部作用域结束时就已经无效了。要避免这个错误也很简单，如代码清单 6-28 所示，将变量 str2 声明为字符串字面量类型，这样 str2 就拥有了生命周期 'static，确保在离开内部作用域后仍然是有效的，也就可以正常使用 result 了。

代码清单6-28　传递不同生命周期的实参来调用函数2

```
1  fn main() {
2      let str1 = String::from("abcd");
```

```
 3     let result;
 4     {
 5         let str2 = "xyz";
 6         result = long_str(str1.as_str(), str2);
 7     }
 8
 9     println!("longer string: {}", result);
10 }
11
12 // longer string: abcd
```

在实际项目开发中，指定生命周期的正确方式依赖于函数具体实现的功能。当从函数返回一个引用，而该引用却没有指向任何一个参数，即返回值的生命周期与参数的生命周期没有任何关联，那么唯一的可能就是它指向了一个函数内部创建的值。这将会导致悬垂引用，因为这个值会在函数结束时离开作用域。即使为返回值指定生命周期 'a，也无法改变悬垂引用。最好的解决方法是返回一个有所有权的值而不是一个引用，也就是把返回值的所有权交给函数调用者。

生命周期还可以结合泛型类型、trait 约束一起使用。在代码清单 6-29 中，生命周期 'a 和泛型类型 T 都位于 long_str_with_tip 函数名后的同一尖括号列表中。

代码清单6-29　函数中生命周期结合泛型类型、trait约束使用

```
 1 use std::fmt::Display;
 2
 3 fn long_str_with_tip<'a, T>(x: &'a str, y: &'a str, tip: T) -> &'a str
 4     where T: Display {
 5     println!("Tip: {}", tip);
 6     if x.len() > y.len() {
 7         x
 8     } else {
 9         y
10     }
11 }
```

6.4.4　生命周期与结构体

生命周期在结构体定义中同样重要。结构体定义示例如下。

```
 1 struct Foo {
 2     x: &i32,
 3 }
```

编译代码，会得到如下错误提示。

```
error[E0106]: missing lifetime specifier
 --> src/main.rs:2:8
  |
2 |     x: &i32,
  |        ^ expected named lifetime parameter
```

```
    |
help: consider introducing a named lifetime parameter
    |
1 | struct Foo<'a> {
2 |     x: &'a i32,
    |
```

根据错误信息可知，结构体 Foo 以及字段 x 都应该显式指定生命周期，这是为了确保任何 Foo 实例的生命周期不大于其字段 x 引用的值的生命周期。

在结构体定义中使用生命周期注解，类似于声明泛型类型——将生命周期声明在结构体名称后面的尖括号中。如果需要为不同的字段指定不同的生命周期，这些生命周期需都放在尖括号中并以逗号分隔。要为带有生命周期的结构体实现方法，需要在 impl 关键字后面的尖括号中声明生命周期。一般不需要在方法签名中使用生命周期注解，除非结构体字段、方法参数以及返回值的生命周期相关联。

代码清单 6-30 中，第 1～4 行代码结构体 Foo 中为字段 x 和 y 指定不同的生命周期，因此将 'a 和 'b 都放在尖括号中并以逗号分隔。第 7 行代码等同于 fn get_x(&'a self) -> &'a i32 { self.x }，get_x 方法中返回值的生命周期和 self 的生命周期保持一致（详见 6.4.5 节）。第 11 行代码 max_x 方法中结构体字段、方法参数以及返回值的生命周期相关联，应该显式指定生命周期，以便于借用检查器进行分析。

代码清单6-30　对结构体使用生命周期注解

```
1   struct Foo<'a, 'b> {
2       x: &'a i32,
3       y: &'b i32,
4   }
5
6   impl<'a, 'b> Foo<'a, 'b> {
7       fn get_x(&self) -> &i32 { self.x }
8
9       fn get_y(&self) -> &i32 { self.y }
10
11      fn max_x(&'a self, f: &'a Foo) -> &'a i32 {
12          if self.x > f.x {
13              self.x
14          } else {
15              f.x
16          }
17      }
18  }
19
20  fn main() {
21      let f1 = Foo { x: &3, y: &5 };
22      let f2 = Foo { x: &7, y: &9 };
23
24      println!("x: {}, y: {}", f1.get_x(), f1.get_y());
25      println!("max_x: {}", f1.max_x(&f2));
26  }
```

```
27
28  // x: 3, y: 5
29  // max_x: 7
```

6.4.5　生命周期省略规则

上文简要介绍过隐式生命周期。我们知道了每一个引用都有一个生命周期，以及需要为使用了引用的函数或结构体指定生命周期。

Rust 有 3 条默认的、称为生命周期省略规则的引用分析模式，这些规则适用于函数或方法定义。函数或方法参数的生命周期称为输入生命周期，返回值的生命周期称为输出生命周期。

第 1 条规则是每一个被省略生命周期注解的参数，都具有各不相同的生命周期。比如，fn foo(x: &i32) 等同于 fn foo<'a>(x: &'a i32)，fn foo(x: &i32, y: &i32) 等同于 fn foo<'a, 'b>(x: &'a i32, y: &'b i32)。

第 2 条规则是如果只有一个输入生命周期（无论是否省略），这个生命周期会赋给所有被省略的输出生命周期。比如，fn foo(x: &i32) -> &i32 等同于 fn foo<'a>(x: &'a i32) -> &'a i32。

第 3 条规则是方法中 self 的生命周期会赋给所有被省略的输出生命周期。

第 1 条规则适用于输入生命周期，第 2 条规则适用于输出生命周期，第 3 条规则只适用于方法签名，这也是通常不需要在方法签名中进行生命周期注解的原因。这些规则由编译器根据代码自动判断，如果符合规则那就可以省略生命周期注解。如果编译器检查完这 3 条规则后仍然不能计算出生命周期，则会停止编译并抛出错误，将问题交由开发者去显式指定生命周期。

下面应用生命周期省略规则来分析 6.4.1 节中的 long_str 函数出错的原因。初始时，long_str 函数签名中的参数和返回值都没有显式指定生命周期。

```
fn long_str(x: &str, y: &str) -> &str
```

编译器应用第 1 条规则进行检查。每个参数自身都有生命周期，这里有两个参数，也就有两个不同的生命周期。

```
fn long_str<'a, 'b>(x: &'a str, y: &'b str) -> &str
```

因为 long_str 函数存在多个输入生命周期，因此不适用于第 2 条规则。同时，long_str 函数并非方法，没有 self 参数，因此也不适用于第 3 条规则。编译器检查完这 3 条规则后仍然不能计算出输出生命周期，这就是编译报错的原因。

6.5　本章小结

本章介绍了所有权系统的 3 个重要组成部分：所有权、借用、生命周期。通过它们，

Rust 实现了以高效安全的方式近乎完美地管理内存。

所有权机制的核心是每个值都有一个被称为其所有者的变量，且每个值在任一时刻有且仅有一个所有者。当所有者离开作用域，这个值将被丢弃。

引用是一种指针语义的语法，借用是对引用行为的描述，分为不可变借用和可变借用。借用的值与拥有所有权的值在使用方式上是一样的，而且不需要转移所有权，并在离开作用域时自动归还所有权。

使用生命周期注解来描述多个生命周期间的关系，保证了代码中不会出现悬垂引用，而所有这一切都发生在编译时，不会影响运行时效率。

所有权系统是 Rust 语言最与众不同的特性，影响着其他功能的工作方式。它是 Rust 语言体系的基石，同时也是初学者上手 Rust 编程的难点所在。希望读者能深入学习、重点掌握和熟练运用本章内容。

智能指针

指针是一个包含内存地址的变量，第 6 章中介绍的引用就是一种最常见的指针，使用 & 操作符和 &mut 操作符来创建，形如 &T 和 &mut T。智能指针实际上是一种结构体。它的行为类似指针，是对指针的一层封装，可以拥有元数据，并提供了额外的功能，比如自动释放堆内存。

智能指针和引用的主要区别是，引用是一类只借用数据的指针，而智能指针在大部分情况下拥有指向的数据的所有权。Rust 标准库中有多种不同类型的智能指针，它们提供了除引用之外的额外功能。比如，支持引用计数的智能指针 Rc<T> 允许数据有多个所有者，并在没有任何所有者时负责清理数据。

智能指针区别于普通结构体的特性在于，它实现了 Deref trait 和 Drop trait，使自身拥有了类似指针的行为。Deref trait 提供了解引用的功能，使智能指针可以当作引用处理。使用引用的代码适用于智能指针。Drop trait 提供了自动析构的功能。当智能指针离开作用域时，Drop trait 允许自定义处理逻辑。

本章将主要介绍 Rust 标准库中常用的智能指针 Box<T>、Rc<T> 和 RefCell<T>。

7.1 独占所有权的 Box<T>

Box<T> 是指向类型为 T 的堆内存分配值的智能指针，可以通过解引用操作符来获取 Box<T> 中的 T。当 Box<T> 超出作用域范围时，Rust 会自动调用其析构函数，销毁内部对象，并释放所占的堆内存。

7.1.1 Box<T> 在堆上存储数据

Box<T> 是独占所有权的智能指针，使用 Box::new 函数可以在堆上存储一个值，并把指向堆上数据的指针存放在栈上。代码清单 7-1 首先定义了变量 x，它是一个指向分配在堆上的 i32 类型的值的指针。然后将变量 x 赋值给变量 y，发生所有权转移。再次调用变量 x 时，由于 x 已被释放，会抛出"borrow of moved value: `x`"的错误提示。

代码清单7-1　Box<T>的错误使用

```
1  fn main() {
2      let x:Box<i32> = Box::new(5);
3      let y:Box<i32> = x;
4
5      println!("x: {}", x);
6      println!("y: {}", y);
7  }
```

对上述代码做修改，如代码清单 7-2 所示，通过解引用操作符获取变量 x 所指向的 i32 类型的值，将该值按位复制后赋值给变量 y，再次调用 x 就不会报错了。

代码清单7-2　Box<T>的正确使用

```
1  fn main() {
2      let x:Box<i32> = Box::new(5);
3      let y:i32 = *x;
4
5      println!("x: {}", x);
6      println!("y: {}", y);
7  }
8
9  // x: 5
10 // y: 5
```

7.1.2　Deref 解引用

代码清单 7-2 中已经使用过解引用操作符"*"。通过解引用操作符可以把实现了 Deref trait 的智能指针当作引用来对待。下面先来看解引用操作符如何处理引用，再尝试以类似处理引用的方式解引用 Box<T>。

1. 解引用指针

代码清单 7-3 中，第 2 行代码中的变量 x 绑定了一个 i32 类型的值 5，第 3 行代码变量 y 是变量 x 的引用，其类型是 &i32。第 5 行代码对 y 的值做断言，使用 *y 来访问变量 y 所指向的 i32 类型的值。这里必须使用 *y 来追踪引用的值，这个过程叫作解引用。第 6 行代码打印 y 的指针地址，证明其是一个指针。

代码清单7-3　解引用指针

```
1  fn main() {
2      let x: i32 = 5;
3      let y: &i32 = &x;
4
```

```
5        assert_eq!(5, *y);
6        println!("pointer: {:p}", y);
7    }
8
9    // pointer: 0x7ffee86f00bc
```

如果将第 5 行代码 *y 修改为 y，会抛出 "can't compare `i32` with `&i32`" 的错误提示。Rust 不允许将 i32 类型的值与 &i32 类型的值进行比较，因为它们是不同的类型。

2. 解引用 Box<T>

重写代码清单 7-3，使用 Box<T> 代替引用，解引用操作符也一样能工作。代码清单 7-4 中，变量 y 是一个指向堆上值为 5 的智能指针，断言中使用解引用操作符来追踪 Box<i32> 所指向的值。

代码清单7-4　解引用Box<T>

```
1    fn main() {
2        let x: i32 = 5;
3        let y: Box<i32> = Box::new(x);
4
5        assert_eq!(5, *y);
6        println!("pointer: {:p}", y);
7    }
8
9    // pointer: 0x7fe932c05bc0
```

7.1.3　Drop 清理资源

当值离开作用域时，Drop trait 自动执行一些重要的清理工作。对于智能指针来说，Drop trait 尤其重要，可以在智能指针被销毁时自动执行如释放堆内存、文件资源或网络连接等操作。编译器会自动调用 Drop trait 的 drop 方法，这就避免了重复编写某种类型实例结束时清理资源的代码。

所有权系统确保了引用总是有效的，也确保了 drop 方法只会在值不再使用时被调用一次。通过 Drop trait 和所有权系统，我们无须担心意外清理掉仍在使用的值。

代码清单 7-5 中，结构体 Custom 要实现 Drop trait，就必须实现 drop 方法。在 drop 方法中，我们可以编写任何 Custom 实例离开作用域时期望运行的代码。main 函数中新建了两个 Custom 实例。在 main 函数结尾处，Custom 实例离开作用域，此时 Rust 会自动调用 drop 方法。需要注意的是，无须显式调用 drop 方法，变量会以与创建时相反的顺序自动销毁。str1 在 str2 之前创建，所以 str1 在 str2 之后被销毁。

代码清单7-5　Drop清理资源

```
1    struct Custom {
2        data: String,
3    }
```

```
4
5    impl Drop for Custom {
6        fn drop(&mut self) {
7            println!("Dropping Custom with data: {}", self.data);
8        }
9    }
10
11   fn main() {
12       let str1 = Custom { data: String::from("hello world!") };
13       let str2 = Custom { data: String::from("hello rust!") };
14
15       println!("Custom created");
16       println!("str1: {}", str1.data);
17       println!("str2: {}", str2.data);
18   }
19
20   // Custom created
21   // str1: hello world!
22   // str2: hello rust!
23   // Dropping Custom with data: hello rust!
24   // Dropping Custom with data: hello world!
```

7.2 共享所有权的 Rc<T>

第 6 章在介绍所有权机制时讲过，每个值有且仅有一个所有者。确实在大部分情况下，所有权是明确的，我们可以准确地知道哪个变量拥有某个值，只有拥有所有权才能释放资源。但是，对于一些特殊的场景，某个值可能有多个所有者。比如，在图数据结构中，多个边可能指向同一个节点，这个节点为所有指向它的边所拥有。在没有任何边指向它之前，这个节点都不应该被清理。

Rust 提供了 Rc<T> 智能指针来引用计数。Rc<T> 允许一个值有多个所有者，引用计数确保了只要还存在所有者，该值就保持有效。每当值共享一个所有权时，计数就会增加一次。只有当计数为零，也就是当所有共享变量离开作用域时，该值才会被析构。

Rc<T> 用于希望堆上分配的数据可以供程序的多个部分读取，并且无法在编译时确定哪个部分是最后使用者的场景。如果能确定程序的哪个部分是最后的使用者，就可以令其为所有者。Rc<T> 是单线程引用计数指针，不是线程安全的类型，不允许将引用计数传递或共享给别的线程。

代码清单 7-6 中，由于 Rc<T> 定义于标准库 std::rc 模块，因此第 1 行代码使用 use 语句将 Rc<T> 引入作用域。第 4 行代码创建了一个 Rc<i32> 类型的值并与变量 x 绑定，第 6 行和第 9 行代码分别以 clone 方法和 Rc::clone 函数两种方式克隆了 x，并分别与变量 y 和 z 绑定。x.clone() 与 Rc::clone(&x) 是等价的，一般习惯使用 Rc::clone 函数。这里只是简单地对共享所有权进行计数，并非对数据进行深复制。

第 5、7、10 行代码打印指针地址并调用 Rc::strong_count 函数来获取当前的引用计数，此时我们会发现这三个地址是相同的。变量 x 的初始引用计数为 1，每次调用 clone 方法后计数会加 1。也就是说，变量 x、y、z 指向了堆上的同一个数据，并且都拥有该数据的所有权。其中，变量 z 定义在内部作用域，当 z 离开作用域时计数会自动减 1。这是因为 Rc<T> 实现了 Drop trait，当值离开作用域时会自动减少引用计数。

代码清单7-6　共享所有权Rc<T>

```
1   use std::rc::Rc;
2
3   fn main() {
4       let x = Rc::new(5);
5       println!("{:p}, count after constructing x: {}", x, Rc::strong_count(&x));
6       let y = x.clone();
7       println!("{:p}, count after constructing y: {}", y, Rc::strong_count(&x));
8       {
9           let z = Rc::clone(&x);
10          println!("{:p}, count after constructing z: {}", z, Rc::strong_count(&x));
11      }
12
13      println!("count after destructing z: {}", Rc::strong_count(&x));
14  }
15
16  // 0x7fb15ec05ae0, count after constructing x: 1
17  // 0x7fb15ec05ae0, count after constructing y: 2
18  // 0x7fb15ec05ae0, count after constructing z: 3
19  // count after destructing z: 2
```

7.3　应对内部可变性的 RefCell<T>

内部可变性是 Rust 的一种设计模式，它允许在不可变引用时也能改变数据。Rust 的可变或不可变是针对变量绑定而言的，比如结构体的可变或不可变是指其实例的可变性，而不是某个字段的可变性。在实际项目开发中，实例不可变，但某个字段需要可变的情况确实存在。比如，要在二叉搜索树中插入一个节点，那么就需要节点结构体实例的左子节点和右子节点是可变的。

Rust 提供了 RefCell<T> 来应对内部可变性模式，即外部的代码不能修改其值，但值的内部能够修改其自身。RefCell<T> 并没有完全绕开借用规则，编译器的借用检查器允许内部可变并在运行时执行借用检查。如果在运行时出现了违反借用的规则，比如有多个可变借用会导致程序错误。此外，RefCell<T> 只适用于单线程场景。

RefCell<T> 提供的 borrow 方法返回 Ref 类型的智能指针，borrow_mut 方法返回 RefMut 类型的智能指针。这两个类型的智能指针都实现了 Deref，可以当作引用来对待，如代码清单 7-7 所示。

代码清单7-7　应对内部可变性的RefCell<T>

```
1  use std::cell::RefCell;
2
3  fn main() {
4      let v: RefCell<Vec<i32>> = RefCell::new(vec![1, 2, 3, 4]);
5      println!("{:?}", v.borrow());
6
7      v.borrow_mut().push(5);
8      println!("{:?}", v.borrow());
9  }
10
11 // [1, 2, 3, 4]
12 // [1, 2, 3, 4, 5]
```

RefCell<T> 会记录当前有效的 Ref<T> 和 RefMut<T> 智能指针的数量。在任何时候，同一作用域中只允许有多个 Ref<T> 或一个 RefMut<T>。需要注意的是，这里是"或"的关系，不是"与"的关系。笔者曾在此踩过坑，为避免初学者再次踩坑，下面通过 3 个示例来加强读者的理解。

代码清单 7-8 中，RefCell<Vec<i32>> 通过 borrow 方法创建了两个 Ref<Vec<i32>>，程序可以正常执行。

代码清单7-8　RefCell<T>通过borrow方法创建两个Ref<T>

```
1  use std::cell::Ref;
2  use std::cell::RefCell;
3
4  fn main() {
5      let v: RefCell<Vec<i32>> = RefCell::new(vec![1, 2, 3, 4]);
6
7      let v_borrow_1: Ref<Vec<i32>> = v.borrow();
8      println!("{:?}", v_borrow_1);
9
10     let v_borrow_2: Ref<Vec<i32>> = v.borrow();
11     println!("{:?}", v_borrow_2);
12 }
13
14 // [1, 2, 3, 4]
15 // [1, 2, 3, 4]
```

代码清单 7-9 中，RefCell<Vec<i32>> 通过 borrow_mut 方法创建两个 RefMut<Vec<i32>>，程序运行时会抛出"already borrowed: BorrowMutError"的错误提示。

代码清单7-9　RefCell<T>通过borrow_mut方法创建两个RefMut<T>

```
1  use std::cell::RefCell;
2  use std::cell::RefMut;
3
4  fn main() {
5      let v: RefCell<Vec<i32>> = RefCell::new(vec![1, 2, 3, 4]);
6
```

```
7        let mut v_borrow_mut_1: RefMut<Vec<i32>> = v.borrow_mut();
8        v_borrow_mut_1.push(5);
9        println!("{:?}", v_borrow_mut_1);
10
11       let mut v_borrow_mut_2: RefMut<Vec<i32>> = v.borrow_mut();
12       v_borrow_mut_2.push(6);
13       println!("{:?}", v_borrow_mut_2);
14   }
```

代码清单 7-10 中，RefCell<Vec<i32>> 通过 borrow 方法创建一个 Ref<Vec<i32>>，通过 borrow_mut 方法创建一个 RefMut<Vec<i32>>，程序运行时会抛出"already borrowed: BorrowMutError"的错误提示。

代码清单7-10　RefCell<T>创建一个Ref<T>和一个RefMut<T>

```
1  use std::cell::Ref;
2  use std::cell::RefCell;
3  use std::cell::RefMut;
4
5  fn main() {
6      let v: RefCell<Vec<i32>> = RefCell::new(vec![1, 2, 3, 4]);
7
8      let v_borrow: Ref<Vec<i32>> = v.borrow();
9      println!("{:?}", v_borrow);
10
11     let mut v_borrow_mut: RefMut<Vec<i32>> = v.borrow_mut();
12     v_borrow_mut.push(5);
13     println!("{:?}", v_borrow_mut);
14  }
```

RefCell<T> 常配合 Rc<T> 来使用。Rc<T> 允许数据有多个所有者，但只能提供数据的不可变访问。如果两者结合使用，Rc<RefCell<T>> 表面上是不可变的，但利用 RefCell<T> 的内部可变性可以在需要时修改数据。12.5 节树的实战中会有大量使用 Rc<RefCell<T>> 的案例，在此就不再赘述。

7.4　本章小结

除了普通的引用外，Rust 还提供了智能指针来帮助开发者处理一些应用场景中遇到的问题。比如，Box<T> 是独占所有权的智能指针，可以在堆上存储数据。引用计数智能指针 Rc<T> 可以共享所有权，用于希望堆上分配的数据可以供程序的多个部分读取，并且无法在编译时确定哪个部分是最后使用者的场景。具备内部可变性的 RefCell<T> 可以对不可变的结构体字段进行修改，以满足实际应用中的特定需求。

并发编程

现代操作系统是一个多任务操作系统。也就是说，系统可以管理多个程序的运行。一个程序可以有一个或多个进程，一个进程有一个或多个线程。进程是受操作系统管理的基本运行单元，每个进程都享有独立的内存单元和 CPU 时间片等资源。线程是在进程中独立运行的子任务，无法独立存在。线程的系统资源都来源于进程。每个进程可以生成一个或若干个线程来并发执行任务，但只能有一个主线程。线程与线程之间可以共享同一个进程内的资源，同时每个线程也可以拥有自己独享的资源。

并发编程的一个重要思想是让程序的不同部分可以同时独立运行、互不干扰。其目的是更有效地利用系统资源，让程序运行得更快，但并不是启动的线程越多就能让程序有越好的性能。在进行并发编程时，如果希望通过多线程执行任务让程序运行得更快，会面临很多挑战，比如上下文切换、死锁以及调试等问题。

并发编程的知识点多且复杂，内容足够再写一本书了。同时，Rust 在经历了一系列版本迭代之后，虽然已经走出了前期 Future 并发模型 0.1、0.2、0.3 版本互不兼容的混乱局面，但是异步并发模型和 async/.await 方案还需要进一步发展、完善和稳定。因此，笔者不准备对并发编程进行完整的介绍，只针对综合实战中需要用到的、日常编程中常见的知识点进行介绍。

8.1 多线程并发

一个进程一定有一个主线程，主线程之外创建的线程叫作子线程。一个进程可以运行多个线程的机制叫作多线程并发编程，就是在主线程之外创建子线程。子线程可以和主线程同时运行，完成各自的任务。

8.1.1 线程管理

程序由单线程变成多线程并发，目的是提高资源的使用效率，让程序同时运行多个任务来改善性能。这里的同时运行并非同一时刻运行，而是指在某一时间段内完成所有任务。但是，多线程并发会增加程序的复杂性。因为线程的同时运行，无法保证不同线程中代码的执行顺序，这会导致诸多问题。

❑ 多个线程以不一致的顺序访问数据或资源，使程序无法实现预期效果。

❑ 两个线程相互等待对方停止使用其拥有的某个资源，可能出现死锁的情况。

❑ 多线程程序难以调试，容易出现特定场景下难以稳定重现和难以修复漏洞的情况。

Rust 支持多线程并发编程，将所有权系统和类型系统作为解决内存安全和并发问题的强有力工具。很多并发错误都是编译时错误，而非运行时错误。相比花费大量时间尝试重现运行时并发漏洞，Rust 会直接拒绝编译不正确的代码。

1. 创建新线程

Rust 标准库中的 std::thread 模块用于支持多线程编程，提供了很多方法来创建线程、管理线程和结束线程。如果你想创建新线程，可以使用 thread::spawn 函数并传递一个闭包，在闭包中包含要在新线程执行的代码。

默认情况下，当主线程执行结束，所有子线程也会立即结束，且不管子线程中的代码是否执行完毕。极端情况下，如果主线程在创建子线程后就立即结束，子线程可能根本没机会开始执行。

为避免上述情况的发生，我们可以通过阻塞主线程来等待子线程执行完毕。这里所说的阻塞线程，是指阻止该线程工作或退出。Rust 标准库提供的 thread::JoinHandle 结构体的 join 方法，可用于把子线程加入主线程等待队列，这样主线程会等待子线程执行完毕后退出。

代码清单 8-1 创建了两个子线程，并在不同线程中打印不同的内容。主线程会首先打印，即便子线程的代码位于主线程打印语句的前面。由于两个子线程启动后，无法保证线程间代码的执行顺序，所以该程序每次的执行结果可能都略有不同。

第 6 行代码使用 thread::spawn 函数创建了子线程（返回值类型是 thread::JoinHandle），并将返回值与变量 thread_1 绑定。第 28 行代码调用 thread_1 的 join 方法时，会阻塞主线程以阻止主线程退出，直到子线程 thread_1 中所有代码执行结束。第 9 行代码中 thread::sleep 函数会强制当前线程停止执行代码一小段时间，这样可以让线程轮流执行。不过，这也不是绝对的，还要看操作系统实际如何调度线程。

代码清单8-1　使用spawn函数创建子线程

```
1  use std::thread; // 导入线程模块
2  use std::time::Duration; // 导入时间模块
3
4  fn main() {
```

```
5        // 创建第一个子线程
6        let thread_1 = thread::spawn(|| {
7            for i in 1..=5 {
8                println!("number {} from the spawned_1 thread!", i);
9                thread::sleep(Duration::from_secs(2));
10           }
11       });
12
13       // 创建第二个子线程
14       let thread_2 = thread::spawn(|| {
15           for i in 1..=5 {
16               println!("number {} from the spawned_2 thread!", i);
17               thread::sleep(Duration::from_secs(4));
18           }
19       });
20
21       // 主线程执行的代码
22       for i in 1..=5 {
23           println!("number {} from the main thread!", i);
24           thread::sleep(Duration::from_secs(8));
25       }
26
27       // 阻塞主线程直到子线程执行至结束
28       thread_1.join().unwrap();
29       thread_2.join().unwrap();
30   }
31
32   // number 1 from the main thread!
33   // number 1 from the spawned_2 thread!
34   // number 1 from the spawned_1 thread!
35   // number 2 from the spawned_1 thread!
36   // number 2 from the spawned_2 thread!
37   // number 3 from the spawned_1 thread!
38   // number 4 from the spawned_1 thread!
39   // number 5 from the spawned_1 thread!
40   // number 2 from the main thread!
41   // number 3 from the spawned_2 thread!
42   // number 4 from the spawned_2 thread!
43   // number 3 from the main thread!
44   // number 5 from the spawned_2 thread!
45   // number 4 from the main thread!
46   // number 5 from the main thread!
```

调用 join 方法的位置会直接影响线程的执行顺序。如代码清单 8-2 所示，thread_1 和 thread_2 调用 join 方法的位置位于主线程打印内容的代码之前。主线程会等待两个子线程执行结束之后才开始执行 for 循环并打印输出。输出结果中主线程与两个子线程不会交替出现。

代码清单8-2　调整调用join方法的位置改变线程执行顺序

```
1   use std::thread;
2   use std::time::Duration;
```

```
3
4   fn main() {
5       let thread_1 = thread::spawn(|| {
6           for i in 1..=5 {
7               println!("number {} from the spawned_1 thread!", i);
8               thread::sleep(Duration::from_secs(2));
9           }
10      });
11
12      let thread_2 = thread::spawn(|| {
13          for i in 1..=5 {
14              println!("number {} from the spawned_2 thread!", i);
15              thread::sleep(Duration::from_secs(4));
16          }
17      });
18
19      thread_1.join().unwrap();
20      thread_2.join().unwrap();
21
22      for i in 1..=5 {
23          println!("number {} from the main thread!", i);
24          thread::sleep(Duration::from_secs(8));
25      }
26  }
27
28  // number 1 from the spawned_1 thread!
29  // number 1 from the spawned_2 thread!
30  // number 2 from the spawned_1 thread!
31  // number 2 from the spawned_2 thread!
32  // number 3 from the spawned_1 thread!
33  // number 4 from the spawned_1 thread!
34  // number 3 from the spawned_2 thread!
35  // number 5 from the spawned_1 thread!
36  // number 4 from the spawned_2 thread!
37  // number 5 from the spawned_2 thread!
38  // number 1 from the main thread!
39  // number 2 from the main thread!
40  // number 3 from the main thread!
41  // number 4 from the main thread!
42  // number 5 from the main thread!
```

2. 线程与 move 闭包

如果需要在子线程中使用主线程的数据，可以通过闭包来获取需要的值。先来看一个子线程使用主线程上动态数组的示例，如代码清单 8-3 所示。

代码清单8-3　子线程使用主线程数据1

```
1   use std::thread;
2
3   fn main() {
4       let v = vec![1, 2, 3, 4, 5];
5
```

```
6       let handle = thread::spawn(|| {
7           println!("{:?}", v);
8       });
9
10      handle.join().unwrap();
11  }
```

子线程使用了主线程中的动态数组 v，并使其成为闭包环境的一部分。编译代码，会得到如下错误提示。

```
error[E0373]: closure may outlive the current function, but it borrows `v`, which is
    owned by the current function
 --> src/main.rs:6:32
  |
6 |     let handle = thread::spawn(|| {
  |                                ^^ may outlive borrowed value `v`
7 |         println!("{:?}", v);
  |                          - `v` is borrowed here
  |
note: function requires argument type to outlive `'static`
 --> src/main.rs:6:18
  |
6 |       let handle = thread::spawn(|| {
  |  _____^
7 | |         println!("{:?}", v);
8 | |     });
  | |_____^
help: to force the closure to take ownership of `v` (and any other referenced
    variables), use the `move` keyword
  |
6 |     let handle = thread::spawn(move || {
  |                                ^^^^^^^
```

根据错误信息可知，子线程只是借用了动态数组 v，那么主线程中的某些操作就可能会使子线程对动态数组 v 的引用无效。对于这个问题，我们可以通过在闭包之前增加 move 关键字来强制闭包获取动态数组 v 的所有权来解决。move 关键字覆盖了默认的借用，将动态数组 v 的所有权移到子线程，以保证主线程上不会再使用动态数组 v。假如主线程上继续使用动态数组 v，那就违反了所有权规则，编译时将会报错。修改代码，如代码清单 8-4 所示，这样就能顺利编译并运行了。

代码清单8-4　子线程使用主线程数据2

```
1  use std::thread;
2
3  fn main() {
4      let v = vec![1, 2, 3, 4, 5];
5
6      let handle = thread::spawn(move || {
7          println!("{:?}", v);
8      });
```

```
9
10      handle.join().unwrap();
11  }
12
13  // [1, 2, 3, 4, 5]
```

8.1.2 线程池

在实际项目开发中，多线程并发常用的方式是使用线程池。线程池可以有效地实现对线程的复用，避免多次创建、销毁线程的系统开销。threadpool 是一个简单且实用的线程池，实现了创建工作线程、处理线程异常、运行时改变工作线程数量以及管理工作线程的状态。我们可以通过设置参数来指定线程池的初始大小、工作线程数等。

当接收到一个新任务，线程池会分配一个线程来处理该任务，而其余线程会同时处理接收到的其他任务。线程池会维护一个接收任务的队列，每个空闲线程会从队列中取出一个任务，处理完毕后再从队列中获取新的任务，直到队列中无待处理的任务。通过这种方式，我们实现了任务的多线程并发处理。

要使用 threadpool，需要先在 Cargo.toml 中引入 threadpool。

```
[dependencies]
threadpool = "1.8.1"
```

代码清单 8-5 中，第 4 行代码通过 ThreadPool::new 创建了线程池，它有一个可配置初始线程数的参数。第 7 行代码中 execute 方法与 thread::spawn 类似，可以接收闭包。闭包会在当前线程中执行。第 22 行代码中 join 方法阻塞主线程，等待线程池中的任务执行完毕。

代码清单8-5　使用threadpool多线程并发执行任务

```
1   use threadpool::ThreadPool;
2
3   fn main() {
4       let pool = ThreadPool::new(3);
5
6       for i in 1..=5 {
7           pool.execute(move || {
8               println!("number {} from the spawned_1 thread!", i);
9           });
10      }
11
12      for i in 1..=5 {
13          pool.execute(move || {
14              println!("number {} from the spawned_2 thread!", i);
15          });
16      }
17
18      for i in 1..=5 {
19          println!("number {} from the main thread!", i);
```

```
20      }
21
22      pool.join();
23  }
24
25  // number 1 from the main thread!
26  // number 2 from the main thread!
27  // number 3 from the spawned_1 thread!
28  // number 2 from the spawned_1 thread!
29  // number 5 from the spawned_1 thread!
30  // number 1 from the spawned_2 thread!
31  // number 1 from the spawned_1 thread!
32  // number 4 from the spawned_1 thread!
33  // number 3 from the main thread!
34  // number 4 from the main thread!
35  // number 3 from the spawned_2 thread!
36  // number 2 from the spawned_2 thread!
37  // number 5 from the spawned_2 thread!
38  // number 4 from the spawned_2 thread!
39  // number 5 from the main thread!
```

8.2 异步并发

异步并发允许在单个线程中并发执行多个任务，相比多线程并发执行多个任务，可以减少线程切换和线程共享数据时产生的系统开销，以及空跑线程会占用的系统资源。

8.2.1 async/.await 语法

Rust 通过 future 并发模型和 async/.await 方案来实现异步并发。这里不准备介绍异步并发模型的底层结构设计，还是以实用为先。先用起来，在应用中遇到问题，再去探究 future 并发模型和异步任务是如何调度的，以及 async/.await 是如何工作的。

async/.await 是 Rust 内置语法，可以使异步代码像普通代码那样易于编写。async 和 .await 是两个可以分开理解的术语。

1）async：通常与 fn 函数定义一起使用，用于创建异步函数，返回值的类型实现了 Future trait，而这个返回值需要由执行器来运行。比如，执行器 block_on 会阻塞当前线程来执行 future，直到有结果返回。

2）.await：不阻塞当前线程，异步等待 future 完成。在当前 future 无法执行时，.await 将调度当前 future 让出线程控制权，由其他 future 继续执行。这个语法只有 future 对象才能调用，且必须在 async 函数内使用。

代码清单 8-6 定义了异步函数 hello_async，并在 main 函数中调用 hello_async。代码执行到第 8 行时，我们会发现没有任何内容输出。实际上，直接调用带有 async 关键字的函数是没有任何作用的，必须由执行器 block_on 来运行 future 才会打印"hello, async!"。

block_on 将阻塞当前线程，直到 future 运行完成。

代码清单8-6　异步函数

```
1   use futures::executor::block_on;
2
3   async fn hello_async() {
4       println!("hello, async!");
5   }
6
7   fn main() {
8       let future = hello_async();
9       block_on(future);
10  }
11
12  // hello, async!
```

下面再来看 3 个异步函数。

❏ learn_rust 函数用于学习 Rust；

❏ learn_data_structure 函数用于学习数据结构；

❏ learn_algorithm 函数用于学习算法。

代码清单 8-7 中，main 函数依次阻塞了 learn_data_structure、learn_algorithm 和 learn_rust 这三个异步函数。这样的程序性能并不是最优的，因为一次只能干一件事！

代码清单8-7　多个异步函数示例1

```
1   use futures::executor::block_on;
2
3   async fn learn_data_structure() -> DataStructure { ... }
4   async fn learn_algorithm(data_structure: DataStructure) { ... }
5   async fn learn_rust() { ... }
6
7   fn main() {
8       let data_structure = block_on(learn_data_structure());
9       block_on(learn_algorithm(data_structure));
10      block_on(learn_rust());
11  }
```

我们在学习算法之前必须先学数据结构，但是学习数据结构的同时是可以学习 Rust 的。由此，我们可以新创建两个独立可并发执行的异步函数，如代码清单 8-8 所示。第 8 行代码定义的 learn_data_structure_and_algorithm 函数负责学习数据结构和算法。第 9 行代码使用 .await 而不是 block_on，因为 .await 不阻塞当前线程。通过 .await 执行 learn_data_structure，可以在 learn_data_structure 阻塞时让其他 future 来掌控当前线程，实现单线程并发执行多个 future。

第 13 行代码定义的 async_main 函数负责在学习数据结构和算法的同时学习 Rust。第 14 行代码将学习数据结构和算法定义为 future1，第 15 行代码将学习 Rust 定义为 future2。第 17 行代码并发执行 future1 和 future2，如果 future1 被阻塞，future2 将接管当前线程。

如果 future2 被阻塞，future1 又会重新接管当前线程。如果 future1 和 future2 都被阻塞，async_main 将被阻塞并让位给执行程序。需要注意的是，join! 只能在 async 函数、闭包或块内使用。

代码清单8-8　多个异步函数示例2

```
1   use futures::executor::block_on;
2   use futures::join;
3
4   async fn learn_data_structure() -> DataStructure { ... }
5   async fn learn_algorithm(data_structure: DataStructure) { ... }
6   async fn learn_rust() { ... }
7
8   async fn learn_data_structure_and_algorithm() {
9       let data_structure = learn_data_structure().await;
10      learn_algorithm(data_structure).await;
11  }
12
13  async fn async_main() {
14      let future1 = learn_data_structure_and_algorithm();
15      let future2 = learn_rust();
16
17      join!(future1, future2);
18  }
19
20  fn main() {
21      block_on(async_main());
22  }
```

8.2.2　async-std 库

async-std 是一个旨在简化异步编程的第三方库。它提供了诸如文件系统、网络、计时器等常用功能的异步版本，并支持 async/.await 语法。async-std 库提供了 task 模块。多个 task 可共享同一个执行线程，在线程上可切换执行任务。

要使用 async-std，需要先在 Cargo.toml 中引入 async-std。

```
[dependencies]
async-std = "1.6.3"
```

代码清单 8-9 中，第 5 行代码通过 task::spawn 函数生成异步任务，并返回 task::JoinHandle 类型的返回值。JoinHandle 实现了 Future trait，它在 task 运行结束后结束。第 24 行代码调用 task::block_on 函数使执行线程阻塞，以达到让 future 运行完毕的目的。从运行结果可以看到，不需要创建多个线程，就可在单线程中实现类似多线程并发执行多个任务的效果。

代码清单8-9　使用async-std异步并发执行任务

```
1   use async_std::task;
2   use std::time::Duration;
```

```
3
4   fn main() {
5       let async_1 = task::spawn(async {
6           for i in 1..=5 {
7               print_async_1(i).await;
8           }
9       });
10
11      let async_2 = task::spawn(async {
12          for i in 1..=5 {
13              print_async_2(i).await;
14          }
15      });
16
17      for i in 1..=5 {
18          println!("number {} from the main!", i);
19          task::block_on(async {
20              task::sleep(Duration::from_secs(8)).await;
21          });
22      }
23
24      task::block_on(async_1);
25      task::block_on(async_2);
26  }
27
28  async fn print_async_1(i: i32) {
29      println!("number {} from the async_1!", i);
30      task::sleep(Duration::from_secs(2)).await;
31  }
32
33  async fn print_async_2(i: i32) {
34      println!("number {} from the async_2!", i);
35      task::sleep(Duration::from_secs(4)).await;
36  }
37
38  // number 1 from the main!
39  // number 1 from the async_1!
40  // number 1 from the async_2!
41  // number 2 from the async_1!
42  // number 2 from the async_2!
43  // number 3 from the async_1!
44  // number 4 from the async_1!
45  // number 2 from the main!
46  // number 3 from the async_2!
47  // number 5 from the async_1!
48  // number 4 from the async_2!
49  // number 5 from the async_2!
50  // number 3 from the main!
51  // number 4 from the main!
52  // number 5 from the main!
```

下面分别对 task::spawn、task::block_on、task::sleep 函数用法进行介绍。

1. task::spawn 函数

task::spawn 函数用于生成异步任务，用法如下所示。

```
1  use async_std::task;
2
3  let handle = task::spawn(async {
4      1 + 2
5  });
6
7  assert_eq!(handle.await, 3);
```

2. task::block_on 函数

task::block_on 函数用于阻塞当前线程直到任务执行结束，用法如下所示。

```
1  use async_std::task;
2
3  fn main() {
4      task::block_on(async {
5          println!("hello async");
6      });
7  }
```

3. task::sleep 函数

task::sleep 函数通过非阻塞的方式让任务等待一段时间再执行，用法如下所示。

```
1  use async_std::task;
2  use std::time::Duration;
3
4  task::sleep(Duration::from_secs(1)).await;
```

8.3 本章小结

随着计算机等电子产品全面进入多核时代，并发编程已成为主流的编程范式。但是，并发编程带来的问题和挑战使得开发者较难编写出复杂的并发程序。Rust 依靠所有权系统和类型系统，利用所有权和类型检查帮助开发者在编译时发现并发程序中出现的数据竞争问题。

本章提供的多线程并发和异步并发的编程示例，让读者对使用 Rust 编写正确的并发程序有了初步的了解，体会 Rust 并发编程的方便和强大。通过掌握这些知识，读者就能在综合实战章节进行并发编程实践了。

错误处理

Rust 将错误分为两个主要类别：可恢复错误和不可恢复错误。可恢复错误是指可以被捕捉的且能够合理解决的问题，比如读取不存在文件、权限被拒绝、字符串解析出错等情况。一旦捕捉到可恢复错误，Rust 可以通过不断尝试之前失败的操作或者选择一个备用的操作来矫正错误让程序继续运行。不可恢复错误是指会导致程序崩溃的错误，可视为程序的漏洞，比如数组的越界访问。一旦发生不可恢复错误，程序就会立即停止。

Rust 提供了分层式错误处理方案。

❏ Option<T>：用于处理有值和无值的情况。

❏ Result<T, E>：用于处理可恢复错误的情况。

❏ Panic：用于处理不可恢复错误的情况。

❏ Abort：用于处理会发生灾难性后果的情况。

Option<T> 在 5.1.3 节中已经介绍过，它解决的是有值和无值的问题，在一定程度上消灭了空指针，保证了内存安全。Abort 用于在一些特殊场景下终止进程，退出整个程序。在实际项目开发中，建议使用 Result<T, E> 和 Panic 来分别处理可恢复错误和不可恢复错误。

9.1 Result<T, E>

程序中的大部分错误并不需要停止程序执行，比如打开一个不存在的文件时所产生的错误，可能更期望的是创建一个新文件，而不是中止程序。标准库提供的 Result<T, E> 可用于处理这类可恢复错误，它使用枚举来封装正常返回的值和错误信息。Result<T, E> 枚举包含两个值——Ok 和 Err，其定义如下：

```
1  enum Result<T, E> {
2      Ok(T),
3      Err(E),
4  }
```

当 Result 的值为 Ok 时，泛型类型 T 作为调用成功返回的值的数据类型。当 Result 的值为 Err 时，泛型类型 E 作为调用失败返回的错误类型。这个定义使得 Result 能很方便地表达任何可能成功（返回 T 类型的值）、也可能失败（返回 E 类型的值）的操作，只要一个变量就能接收正常值和错误信息。Result<T, E> 类型会被 Rust 自动引入，不需要再显式引入作用域。也就是说，程序中可以直接使用 Ok(T) 或 Err(E) 来表示 Result<T, E> 类型，不用写成 Result::Ok(T) 或 Result::Err(E)。

9.1.1 高效处理 Result<T，E>

Result<T, E> 类型的值的常规处理方法是使用 match 模式匹配。

代码清单 9-1 中，第 4 行代码 File::open 函数的返回值类型是 Result<T, E>。这里 T 的类型是 std::fs::File，它是一个可以进行读写操作的文件句柄。E 的类型是 std::io::Error，表示可能因为文件不存在或者没有权限而访问失败。通过 Result<T, E> 可以告诉调用者调用是成功还是失败，并提供文件句柄或错误信息。

第 6～11 行代码使用 match 模式匹配对返回值进行相应的处理。

❑ 如果 File::open 执行成功，f 的值是一个包含文件句柄的 Ok 实例，返回这个文件句柄并赋值给变量 file。

❑ 如果 File::open 执行失败，f 的值是一个包含错误信息的 Err 实例，调用 panic! 中止程序并输出错误信息。

代码清单9-1　match模式匹配处理Result<T, E>类型的值

```
1  use std::fs::File;
2
3  fn main() {
4      let f = File::open("hello.txt");
5
6      let file = match f {
7          Ok(file) => file,
8          Err(error) => {
9              panic!("Failed to open hello.txt: {:?}", error)
10         },
11     };
12 }
```

match 模式匹配虽然能够处理 Result<T, E> 类型的值，但是代码看上去有些冗长。Result<T, E> 类型提供的 unwrap 和 expect 方法可以实现与 match 模式匹配相似的功能。

代码清单 9-2 中，如果 Result 的值是 Ok，unwrap 方法会返回 Ok 中的值。如果 Result 的值是 Err，unwrap 方法会自动做 Panic 处理并输出默认的错误消息。

代码清单9-2 unwrap方法处理Result<T, E>类型的值

```
1  use std::fs::File;
2
3  fn main() {
4      let file = File::open("hello.txt").unwrap();
5  }
```

代码清单 9-3 中，expect 方法不仅具备 unwrap 方法的功能，还允许自定义错误信息，这样更易于追踪导致程序错误的原因。

代码清单9-3 expect方法处理Result<T, E>类型的值

```
1  use std::fs::File;
2
3  fn main() {
4      let f = File::open("hello.txt").expect("Failed to open hello.txt");
5  }
```

9.1.2 处理不同类型的错误

在代码清单 9-3 中，只要 File::open 执行失败，就直接做 Panic 处理。但实际上，我们希望能使用不同的方式处理不同类型的错误。如果文件不存在，可以创建这个文件并返回新文件的句柄。如果是其他原因，比如没有操作文件的权限，那就做 Panic 处理。

代码清单 9-4 中，第 9 行代码 error 的类型是 std::io::Error，它是标准库提供的结构体类型，调用其 kind 方法可以获得一个 std::io::ErrorKind 类型的值。std::io::ErrorKind 是标准库提供的枚举类型，它的值对应 I/O 操作中各种可能的错误类型。这里要用到的是 ErrorKind::NotFound，它代表要打开的文件不存在时的错误。对于 ErrorKind::NotFound 错误类型，第 10~13 行代码尝试使用 File::create 创建文件，但是可能因为磁盘容量不足等执行失败，所以还需要增加一个内部的 match 模式匹配语句，在新文件创建失败时做 Panic 处理。对于其他所有非 ErrorKind::NotFound 错误类型，第 14 行代码统一做 Panic 处理。这样就实现了当文件打开失败时，根据不同的错误类型使用不同的处理方式。

代码清单9-4 match模式匹配处理不同类型的错误

```
1   use std::fs::File;
2   use std::io::ErrorKind;
3
4   fn main() {
5       let f = File::open("hello.txt");
6
7       let file = match f {
8           Ok(file) => file,
9           Err(error) => match error.kind() {
10              ErrorKind::NotFound => match File::create("hello.txt") {
11                  Ok(fc) => fc,
12                  Err(e) => panic!("Failed to create hello.txt: {:?}", e),
```

```
13                },
14            other_error => panic!("Failed to open hello.txt: {:?}", other_error),
15        },
16    };
17  }
```

大量嵌套 match 模式匹配的代码总是有些冗长，Result 的 unwrap_or_else 方法可以消除这种 match 模式匹配的嵌套。如果 Result 的值是 Ok，unwrap_or_else 会返回 Ok 中的值。如果 Result 的值是 Err，unwrap_or_else 可以执行一个闭包。代码清单 9-5 中，使用 unwrap_or_else 方法实现了与代码清单 9-4 相同的功能。

代码清单9-5　unwrap_or_else方法处理不同类型的错误

```
1   use std::fs::File;
2   use std::io::ErrorKind;
3
4   fn main() {
5       let f = File::open("hello.txt").unwrap_or_else(|error| {
6           if error.kind() == ErrorKind::NotFound {
7               File::create("hello.txt").unwrap_or_else(|error| {
8                   panic!("Failed to create hello.txt: {:?}", error);
9               })
10          } else {
11              panic!("Failed to open hello.txt: {:?}", error);
12          }
13      });
14  }
```

9.1.3　传播错误

当编写的函数中包含可能会失败的操作时，除了在这个函数中处理错误外，还可以把处理错误的选择权交给该函数的调用者，因为调用者可能拥有更多的信息或逻辑来决定应该如何处理错误，这被称为传播错误。

代码清单 9-6 中，第 9 行代码定义的 read_from_file 函数会从文件中读取内容字符串，如果文件不存在或读取失败，就将这些错误返回给调用者。read_from_file 函数的返回值类型是 Result<String, io::Error>，即 Result<T, E> 类型的值，其中泛型参数 T 的类型是 String，E 的类型是 io::Error。如果成功返回，函数的调用者会收到一个 Ok 值，其中包含的值是 String 类型。如果发生任何错误，函数的调用者会收到一个 Err 值，它存储了一个包含错误相关信息的 io::Error 实例。这里选择 io::Error 作为函数的返回值，是因为它正好也是函数体中 File::open 函数和 read_to_string 方法操作失败的返回值。第 11~14 行代码使用 match 模式匹配处理 File::open 函数的返回值，如果执行成功，将文件句柄存储在变量 file 中并继续执行下面的代码。如果执行失败，会直接返回错误给调用者。第 17 行代码调用文件句柄 file 的 read_to_string 方法将文件的内容读取到变量 s 中。read_to_string 方法也返回

一个 Result，所以需要另一个 match 模式匹配来处理。如果执行成功，将从文件中读取的
内容字符串封装在 Ok 中返回。如果执行失败，将错误返回给调用者。

调用 read_from_file 函数会得到一个包含字符串的 Ok 值，或者一个包含 io::Error 的
Err 值。调用者如果得到的是 Err 值，是选择调用 Panic 使程序中止，还是选择使用一个默
认值来替代，这在 read_from_file 函数中是没有足够的信息知晓的。因此，我们应该将函数
执行成功或失败的信息向上传播，让调用者来选择合适的处理方法。

代码清单9-6　match模式匹配传播错误

```
1  use std::io;
2  use std::io::Read;
3  use std::fs::File;
4
5  fn main() {
6      println!("content: {}", read_from_file().unwrap());
7  }
8
9  fn read_from_file() -> Result<String, io::Error> {
10     let f = File::open("hello.txt");
11     let mut file = match f {
12         Ok(file) => file,
13         Err(e) => return Err(e),
14     };
15
16     let mut s = String::new();
17     match file.read_to_string(&mut s) {
18         Ok(_) => Ok(s),
19         Err(e) => Err(e),
20     }
21 }
```

考虑到传播错误在编程中是非常常见的，Rust 提供了"?"操作符来简化代码。"?"操
作符可以用于返回值类型为 Result 的函数中，它被定义为与 match 模式匹配有着完全相同
的工作方式。如果 Result 的值是 Ok，将返回 Ok 中的值并继续执行下面代码。如果 Result
的值是 Err，Err 中的值将作为整个函数的返回值传给调用者。

"?"操作符与 match 模式匹配稍有一点不同的是，"?"操作符所使用的错误值会被传
递给 from 函数，它定义于标准库的 From trait 中，用来将错误从一种类型转换为另一种类
型。因此，"?"操作符收到的错误类型会被转换为当前函数要返回的错误类型。这在函数
以统一的错误类型返回时很有用，即使其内部可能会因多种因素失败，但返回的是统一的
错误类型。

用"?"操作符重写代码清单 9-6 中的函数 read_from_file，代码如下所示。第 2 行代
码中 File::open 函数结尾的"?"操作符将会把 Ok 中的值返回给变量 f。如果出现错误，
"?"操作符会提前返回整个函数并将 Err 值传播给调用者。第 4 行代码中 read_to_string 方
法结尾的"?"操作符作用同上。

```
1  fn read_from_file() -> Result<String, io::Error> {
2      let mut f = File::open("hello.txt")?;
3      let mut s = String::new();
4      f.read_to_string(&mut s)?;
5      Ok(s)
6  }
```

在"?"操作符之后，我们可以使用链式方法调用进一步简化代码，代码如下所示。第3 行代码"File::open("hello.txt")?"的结果链式调用了 read_to_string 方法，这样就不再需要定义变量 f。代码的写法更符合工程学。

```
1  fn read_from_file() -> Result<String, io::Error> {
2      let mut s = String::new();
3      File::open("hello.txt")?.read_to_string(&mut s)?;
4      Ok(s)
5  }
```

9.2 Panic

检测到某些 bug 或无法合理处理的情况会导致程序崩溃，比如可能由于内存不足，使用 thread::spawn 无法创建新线程。对于这种情况，程序会自动调用 Panic 打印错误信息并清理栈数据后退出。

先来看一个简单的示例。

```
1  fn main() {
2      panic!("panic is starting!");
3  }
```

运行代码，会得到如下错误提示。

```
thread 'main' panicked at 'panic is starting!', src/main.rs:2:5
note: run with `RUST_BACKTRACE=1` environment variable to display a backtrace
```

从中可以看到导致程序错误的信息，以及错误出现的位置是 src/main.rs 文件的第 2 行第 5 个字符。

9.2.1 追踪 Panic

在上面的示例中，出现错误的文件正是源代码文件。但在更多时候，错误出现在所调用的第三方代码中，错误信息报告的文件名和行号指向其他代码中的 Panic 调用。以下代码尝试访问超越动态数组长度的元素，导致错误出现。

```
1  fn main() {
2      let v = vec![1, 2, 3];
3      println!("{}", v[99]);
4  }
```

编译代码，会得到如下错误提示。

```
thread 'main' panicked at 'index out of bounds: the len is 3 but the index is
    99', /rustc/b8cedc00407a4c56a3bda1ed605c6fc166655447/src/libcore/slice/mod.
    rs:2791:10
note: run with `RUST_BACKTRACE=1` environment variable to display a backtrace
```

根据错误信息可知，Panic 出现的位置是在 Rust 源码 libcore/slice/mod.rs 中。那么该如何找到问题真正的初始位置呢？再仔细看上面的错误提示，它提醒我们可以通过设置环境变量 RUST_BACKTRACE=1 得到一个 backtrace。使用 RUST_BACKTRACE=1 cargo run 命令来运行代码，会得到如下错误提示。

```
thread 'main' panicked at 'index out of bounds: the len is 3 but the index is 99', /
rustc/b8cedc00407a4c56a3bda1ed605c6fc166655447/src/libcore/slice/mod.rs:2791:10
stack backtrace:
    0: backtrace::backtrace::libunwind::trace
            at /Users/runner/.cargo/registry/src/github.com-1ecc6299db9ec823/
                backtrace-0.3.40/src/backtrace/libunwind.rs:88
    1: backtrace::backtrace::trace_unsynchronized
            at /Users/runner/.cargo/registry/src/github.com-1ecc6299db9ec823/
                backtrace-0.3.40/src/backtrace/mod.rs:66
    2: std::sys_common::backtrace::_print_fmt
            at src/libstd/sys_common/backtrace.rs:77

    ......

    17: panic_example::main
            at src/main.rs:3

    ......

    26: panic_example::main
note: Some details are omitted, run with `RUST_BACKTRACE=full` for a verbose backtrace.
```

backtrace 是执行到目前位置为止所有被调用函数的列表，其中有自己编写的函数；也有 Rust 核心代码和标准库代码中的函数。阅读 backtrace 的关键是从头开始找到自己编写的函数，这是导致错误的源头。

backtrace 的第 17 行指向了源代码文件 src/main.rs 的第 3 行，可以由此位置着手检查导致 Panic 出现的原因。

9.2.2 捕获 Panic

Rust 提供了 panic::catch_unwind 函数让开发者捕获 Panic，以便程序可以继续执行而不被中止。需要注意的是，我们应避免滥用 catch_unwind 作为处理错误的惯用方法，因为可能会导致内存不安全。

代码清单 9-7 中，第 6 行代码 panic::catch_unwind 函数接收的闭包中的代码会导致 Panic，但 catch_unwind 会捕获这个 Panic 并继续执行下面的代码。

代码清单9-7 catch_unwind函数捕获Panic

```
1  use std::panic;
2
3  fn main() {
4      let v = vec![1, 2, 3];
5      println!("{}", v[0]);
6      let result = panic::catch_unwind(|| { println!("{}", v[99]) });
7      assert!(result.is_err());
8      println!("{}", v[1]);
9  }
10
11 // 1
12 // thread 'main' panicked at 'index out of bounds: the len is 3 but the index is 99',
     /rustc/b8cedc00407a4c56a3bda1ed605c6fc166655447/src/libcore/slice/mod.rs:2791:10
13 // note: run with `RUST_BACKTRACE=1` environment variable to display a backtrace
14 // 2
```

9.3 本章小结

开发者应当熟练使用 Result<T, E> 处理可恢复错误，提高程序的适用性、可用性和稳定性，让程序在面对错误的数据时更加健壮。

模块化编程

到目前为止，所有编写的代码都是在一个文件中。随着程序规模越来越大，如何对源代码进行有效的组织和管理成为一个重要议题。

大多数编程语言支持模块化编程。模块化编程是将一个复杂的软件系统按功能进行分组，进而划分为彼此独立的模块，以便支持多人协作开发，以及各模块代码独立开发、测试和系统集成。一个设计良好的模块可以限制程序错误的影响范围，并且可以更好地实现代码复用，有效地控制和克服系统的复杂性。

Rust 模块化编程中有两个重要的术语：crate 和 module。crate 可以翻译为包，但为了避免与 package（包）混淆，本章将保留使用 crate。module（模块）可以将 crate 中的代码按功能进行分组，以提高可读性与重用性。模块可以控制函数或类型定义的私有性，即函数或类型定义可以是 public，代表能被外部代码使用；也可以是 private，代表只作为内部使用，不能被外部代码使用。

10.1 crate 管理

crate 是 Rust 的基本编译单元，分为二进制 crate 和库 crate 两种类型，编译后会分别对应生成一个可执行二进制程序或者库。二进制 crate 和库 crate 的最大区别是，二进制 crate 有一个 main 函数作为程序主入口，而库 crate 是一组可以在其他项目中重用的模块，没有 main 函数。

一个工程中至多包含一个库 crate，但可以包含任意多个二进制 crate；至少应包含一个 crate，可以是二进制 crate，也可以是库 crate。

10.1.1　使用 Cargo 创建 crate

Rust 内置了 Cargo，并将其作为 crate 管理器。第 1 章中介绍过 Cargo 基本的使用方法，下面通过 Cargo 生成二进制 crate 和库 crate。

1）使用如下命令创建二进制 crate：

```
$ cargo new foo
```

生成一个名为 foo 的新文件夹，其中包含以下文件：

```
foo
|- Cargo.toml
|- src
    |- main.rs
```

这里，main.rs 是二进制 crate 的入口文件，编译后是一个可执行程序。

2）使用如下命令创建库 crate：

```
$ cargo new bar --lib
```

生成一个名为 bar 的新文件夹，其中包含以下文件：

```
bar
|- Cargo.toml
|- src
    |- lib.rs
```

这里，lib.rs 就是库 crate 的入口文件，编译后是一个库。

10.1.2　使用第三方 crate

在实际项目开发中，我们经常需要使用第三方 crate，可以在 Cargo.toml 文件中的 [dependencies] 下添加项目依赖的 crate。比如，要使用用于异步编程的 async-std，可以在 Cargo.toml 文件中添加以下内容。

```
[dependencies]
async-std = "1.5.0"
```

Rust 社区公开的第三方 crate 都集中在 crates.io 网站，考虑到网络下载速度，可将 cargo 源换成清华大学镜像源来快速下载这些第三方 crate。这里以 macOS、Linux 或其他类 Unix 系统为例介绍镜像源的配置。打开 ~/.cargo/config 文件（如果不存在则新建一个），在文件中填入以下内容即可完成镜像源的配置。

```
[source.crates-io]
registry = "https://github.com/rust-lang/crates.io-index"
replace-with = 'tuna'
[source.tuna]
registry = "https://mirrors.tuna.tsinghua.edu.cn/git/crates.io-index.git"
```

10.2　module 系统

module 系统是一个包含函数或类型定义的命名空间，用于将函数或类型定义按功能进行分组，以提高其可读性与重用性。一般来说，我们应该把实现相似功能或者共同实现某一功能的函数和类型定义划分到一个模块中，比如 network 模块可以包含所有和网络相关的函数和类型定义，graphics 模块可以包含所有和图形处理相关的函数和类型定义。

每个 crate 默认有一个隐式的根模块，也就是 src/main.rs 或 src/lib.rs。在根模块下，我们可以定义子模块并且可以定义多层级模块。

下面看一个创建短语库的示例。短语库以中文和英文两种语言对外提供服务，其模块结构如下所示。这里，phrases_lib 是 crate 的名字，其余的都是模块，它们以 phrases_lib 为根组成了一个树型结构。

```
phrases_lib
|- chinese
    |- greetings
    |- farewells
|- english
    |- greetings
    |- farewells
```

下面在代码中定义这些模块，通过对代码的迭代来介绍模块化编程的知识点。新建一个文件夹 phrases，在文件夹中创建库 phrases_lib。

```
$ mkdir phrases
$ cd phrases
$ cargo new phrases_lib --lib
```

新生成的文件夹 phrases_lib 包含以下文件，其中 src/lib.rs 是当前 crate 的根模块，与上面模块结构中的 phrases_lib 对应。

```
phrases
|- phrases_lib
    |- Cargo.toml
    |- src
        |- lib.rs
```

10.2.1　定义模块

Rust 通过在 mod 关键字后跟模块名来定义模块，或者引用另外一个文件中的模块。模块名之后的大括号"{}"中是模块的内容。修改 src/lib.rs 文件，代码如下所示。

```
1  mod chinese {
2      mod greetings {}
3      mod farewells {}
4  }
5
```

```
6  mod english {
7      mod greetings {}
8      mod farewells {}
9  }
```

这里有 4 个嵌套模块，分别是 chinese::greetings、chinese::farewells、english::greetings 和 english::farewells。子模块位于父模块的命名空间，可以使用双冒号 "::" 来访问子模块，因此像 chinese::greetings 和 english::greetings，即使模块名都是 greetings 也不会引发冲突。

10.2.2 创建多文件模块

如果所有模块代码都集中在 src/lib.rs 文件，这个文件将变得非常庞大。正确的做法是将每个模块放在独立文件中。Rust 的模块文件系统规则如下。

1）如果 foo 模块没有子模块，将 foo 模块的代码放在 foo.rs 文件中。

2）如果 foo 模块有子模块，有两种处理方式。

❑ 将 foo 模块的代码放在 foo.rs 文件中，并将其子模块所在文件存放在 foo/ 文件夹，推荐采用这种方式。

❑ 将 foo 模块的代码放在 foo/mod.rs 文件中，并将其子模块所在文件存放在 foo/ 文件夹。

按照上面的规则，将 src/lib.rs 文件拆分成如下文件系统结构：

```
phrases
|- phrases_lib
   |- Cargo.toml
   |- src
      |- lib.rs
      |- chinese.rs
      |- chinese
      |  |- farewells.rs
      |  |- greetings.rs
      |- english
      |  |- mod.rs
      |  |- farewells.rs
      |  |- greetings.rs
```

src/lib.rs 仍然是当前 crate 的根模块，将其内容修改为：

```
1  mod chinese;
2  mod english;
```

这样，Rust 会以如下规则寻找模块：

1）去 src/chinese.rs 或 src/chinese/mod.rs 文件寻找 chinese 模块；

2）去 src/english.rs 或 src/english/mod.rs 文件寻找 english 模块。

chinese 模块和 english 模块都有子模块。为了演示上述两种寻找模块的方式，这里对 chinese 模块采用第一种方式，对 english 模块采用第二种方式，分别修改 src/chinese.rs 和

src/english/mod.rs 两个文件，代码如下所示。

```
1  mod greetings;
2  mod farewells;
```

同样地，Rust 会以如下规则寻找模块。

1）去 src/chinese/greetings.rs 或 src/chinese/greetings/mod.rs 文件寻找 chinese 模块的子模块 greetings；

2）去 src/chinese/farewells.rs 或 src/chinese/farewells/mod.rs 文件寻找 chinese 模块的子模块 farewells；

3）去 src/english/greetings.rs 或 src/english/greetings/mod.rs 文件寻找 english 模块的子模块 greetings；

4）去 src/english/farewells.rs 或 src/english/farewells/mod.rs 文件寻找 english 模块的子模块 farewells。

考虑到 greetings、farewells 都没有自己的子模块，因此它们都选择第一种方式进行模块寻找。下面分别为 src/chinese/greetings.rs、src/chinese/farewells.rs、src/english/greetings.rs 和 src/english/farewells.rs 文件添加对应代码。

在 src/chinese/greetings.rs 文件添加：

```
1  fn hello() -> String {
2      "你好！".to_string()
3  }
```

在 src/chinese/farewells.rs 文件添加：

```
1  fn goodbye() -> String {
2      "再见。".to_string()
3  }
```

在 src/english/greetings.rs 文件添加：

```
1  fn hello() -> String {
2      "Hello!".to_string()
3  }
```

在 src/english/farewells.rs 文件添加：

```
1  fn goodbye() -> String {
2      "Goodbye.".to_string()
3  }
```

10.2.3　多文件模块的层级关系

对于上面创建的多文件模块的层级关系，我们有必要再进行一次梳理。

src/chinese.rs 文件中使用的"mod greetings；"可视为是把 src/chinese/greetings.rs 文件的内容用"mod greetings {}"包裹起来。需要注意的是，"mod xxx；"无法引用多层结

构下的模块，比如在 src/lib.rs 文件中是不允许使用 "mod chinese::greetings;" 来引用 src/chinese/greetings.rs 这个模块的。

使用 Rust 编写的模块支持层级结构，但模块的层级结构与文件系统的层级结构是解耦的。这样设计的主要原因是，一个文件中可能会包含多个模块，直接将 a::b::c 这样的模块层级结构映射到 a/b/c.rs 文件会引起歧义。Rust 从安全性出发要求模块引用路径中的每一个节点都是一个有效的模块，比如 a::b::c 中 c 是一个有效的模块，那么 b 和 a 都应该是有效的模块且可以被单独引用。

Rust 遵循以下规则在文件系统中寻找多层模块。

1）main.rs、lib.rs 和 mod.rs 文件中出现 "mod xxx;"，默认优先寻找同级文件夹中的 xxx.rs 文件。

2）如果同级文件夹中的 xxx.rs 文件不存在，则寻找 xxx/mod.rs 文件，即同级文件夹中 xxx 文件夹下的 mod.rs 文件。

3）如果其他文件如 yyy.rs 文件中出现 "mod xxx;"，默认寻找 yyy/xxx.rs 文件，即与 yyy.rs 文件所在同级文件夹的 yyy 文件夹下的 xxx.rs 文件。

Rust 以这样的规则通过不断迭代实现对深层文件夹下的模块加载。

10.2.4　模块的可见性

现在已经有了一个库 crate，再创建一个二进制 crate 来使用这个库。新建一个 src/main.rs 文件，代码如下所示。

```
1  fn main() {
2      println!("Hello in chinese: {}", phrases_lib::chinese::greetings::hello());
3      println!("Goodbye in chinese: {}", phrases_lib::chinese::farewells::goodbye());
4
5      println!("Hello in English: {}", phrases_lib::english::greetings::hello());
6      println!("Goodbye in English: {}", phrases_lib::english::farewells::goodbye());
7  }
```

这里要说明的是，当前 phrases_lib 下有两个 crate，src/lib.rs 是一个库 crate 的根模块，src/main.rs 是一个二进制 crate 的根模块。先将主要功能放在库 crate 中，再在二进制 crate 中使用这个库 crate，同时其他程序也可以使用这个库 crate。在实际项目开发中，这种模式是非常常见的，目的是让代码有合理的组织分工和职责分离。

编译代码，会得到如下错误提示，这里对提示做了节选。

```
error[E0603]: module `chinese` is private
 --> src/main.rs:2:51
  |
2 |      println!("Hello in chinese: {}", phrases_lib::chinese::greetings::hello());
  |                                                    ^^^^^^^ private module
  |
note: the module `chinese` is defined here
```

```
 --> /phrases/phrases_lib/src/lib.rs:1:1
   |
1 | mod chinese;
   | ^^^^^^^^^^^^
error[E0603]: module `english` is private
 --> src/main.rs:5:51
   |
5 |     println!("Hello in English: {}", phrases_lib::english::greetings::hello());
   |                                                   ^^^^^^^ private module
   |
note: the module `english` is defined here
 --> /phrases/phrases_lib/src/lib.rs:2:1
   |
2 | mod english;
   | ^^^^^^^^^^^^
```

根据错误信息可知，程序访问子模块中的函数，但子模块是私有的，不允许被外部代码使用。

Rust 默认所有的模块以及模块中的函数和类型都是私有的，也就是只能在模块内部使用。如果一个模块或者模块中的函数和类型需要为外部使用，必须添加 pub 关键字。

下面依次修改代码，首先修改 src/lib.rs 文件，在 chinese 和 english 模块定义前添加 pub 关键字：

```
1  pub mod chinese;
2  pub mod english;
```

接着，分别修改 src/chinese.rs 和 src/english/mod.rs 文件，在 greetings 和 farewells 模块定义前添加 pub 关键字：

```
1  pub mod greetings;
2  pub mod farewells;
```

然后，修改 src/chinese/greetings.rs 文件，在函数签名前添加 pub 关键字：

```
1  pub fn hello() -> String {
2      "你好! ".to_string()
3  }
```

修改 src/chinese/farewells.rs 文件，在函数签名前添加 pub 关键字：

```
1  pub fn goodbye() -> String {
2      "再见。".to_string()
3  }
```

修改 src/english/greetings.rs 文件，在函数签名前添加 pub 关键字：

```
1  pub fn hello() -> String {
2      "Hello!".to_string()
3  }
```

修改 src/english/farewells.rs 文件，在函数签名前添加 pub 关键字：

```
1   pub fn goodbye() -> String {
2       "Goodbye.".to_string()
3   }
```

再次编译并运行，代码已经可以正常运行。

```
$ cargo run
    Finished dev [unoptimized + debuginfo] target(s) in 0.00s
        Running `target/debug/phrases_lib`
Hello in chinese: 你好!
Goodbye in chinese: 再见。
Hello in English: Hello!
Goodbye in English: Goodbye.
```

10.2.5　使用 use 导入模块

现在模块和函数都是公有的，也都可以正常使用。但是回头看 src/main.rs 文件，似乎调用函数的路径都很冗长且重复，像 phrases_lib::chinese::greetings::hello() 这样的写法在项目开发中是不提倡的。Rust 提供了 use 和 as 两个关键字，使用 use 可以将指定的模块或函数引入本地作用域，但不会将其子模块也引入；使用 as 可以对模块或函数进行重命名。

比如，修改 src/main.rs 文件，代码如下所示。第 1～2 行代码使用 use 导入两个模块到本地作用域，并进行了重命名，这样可以用一个较短的名字来调用函数。第 3 行代码是一种简写方式，方便从同一个模块中导入多个子模块。

```
1   use phrases_lib::chinese::greetings as cn_greetings;
2   use phrases_lib::chinese::farewells as cn_farewells;
3   use phrases_lib::english::{greetings, farewells};
4
5   fn main() {
6       println!("Hello in chinese: {}", cn_greetings::hello());
7       println!("Goodbye in chinese: {}", cn_farewells::goodbye());
8
9       println!("Hello in English: {}", greetings::hello());
10      println!("Goodbye in English: {}", farewells::goodbye());
11  }
```

使用 use 也可以将函数引入本地作用域，但是导入函数容易引起命名冲突。在代码少的时候可能不是问题，但随着代码规模增大，特别是导入时还使用了 "*" 通配符（下文会具体介绍），那就很容易发生命名冲突了。比如，在 src/main.rs 文件这样尝试：

```
1   use phrases_lib::chinese::greetings::hello;
2   use phrases_lib::english::greetings::hello;
```

编译代码，将会抛出 "the name `hello` is defined multiple times" 的错误提示。因此，use 的最佳实践是导入模块而不是直接导入函数。

10.2.6　模块的路径

前面已经介绍过，每个 crate 是独立的基本编译单元。src/main.rs 或 src/lib.rs 是 crate 的根模块，每个模块都可以用一个精确的路径来表示，比如 a::b::c。与文件系统类似，模块的路径分为绝对路径和相对路径。为此，Rust 提供了 crate、self 和 super 三个关键字来分别表示绝对路径和相对路径。

❑ crate 关键字表示当前 crate，crate::a::b::c 表示从根模块开始的绝对路径。
❑ self 关键字表示当前模块，self::a 表示当前模块中的子模块 a。self 关键字最常用的场景是 "use a::{self, b};"，表示导入当前模块 a 及其子模块 b。
❑ super 关键字代表当前模块的父模块，super::a 表示当前模块的父模块中的子模块 a。

模块路径中可以使用 "∗" 通配符，它会导入命名空间所有公开的项，"use a::∗;" 表示导入 a 模块中所有使用 pub 标识的模块、函数和类型定义等。虽然这样用起来很方便，但是极易导致命名冲突，因此请慎用 "∗" 通配符。

10.2.7　使用 pub use 重导出

使用 pub use 重导出是指把深层的模块、函数和类型定义导出到上层路径，这在接口设计中会经常用到，可以让外部调用更加方便。

继续优化短语库的代码，修改 src/chinese.rs 文件，代码如下所示。

```
1  mod greetings;
2  mod farewells;
3
4  pub use self::greetings::hello;
5  pub use self::farewells::goodbye;
```

然后，修改 src/main.rs 文件，代码如下所示。

```
1  use phrases_lib::chinese;
2  use phrases_lib::english::{greetings, farewells};
3
4  fn main() {
5      println!("Hello in chinese: {}", chinese::hello());
6      println!("Goodbye in chinese: {}", chinese::goodbye());
7
8      println!("Hello in English: {}", greetings::hello());
9      println!("Goodbye in English: {}", farewells::goodbye());
10  }
```

因为已使用 pub use 分别将 chinese 模块下的子模块 greetings 中的 hello 函数和子模块 farewells 中的 goodbye 函数重导出到 phrases_lib::chinese 路径下，现在就有了 phrases_lib::chinese::hello() 和 phrases_lib::chinese::goodbye() 函数，而它们的代码实际是在 phrases_lib::chinese::greetings::hello() 和 phrases_lib::chinese::farewells::goodbye() 函数中。从这里可以知道，外部接口可以不直接映射到内部代码。

我们从这个例子可能感受不到函数调用带来的便利，但在实际项目开发中，一个库有大量的函数和类型定义，并且处在不同层级的模块中，通过 pub use 统一导出到一个地方，给接口的使用者提供了方便。

10.2.8　加载外部 crate

Rust 支持在当前模块中调用另一个 crate 中的某个模块或函数，但需要进行相关的配置。

在文件夹 phrases 中，使用如下命令创建名为 phrases_use 的二进制 crate。

```
$ cargo new phrases_use
```

此时，文件夹 phrases 的文件系统结构如下：

```
phrases
|- phrases_lib
|    |- Cargo.toml
|    |- src
|        |- main.rs
|        |- lib.rs
|        |- chinese.rs
|        |- chinese
|        |    |- farewells.rs
|        |    |- greetings.rs
|        |- english
|        |    |- mod.rs
|        |    |- farewells.rs
|        |    |- greetings.rs
|- phrases_use
     |- Cargo.toml
     |- src
         |- main.rs
```

phrases_use 用来加载和使用库 phrases_lib。phrases_use/src/main.rs 是当前 crate 的根模块。
修改 phrases_use/Cargo.toml 文件，在 [dependencies] 下添加 phrases_lib 的路径。

```
[dependencies]
phrases_lib = { path = "../phrases_lib" }
```

修改 phrases_use/src/main.rs 文件，代码如下所示。

```
1  use phrases_lib::chinese;
2  use phrases_lib::english::{greetings, farewells};
3
4  fn main() {
5      println!("Hello in chinese: {}", chinese::hello());
6      println!("Goodbye in chinese: {}", chinese::goodbye());
7
8      println!("Hello in English: {}", greetings::hello());
9      println!("Goodbye in English: {}", farewells::goodbye());
10 }
```

编译并运行代码，可以正常执行程序。

```
$ cargo run
    Finished dev [unoptimized + debuginfo] target(s) in 0.00s
        Running `target/debug/phrases_use`
Hello in chinese: 你好!
Goodbye in chinese: 再见。
Hello in English: Hello!
Goodbye in English: Goodbye.
```

10.3   本章小结

Rust 提供了现代化的包管理系统 Cargo。通过它提供的一系列命令，开发者可以很方便地处理从开发到发布的整个流程。

Rust 模块化编程是通过 crate 和模块来组织代码的。一个工程可以包含多个二进制 crate 和一个可选的库 crate。而一个 crate 可以包含任意多个模块。Rust 的模块系统与文件系统有一定的联系，但两者又是解耦的。使用 mod 关键字可以定义模块，而且单个文件本身就是一个默认的模块。

模块以及模块中定义的一切语法元素默认都是私有的，要想在外部使用某个模块或函数，需要使用 pub 关键字来修改其可见性。模块之间的路径分为绝对路径和相对路径，为此 Rust 提供了 crate、self 和 super 三个关键字。crate 表示从根模块开始的绝对路径，self 表示当前模块，super 表示当前模块的父模块。

第 11 章 *Chapter 11*

单 元 测 试

测试是很多初学者不熟悉的主题。初学者并非必须为所有代码都编写测试用例，但是如果参与的是有一定规模且多人协作开发的项目，应该对自己编写的模块或函数进行测试。这样一方面可以确定所做的工作符合要实现的功能要求，另一方面也便于后续对代码进行迭代更新，即使不小心破坏了原来的功能，也可以通过测试快速知道问题的存在并采取措施修复。

本章将学习使用 Rust 内置的单元测试框架进行单元测试，通过常用的断言 assert!、assert_eq!、assert_ne! 来编写测试用例，核实一系列输入是否能得到预期的输出，并学会阅读测试成功和测试失败的报告，从中获取测试结果信息，找出测试失败的原因。同时，掌握使用 cargo test 命令来运行指定的某个或某几个测试，以及设置 ignore 属性来忽略某些测试。

11.1　单元测试框架

Rust 内置了一套单元测试框架。使用这套框架进行单元测试可以显著提升代码的可靠性，消灭低级错误，找出潜在的 bug。

新建一个库 arithmetic，在终端运行以下命令：

```
$ cargo new arithmetic --lib
```

Cargo 会在 src/lib.rs 中自动生成如下代码，这是最基本的单元测试框架。

```
1  #[cfg(test)]
2  mod tests {
3      #[test]
4      fn it_works() {
5          assert_eq!(2 + 2, 4);
6      }
7  }
```

其中，第 1 行代码 #[cfg] 属性用于实现条件编译，如 #[cfg(test)] 表示代码只在 test 启动时才会被编译。执行 cargo test 命令时，被 #[cfg(test)] 标记的代码会编译执行，否则会被忽略。第 3 行代码 #[test] 属性表明 it_works 函数是一个测试函数，由于 tests 模块支持使用非测试函数来协助进行某些操作，因此需要使用 #[test] 属性来标记哪些函数是测试函数。第 5 行代码 assert_eq! 是一种断言，用于比较两个表达式的值是否相等，这里断言 2 加 2 等于 4。

在终端运行 cargo test 命令，可以看到如下测试报告。报告内容分为两部分，前面是执行测试模块中测试用例的结果，从 Doc-tests arithmetic 开头的部分是执行文档中测试用例的结果。第 7 行中 it_works 是测试的函数名称，ok 表示测试的结果。第 9 行是全部测试结果的摘要，passed 表示通过的测试，failed 表示失败的测试，ignored 表示忽略的测试，measured 表示进行的性能测试，filtered out 表示过滤的测试。

```
$ cargo test
    Compiling arithmetic v0.1.0 (/arithmetic)
        Finished test [unoptimized + debuginfo] target(s) in 0.36s
            Running target/debug/deps/arithmetic-68fdd04612b4ccb2

running 1 test
test tests::it_works ... ok

test result: ok. 1 passed; 0 failed; 0 ignored; 0 measured; 0 filtered out

    Doc-tests arithmetic

running 0 tests

test result: ok. 0 passed; 0 failed; 0 ignored; 0 measured; 0 filtered out
```

测试模块一般与被测试的代码放在同一个文件中，这样既直观又容易管理。另外，根据 Rust 的模块可见性规则，测试模块有权访问父模块的私有数据，这样也方便测试。当然，开发者可以自行组织测试代码的结构，比如使用一个独立的文件夹来统一管理所有的测试模块文件。

11.2　编写测试

标准库提供 assert!、assert_eq!、assert_ne! 来编写测试用例，以验证一系列输入在运行之后是否得到预期的输出。同时，它们都支持自定义信息，在测试失败时自定义信息会连同失败信息一起打印出来，这样有助于更好地理解代码出现的问题。

11.2.1　使用 assert!

标准库提供的 assert! 用于测试布尔表达式或返回值为布尔值的函数，检查代码是否以期望的方式运行。如果值为 true，测试通过；如果值为 false，会调用 Panic，导致测试失败。

　　代码清单 11-1 中，第 7 行代码在 tests 模块中引入了 super::*，这是因为 tests 是一个子模块，不能直接访问父模块中的代码。要测试父模块中的函数，需要将父模块引到 tests 模块的作用域中。第 11 行代码 assert! 以函数 is_positive(5) 的执行结果为参数，这个表达式预期会返回 true，最终测试验证通过。

代码清单11-1　assert!的使用

```
1  pub fn is_positive(x:i32) -> bool {
2      x > 0
3  }
4
5  #[cfg(test)]
6  mod tests {
7      use super::*;
8
9      #[test]
10     fn is_positive_test() {
11         assert!(is_positive(5));
12     }
13 }
```

11.2.2　使用 assert_eq! 和 assert_ne!

　　功能测试的一个常用方法是将需要测试的函数的返回值与期望值做比较，检查两者是否相等。标准库提供的 assert_eq! 和 assert_ne! 可以用来比较两个值是否相等。当断言失败时，会打印两个值的具体内容，以便观察测试失败的原因。虽然向 assert! 传递一个使用 "=="运算符的表达式也可以检查两个值是否相等，但 assert! 只会打印它从 "=="表达式中得到的 false 值，而不会打印具体的两个值。assert_eq! 和 assert_ne! 的使用如代码清单 11-2 所示。

代码清单11-2　assert_eq!和assert_ne!的使用

```
1  pub fn add(x: i32, y: i32) -> i32 {
2      x + y + 1
3  }
4
5  pub fn subtract(x: i32, y: i32) -> i32 {
6      x - y
7  }
8
9  #[cfg(test)]
10 mod tests {
11     use super::*;
12
13     #[test]
14     fn add_test() {
15         assert_eq!(add(5, 3), 8);
16     }
```

```
17
18        #[test]
19        fn subtract_test() {
20            assert_ne!(subtract(5, 3), 3);
21        }
22    }
```

在终端运行 cargo test 命令，可以看到如下测试报告。

```
$ cargo test
    Compiling arithmetic v0.1.0 (/arithmetic)
        Finished test [unoptimized + debuginfo] target(s) in 0.36s
            Running target/debug/deps/arithmetic-68fdd04612b4ccb2

running 2 tests
test tests::subtract_test ... ok
test tests::add_test ... FAILED

failures:

---- tests::add_test stdout ----
thread 'tests::add_test' panicked at 'assertion failed: `(left == right)`
  left: `9`,
 right: `8`', src/lib.rs:15:9
note: run with `RUST_BACKTRACE=1` environment variable to display a backtrace

failures:
        tests::add_test

test result: FAILED. 1 passed; 1 failed; 0 ignored; 0 measured; 0 filtered out
```

根据测试报告可知，add_test 函数测试失败，原因是函数 add(5, 3) 的返回值是 9，而期望值是 8，说明 add 函数中有 bug。检查 add 函数的代码发现多加了 1，修正 bug 后再次执行测试即可验证通过。

assert_eq! 和 assert_ne! 在底层分别使用了 “==” 和 “!=” 运算符。当断言失败时，会使用调试格式打印其参数，这意味着被比较的值必须实现 PartialEq trait 和 Debug trait。所有的基本类型和大部分标准库类型都实现了这两个 trait，自定义的结构体和枚举需要实现 PartialEq trait 才能断言它们的值是否相等，实现 Debug trait 才能在断言失败时打印它们的值。不过，这两个 trait 都是派生 trait，通常只需在结构体或枚举上添加 #[derive(PartialEq, Debug)] 注解即可。

11.2.3　自定义失败信息

assert!、assert_eq! 和 assert_ne! 都提供了可选的自定义信息参数，在测试失败时自定义信息会连同失败信息一起打印出来，这样有助于开发者快速理解和分析发生问题的原因。在自定义信息参数中可以传递包含 “{}” 占位符的格式字符串和需要放入占位符的值，如代码清单 11-3 所示。

代码清单11-3 自定义测试失败信息

```
1  pub fn divide(x: i32, y: i32) -> i32 {
2      x / y
3  }
4
5  #[cfg(test)]
6  mod tests {
7      use super::*;
8
9      #[test]
10     fn divide_test() {
11         let result = divide(8, 3);
12         assert_eq!(result, 3, "{}需要四舍五入成整数3", result);
13     }
14 }
```

在终端运行 cargo test 命令，可以看到如下测试报告。测试报告中，自定义信息 "2 需要四舍五入成整数 3" 连同失败信息一起打印出来，有助于开发者快速定位问题。

```
$ cargo test
    Compiling arithmetic v0.1.0 (/arithmetic)
        Finished test [unoptimized + debuginfo] target(s) in 0.36s
            Running target/debug/deps/arithmetic-68fdd04612b4ccb2

running 1 test
test tests::divide_test ... FAILED

failures:

---- tests::divide_test stdout ----
thread 'tests::divide_test' panicked at 'assertion failed: `(left == right)`
  left: `2`,
 right: `3`: 2 需要四舍五入成整数 3', src/lib.rs:12:9
note: run with `RUST_BACKTRACE=1` environment variable to display a backtrace

failures:
        tests::divide_test

test result: FAILED. 0 passed; 1 failed; 0 ignored; 0 measured; 0 filtered out
```

11.3 运行测试

下面来完善库 arithmetic 的代码，实现加减乘除以及判断值是否为正数，并为每个函数编写单元测试代码，如代码清单 11-4 所示。

代码清单11-4 库arithmetic

```
1  pub fn is_positive(x: i32) -> bool {
2      x > 0
3  }
```

```
 4
 5   pub fn add(x: i32, y: i32) -> i32 {
 6       x + y
 7   }
 8
 9   pub fn subtract(x: i32, y: i32) -> i32 {
10       x - y
11   }
12
13   pub fn multiply(x: i32, y: i32) -> i32 {
14       x * y
15   }
16
17   pub fn divide(x: i32, y: i32) -> i32 {
18       x / y
19   }
20
21   #[cfg(test)]
22   mod tests {
23       use super::*;
24
25       #[test]
26       fn is_positive_test() {
27           assert!(is_positive(5));
28       }
29
30       #[test]
31       fn add_test() {
32           assert_eq!(add(5, 3), 8);
33       }
34
35       #[test]
36       fn subtract_test() {
37           assert_ne!(subtract(5, 3), 3);
38       }
39
40       #[test]
41       fn multiply_test() {
42           assert_ne!(multiply(5, 3), 10);
43       }
44
45       #[test]
46       #[ignore]
47       fn divide_test() {
48           let result = divide(8, 3);
49           assert_eq!(result, 3, "{} 需要四舍五入成整数 3", result);
50       }
51   }
```

11.3.1 运行部分测试

有时运行全部的测试会耗费很长的时间，而实际上只需运行其中某个或某几个测试，这可以在 cargo test 命令之后带上参数来实现只运行指定的测试。

1. 运行单个测试

向 cargo test 命令传递一个测试函数名就只会运行这一个测试。在终端运行 cargo test multiply_test 命令，可以看到如下测试报告。

```
$ cargo test multiply_test
    Finished test [unoptimized + debuginfo] target(s) in 0.07s
        Running target/debug/deps/arithmetic-68fdd04612b4ccb2

running 1 test
test tests::multiply_test ... ok

test result: ok. 1 passed; 0 failed; 0 ignored; 0 measured; 4 filtered out
```

根据测试报告可知，只有测试函数 multiply_test 在运行。测试结果的摘要中显示有 4 个测试函数在本次运行中被过滤掉了。需要注意的是，cargo test 不支持传递多个测试函数名，只有紧跟 cargo test 之后的第一个测试函数名会运行。

2. 运行多个测试

通过指定关键字匹配的方式可以同时运行多个测试，即任何测试函数名中包含这个关键字的函数都会运行。在终端运行 cargo test e_test 命令，可以看到如下测试报告。

```
$ cargo test e_test
    Finished test [unoptimized + debuginfo] target(s) in 0.00s
        Running target/debug/deps/arithmetic-68fdd04612b4ccb2

running 2 tests
test tests::divide_test ... ignored
test tests::is_positive_test ... ok

test result: ok. 1 passed; 0 failed; 1 ignored; 0 measured; 3 filtered out
```

根据测试报告可知，所有测试函数名中带有 e_test 的函数都运行了，同时过滤掉了其他测试。另外要说明的是，测试所在的模块名也是测试函数名的一部分，因此可以通过指定模块名来运行某个模块中的所有测试。

11.3.2 忽略某些测试

有时，我们可能希望忽略某些特定的测试。对于要忽略的测试可以在 #[test] 属性的下一行使用 #[ignore] 属性标记，代码如下：

```
1  #[test]
2  #[ignore]
3  fn divide_test() {
4      let result = divide(8, 3);
5      assert_eq!(result, 3, "{} 需要四舍五入成整数 3", result);
6  }
```

运行测试会发现 divide_test 测试函数已被忽略，可以看到如下测试报告。

```
$ cargo test
    Finished test [unoptimized + debuginfo] target(s) in 0.00s
        Running target/debug/deps/arithmetic-68fdd04612b4ccb2

running 5 tests
test tests::divide_test ... ignored
test tests::is_positive_test ... ok
test tests::add_test ... ok
test tests::multiply_test ... ok
test tests::subtract_test ... ok

test result: ok. 4 passed; 0 failed; 1 ignored; 0 measured; 0 filtered out

    Doc-tests arithmetic

running 0 tests

test result: ok. 0 passed; 0 failed; 0 ignored; 0 measured; 0 filtered out
```

当需要运行这些被标记了 ignore 属性的测试函数时，可以执行 cargo test -- --ignored
命令。

11.4　本章小结

本章介绍了使用 Rust 内置的单元测试框架进行单元测试，以提升代码可靠性，找出潜在的 bug。在编写测试函数时，常用的断言有 assert!、assert_eq! 和 assert_ne!。assert! 用于测试布尔表达式或返回值为布尔值的函数，检查代码是否以期望的方式运行。assert_eq! 和 assert_ne! 用来比较需要测试的函数返回值与期望值是否相等。同时，通过参数传递自定义信息，在测试失败时会将失败信息打印出来，有助于开发者更快地找出问题发生的原因。另外，本章还介绍了使用 cargo test 命令来运行指定的某个或某几个测试，以及设置 ignore 属性来忽略某些测试。

Rust 默认的测试框架是一个轻量级框架，在功能上相对于其他语言成熟的测试框架还有一定的差距，这也是目前 Rust 开发社区关心的领域，相信在不久以后会有更多功能更强大的测试框架出现。

编程能力训练篇

祝贺你！你已经掌握了 Rust 编程必备的基础语法知识，即将开始 Rust 的编程能力训练。

本篇包括数据结构实战和算法实战两章，将数据结构和算法的知识体系与 Rust 编程实战相结合。数据结构实战部分将学习数组、栈、队列、哈希表、链表、树等实用的数据结构。算法实战部分将学习递归、分治、回溯、二分查找、深度优先搜索、广度优先搜索、排序、动态规划等常用算法。

对于上述每种数据结构和算法，我们会结合 LeetCode 高频算法面试真题进行全面剖析与 Rust 编程实现。其中，有一部分真题会给出多种解题思路和相应的代码实现，一方面是为了拓展读者的思路，以便更加灵活地运用数据结构和算法；另一方面是为了让读者有更多实践 Rust 语法知识点的机会。此外，还有一部分真题会对代码进行多次迭代，通过优化来提高代码性能。总之，本篇可以让读者了解如何通过数据结构和算法解决实际问题，并通过实战中的基础概念、数据结构、流程控制、要点提示来复习 Rust 中的各知识点。

数据结构实战

本章介绍数组、栈、队列、哈希表、链表、树这 6 个基础且被高频使用的数据结构。关于数据结构的知识点，本章会分为结构定义和结构操作两部分，其中结构定义是介绍定义数据结构的语法和性质，结构操作是介绍数据结构的相关功能，以及在操作过程中需要维护的相关结构的性质。实战部分将精选数据结构相关的 LeetCode 高频面试真题进行练习，以所学即所得的理念将知识运用到 Rust 编程实践中，以便于巩固和加深读者对 Rust 语法知识点的掌握。

12.1 数组

数组是一种线性表数据结构，用连续的内存空间来存储具有相同类型的数据，如图 12-1 所示。特别注意，定义中连续的内存空间和相同类型的数据这两个限制，使得数组有了随机访问这一特性，但同时也让数组的很多操作变得非常低效，比如想在数组中插入或删除一个数据，为了保证连续性，就需要做大量的数据搬移工作。

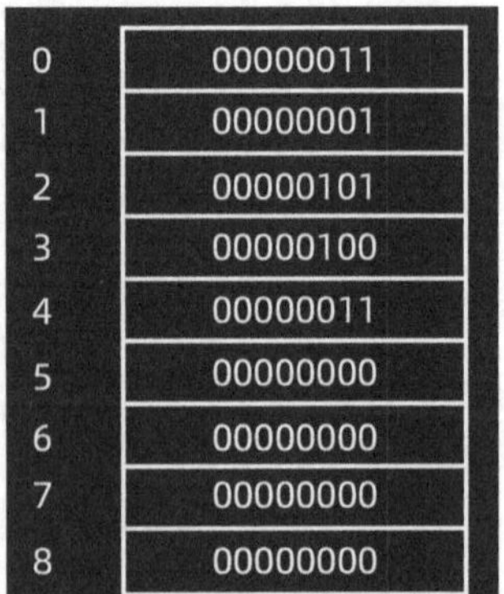

数组支持以索引访问元素以及数据的插入和删除操作。先来看以索引访问元素的操作，系统会给每个内存单元分配一个地址，再通过地址来访问内存中的数据。当需要随机访问数组中的某个元素时，会通过如下寻址公式计算出元素存储的内存地址，由此实现对该元素的访问。

```
a[i]_address = base_address + i * data_type_size
```

其中，data_type_size 表示数组中每个元素的大小，比如数组中存储的是整型元素，那么 data_type_size 就是 4 字节。

图 12-1　数组结构定义

再来看插入操作。数组为了保持内存数据的连续性,在插入一个数据时,需要进行大量的元素搬移操作。假设数组的长度为 n,需要将一个数据插入数组中的第 k 个位置。为了把第 k 个位置让给新数据,需要将第 $k\sim n$ 这部分的元素按顺序往后移动一个位置。数组中插入数据的过程如图 12-2～图 12-4 所示。

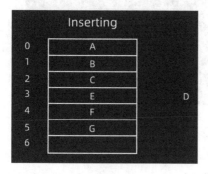

图 12-2　数组插入操作 -1

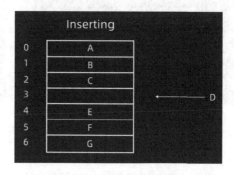

图 12-3　数组插入操作 -2

如果数组中的元素是有序的,那么在某个位置插入一个新数据,就必须按照上面的方法搬移元素。但是,如果数组中的元素并非有序,只是作为一个存储数据的集合,那么可以利用一个处理技巧来避免大规模地搬移操作。比如要将数据插入第 k 个位置,可以将第 k 位的元素搬移到数组的最后,把新数据直接放入第 k 个位置。

最后来看删除操作。如果要删除第 k 个位置的元素,为了保持内存的连续性,需要进行搬移操作。不然,数组中间就会出现空洞,内存就不连续了。数组中删除元素的过程如图 12-5～图 12-7 所示。

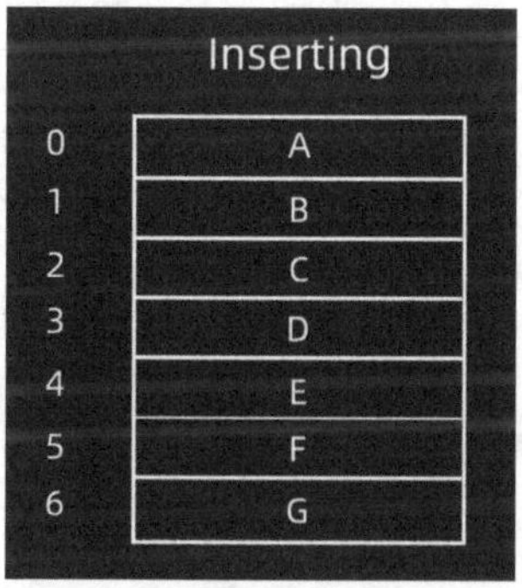

图 12-4　数组插入操作 -3

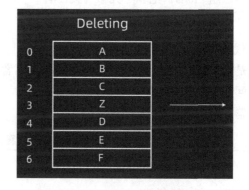

图 12-5　数组删除操作 -1

12.1.1　移动零

1. 题目描述

给定一个数组 nums,编写一个函数将所有 0 移动到数组的末尾,同时保持非零元素的相对顺序。

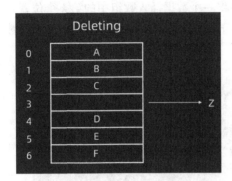

图 12-6　数组删除操作 -2

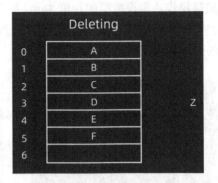

图 12-7　数组删除操作 -3

（1）说明

1）必须在原数组上操作，不能复制额外的数组。

2）尽量减少操作次数。

（2）示例

输入：[0, 1, 0, 3, 12]

输出：[1, 3, 12, 0, 0]

（3）链接

https://leetcode-cn.com/problems/move-zeroes

2. 解题思路

遍历数组 nums，把非零元素（假设有 i 个）按顺序存入数组第 $0 \sim i-1$ 位置，再把数组的第 $i \sim n-1$ 位置全部设为 0。

3. 代码实现

这是第一次进行真正的 Rust 编程实战，笔者将再现整个代码的实现过程，把编程中所遇到的问题以及如何解决问题的过程展现出来。很多初学者第一次写出的 Rust 代码可能如代码清单 12-1 所示。

代码清单12-1　移动零错误版

```
1   struct Solution;
2
3   impl Solution {
4       pub fn move_zeroes(nums: Vec<i32>) {
5           let i = 0;
6           let j = 0;
7           while j < nums.len() {
8               if nums[j] != 0 {
9                   nums[i] = nums[j];
10                  i += 1;
```

```
11                    }
12                    j += 1;
13                }
14
15            let k = i;
16            while k < nums.len() {
17                nums[k] = 0;
18                k += 1;
19            }
20        }
21    }
22    ʹ
23    fn main() {
24        let vec: Vec<i32> = vec![0, 1, 0, 3, 12];
25        Solution::move_zeroes(vec);
26        println!("{:?}", vec);
27    }
```

编译代码，会得到如下错误提示。

```
error[E0596]: cannot borrow `nums` as mutable, as it is not declared as mutable
 --> src/main.rs:9:17
  |
4 |     pub fn move_zeroes(nums: Vec<i32>) {
  |                        ---- help: consider changing this to be mutable: `mut nums`
...
9 |                 nums[i] = nums[j];
  |                 ^^^^ cannot borrow as mutable

error[E0384]: cannot assign twice to immutable variable `i`
  --> src/main.rs:10:17
   |
5  |         let i = 0;
   |             -
   |             |
   |             first assignment to `i`
   |             help: make this binding mutable: `mut i`
...
10 |             i += 1;
   |             ^^^^^^ cannot assign twice to immutable variable

error[E0384]: cannot assign twice to immutable variable `j`
  --> src/main.rs:12:13
   |
6  |         let j = 0;
   |             -
   |             |
   |             first assignment to `j`
   |             help: make this binding mutable: `mut j`
...
12 |             j += 1;
   |             ^^^^^^ cannot assign twice to immutable variable
```

```
error[E0596]: cannot borrow `nums` as mutable, as it is not declared as mutable
  --> src/main.rs:17:13
   |
4  |     pub fn move_zeroes(nums: Vec<i32>) {
   |                        ---- help: consider changing this to be mutable: `mut nums`
...
17 |             nums[k] = 0;
   |             ^^^^ cannot borrow as mutable

error[E0384]: cannot assign twice to immutable variable `k`
  --> src/main.rs:18:13
   |
15 |         let k = i;
   |             -
   |             |
   |             first assignment to `k`
   |             help: make this binding mutable: `mut k`
...
18 |         k += 1;
   |         ^^^^^^ cannot assign twice to immutable variable

error[E0382]: borrow of moved value: `vec`
  --> src/main.rs:26:22
   |
24 |     let vec: Vec<i32> = vec![0, 1, 0, 3, 12];
   |         --- move occurs because `vec` has type `std::vec::Vec<i32>`, which does not
   |             implement the `Copy` trait
25 |     Solution::move_zeroes(vec);
   |                           --- value moved here
26 |     println!("{:?}", vec);
   |                      ^^^ value borrowed here after move

error: aborting due to 6 previous errors
```

上述代码编译时报了 6 个错误。仔细查看编译器给出的错误信息，会发现主要的错误是变量没有可变声明却对变量进行二次赋值，以及与所有权相关的问题。

根据错误信息，分别对错误的代码做以下修改：

1）错误 1 如下：

```
error[E0384]: cannot assign twice to immutable variable `i`
  --> src/main.rs:10:17
   |
5  |         let i = 0;
   |             -
   |             |
   |             first assignment to `i`
   |             help: make this binding mutable: `mut i`
...
10 |             i += 1;
   |             ^^^^^^ cannot assign twice to immutable variable
```

变量 i 在第 5 行代码中被声明为不可变变量，但在第 10 行代码对其值进行了修改，因此应该在第 5 行代码将变量 i 的声明修改为 "let mut i = 0;"。

2）错误 2 如下：

```
error[E0384]: cannot assign twice to immutable variable `j`
  --> src/main.rs:12:13
   |
6  |        let j = 0;
   |            -
   |            |
   |            first assignment to `j`
   |            help: make this binding mutable: `mut j`
...
12 |        j += 1;
   |        ^^^^^^ cannot assign twice to immutable variable
```

同理错误 1，在第 6 行代码将变量 j 的声明修改为 "let mut j = 0;"。

3）错误 3 如下：

```
error[E0384]: cannot assign twice to immutable variable `k`
  --> src/main.rs:18:13
   |
15 |        let k = i;
   |            -
   |            |
   |            first assignment to `k`
   |            help: make this binding mutable: `mut k`
...
18 |        k += 1;
   |        ^^^^^^ cannot assign twice to immutable variable
```

同理错误 1，在第 15 行代码将变量 k 的声明修改为 "let mut k = i;"。

4）错误 4 如下：

```
error[E0596]: cannot borrow `nums` as mutable, as it is not declared as mutable
 --> src/main.rs:9:17
   |
4  |    pub fn move_zeroes(nums: Vec<i32>) {
   |                       ---- help: consider changing this to be mutable: `mut nums`
...
9  |            nums[i] = nums[j];
   |            ^^^^ cannot borrow as mutable
```

第 4 行代码中 move_zeroes 函数的参数 nums 被定义为 Vec<i32> 类型的不可变变量，但在第 9 行代码对其元素进行了修改，因此应该在第 4 行代码将函数定义修改为 "pub fn move_zeroes(mut nums: Vec<i32>)"。同时，move_zeroes 函数的实参也应该是可变变量，在第 24 行代码将变量 vec 的声明修改为 "let mut vec: Vec<i32> = vec![0, 1, 0, 3, 12];"。

5）错误 5 如下：

```
error[E0596]: cannot borrow `nums` as mutable, as it is not declared as mutable
  --> src/main.rs:17:13
```

```
 4 |      pub fn move_zeroes(nums: Vec<i32>) {
   |                             ---- help: consider changing this to be mutable: `mut nums`
...
17 |             nums[k] = 0;
   |             ^^^^ cannot borrow as mutable
```

同理错误 4，因错误已做处理，此处不需要再做修改。

6）错误 6 如下：

```
error[E0382]: borrow of moved value: `vec`
  --> src/main.rs:26:22
   |
24 |     let vec: Vec<i32> = vec![0, 1, 0, 3, 12];
   |         --- move occurs because `vec` has type `std::vec::Vec<i32>`, which
   |                     does not implement the `Copy` trait
25 |     Solution::move_zeroes(vec);
   |                           --- value moved here
26 |     println!("{:?}", vec);
   |                      ^^^ value borrowed here after move
```

在 6.2.2 节中介绍过，向函数传递值时，像 Vec 类型的变量值的所有权将会移动。在调用 move_zeroes 函数后如果再次使用变量 vec，编译器就会报 "borrow of moved value" 的错误提示。因此，应该在第 4 行代码中将 move_zeroes 函数的参数 nums 的类型修改为可变引用 &mut，函数的定义修改为 "pub fn move_zeroes(nums: &mut Vec<i32>)"，并将第 25 行代码中向 move_zeroes 函数传递的参数相应调整为可变引用 &mut vec。

经过上述修改，最终代码如代码清单 12-2 所示。

代码清单12-2　移动零修正版

```
 1  struct Solution;
 2
 3  impl Solution {
 4      pub fn move_zeroes(nums: &mut Vec<i32>) {
 5          let mut i = 0;
 6          let mut j = 0;
 7          while j < nums.len() {
 8              if nums[j] != 0 {
 9                  nums[i] = nums[j];
10                  i += 1;
11              }
12              j += 1;
13          }
14
15          let mut k = i;
16          while k < nums.len() {
17              nums[k] = 0;
18              k += 1;
19          }
20      }
21  }
```

```
22
23  fn main() {
24      let mut vec: Vec<i32> = vec![0, 1, 0, 3, 12];
25      Solution::move_zeroes(&mut vec);
26      println!("{:?}", vec);
27  }
```

再次优化代码，使用 for 循环代替 while 循环，将变量 j 和 k 的声明以及自增放在 for 循环的表达式中，如代码清单 12-3 所示。第 1 行代码声明了单元结构体 Solution。其目的是方便代码直接移植到 LeetCode 平台上执行，实际开发中并非必须采用这种方式。第 6 行代码使用 for 循环遍历数组，并通过 len 方法获取数组长度。第 10 行代码中"i += 1;"等同于"i = i+1;"。第 22 代码使用 vec! 宏创建一个包含初始值 0、1、0、3、12 的动态数组。

代码清单12-3　移动零优化版

```
1   struct Solution;
2
3   impl Solution {
4       pub fn move_zeroes(nums: &mut Vec<i32>) {
5           let mut i = 0;
6           for j in 0..nums.len() {
7               // 将非零元素按顺序存入数组的0至i-1位置
8               if nums[j] != 0 {
9                   nums[i] = nums[j];
10                  i += 1;
11              }
12          }
13
14          // 把剩余部分全部设置为0
15          for k in i..nums.len() {
16              nums[k] = 0;
17          }
18      }
19  }
20
21  fn main() {
22      let mut vec: Vec<i32> = vec![0, 1, 0, 3, 12];
23      Solution::move_zeroes(&mut vec);
24      println!("{:?}", vec);
25  }
```

4. 实战要点

（1）基础概念

1）可变变量声明

2）带有可变引用参数的函数定义与调用

3）动态数组创建、更新和访问

（2）数据结构

Vec<i32>

（3）流程控制

1）if 条件判断

2）while 循环

3）for 循环

（4）要点提示

1）使用 mut 声明可变变量。

2）定义带有 &mut 变量参数的函数。

3）调用带有 &mut 变量参数的函数。

4）使用 vec! 宏创建有初始值的动态数组。

5）使用索引访问和更新动态数组。

12.1.2 加一

1. 题目描述

给定一个由整数组成的非空数组所表示的非负整数，在该数的基础上加一。最高位数字存放在数组的首位，数组中每个元素只存储单个数字。

（1）说明

假设除了整数 0 之外，这个整数不会以零开头。

（2）示例

输入：[1,2,3]

输出：[1,2,4]

输入：[9,9,9]

输出：[1,0,0,0]

（3）链接

https://leetcode-cn.com/problems/plus-one

2. 解题思路

反向遍历数组 digits，依次取元素加一，可能出现以下 3 种情况。

1）末位数字非 9：末位加一，前面所有数字保持不变。

2）末位数字是 9，但非全部数字都是 9：末位加一后，到位置 i 进位停止，digits[i] 加一，digits[i+1] 到 digits[digits.len()-1] 全部置为 0。

3）全部数字都是 9：新建一个数组 nums，长度为 digits.len()+1，除 nums[0] 为 1 外，其余元素皆为 0。

3. 代码实现

代码清单 12-4 中，第 2 行代码 plus_one 函数的参数是 Vec<i32> 类型的可变变量，返回值是 Vec<i32> 类型。第 4～19 行代码使用 loop 循环处理上述第一种和第二种情况。第 22～23 行代码处理上述第三种情况，其中第 22 行代码使用 vec! 宏创建一个长度为 digits. len()+1、初始值全部是 0 的动态数组。

代码清单12-4　加一

```
1    impl Solution {
2        pub fn plus_one(mut digits: Vec<i32>) -> Vec<i32> {
3            let mut i = digits.len() - 1;
4            loop {
5                // 数字非9，直接加一返回
6                if digits[i] < 9 {
7                    digits[i] += 1;
8                    return digits;
9                }
10
11               // 数字是9，将其置为0
12               digits[i] = 0;
13               if i > 0 {
14                   i -= 1;
15               } else if i == 0 {
16                   // 全部数字是9，跳出循环
17                   break;
18               }
19           }
20
21           // 重置数组，数组长度因进位而加一，除第一个元素为1外，其余元素皆为0
22           digits = vec![0; digits.len() + 1];
23           digits[0] = 1;
24           return digits;
25       }
26   }
```

4. 实战要点

（1）基础概念

1）可变变量声明

2）带有可变变量参数的函数定义

3）动态数组创建、更新和访问

（2）数据结构

Vec<i32>

（3）流程控制

1）if-else if 条件判断

2）loop 循环

（4）要点提示

1）使用 mut 声明可变变量。

2）定义带有 mut 变量参数的函数。

3）使用 vec! 宏创建有初始值的动态数组。

4）使用索引访问和更新动态数组。

12.1.3 删除排序数组中的重复项

1. 题目描述

给定一个排序数组，需要在原地删除重复出现的元素，使得每个元素只出现一次，返回移除后数组的新长度。

（1）说明

1）不要使用额外的数组空间，必须在原数组修改完成。

2）不需要考虑数组中超出新长度后面的元素。

（2）示例

给定数组 nums = [1, 1, 2]，函数应返回新的长度 2，并且原数组 nums 的前两个元素被修改为 1、2。

给定 nums = [0, 0, 1, 1, 1, 2, 2, 3, 3, 4]，函数应返回新的长度 5，并且原数组 nums 的前五个元素被修改为 0、1、2、3、4。

（3）链接

https://leetcode-cn.com/problems/remove-duplicates-from-sorted-array

2. 解题思路

排序后的数组 nums，放置两个指针 i 和 j，其中 i 是慢指针，j 是快指针。遍历数组，做以下判断。

1）当 nums[i] = nums[j] 时，递增 j 以跳过重复项。

2）当 nums[i] != nums[j] 时，把 nums[j] 的值复制到 nums[i+1]，再递增 i。

重复上述过程，直到 j 到达数组的末尾为止。

考虑一种特殊的场景，数组 nums 中没有重复的元素。按照上面的方法，每次比较 nums[i] 都不等于 nums[j]，则将 j 指向的元素原地复制一遍，这个操作其实是不必要的，因此应该添加一个判断——当重复元素的个数大于 1 时才进行复制。

3. 代码实现

代码清单 12-5 中，第 2 行代码 remove_duplicates 函数的参数是 Vec<i32> 类型的可变引用，返回值是 i32 类型。第 18 行代码中"i+1"是 usize 类型，而返回值要求是 i32 类型，因此使用 as 关键字进行类型转换，这里"(i+1) as i32"等同于"return (i+1) as i32;"。

代码清单12-5　删除排序数组中的重复项

```
1  impl Solution {
2      pub fn remove_duplicates(nums: &mut Vec<i32>) -> i32 {
```

```
3              if nums.len() == 0 {
4                  return 0;
5              }
6
7              let mut i = 0;
8              for j in 1..nums.len() {
9                  // 判断是否为重复元素，如果是则跳过重复项并递增j，否则复制元素并递增i
10                 if nums[i] != nums[j] {
11                     if j - i > 1 {
12                         nums[i + 1] = nums[j];
13                     }
14                     i += 1;
15                 }
16             }
17
18             (i + 1) as i32
19         }
20     }
```

4. 实战要点

（1）基础概念

1）可变变量声明

2）带有可变引用参数的函数定义

3）动态数组创建、更新和访问

4）类型转换

（2）数据结构

Vec<i32>

（3）流程控制

1）if 条件判断

2）for 循环

（4）要点提示

1）使用 mut 声明可变变量。

2）定义带有 &mut 变量参数的函数。

3）使用索引访问和更新动态数组。

4）使用 as 进行类型转换。

12.2　栈与队列

栈是一种操作受限的线性表数据结构，所有操作都在栈顶完成，即只能向栈顶压入数据，也只能从栈顶弹出数据。栈的入栈和出栈操作如图 12-8 所示。使用数组实现的栈叫作顺序栈，使用链表实现的栈叫作链式栈。若某个数据集合要求只能在一端插入和删除数据，并且满足后进先出、先进后出的特性，则首选栈数据结构。

栈的主要应用场景是在解决某个问题时，只关心最近一次的操作，并且在操作完成之后需要向前查找到更前一次的操作。

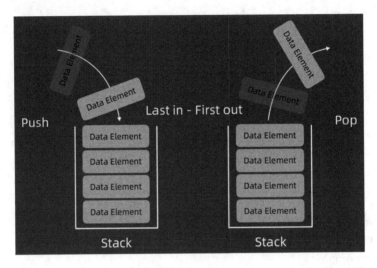

图 12-8　栈结构与操作

队列也是一种操作受限的线性表数据结构，只允许在队列尾部压入数据，在队列头部弹出数据。队列的入队和出队操作如图 12-9 所示。使用数组实现的队列叫作顺序队列，使用链表实现的队列叫作链式队列。若某个数据集合要求只能在一端插入数据，而在另一端删除数据，并且满足先进先出、后进后出的特性，则首选队列数据结构。

队列的主要应用场景是需要按照一定的顺序来处理数据，并且数据的数量在不断变化。

图 12-9　队列结构与操作

有一种特殊的队列叫双端队列。与队列最大的不同在于，它允许在队列的头尾两端都能进行数据的插入和删除操作，如图 12-10 所示。双端队列的主要应用场景是实现一个长度动态变化的窗口或者连续区间。

12.2.1　最小栈

1. 题目描述

设计一个支持 push、pop、top 操作，并且能在常数时间内检索到最小元素的栈。

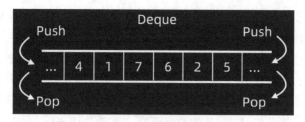

图 12-10　双端队列结构与操作

（1）说明

1）push：将数据压入栈中。

2）pop：删除栈顶元素。

3）top：获取栈顶元素。

4）getMin：检索栈中的最小元素。

（2）示例

```
1  MinStack minStack = new MinStack();
2  minStack.push(-2);
3  minStack.push(0);
4  minStack.push(-3);
5  minStack.getMin();  // 返回 -3
6  minStack.pop();
7  minStack.top();     // 返回 0
8  minStack.getMin();  // 返回 -2
```

（3）链接

https://leetcode-cn.com/problems/min-stack

2. 解题思路

（1）算法原理

使用两个栈，一个数据栈 stack 用于存放正常入栈和出栈的数据，另一个辅助栈 min_stack 用于存取 stack 中的最小值。min_stack 等价于遍历 stack 中所有元素，把升序的数据全都删除掉，留下一个从栈底到栈顶降序的栈。

（2）算法流程

❑ push 方法：判断 push 的数据是否小于等于 min_stack 栈顶元素值（即最小值），如果是则让 min_stack 也同步 push 该元素，即更新最小值。

❑ pop 方法：判断 pop 的数据是否等于 min_stack 栈顶元素值（即最小值），如果是则让 min_stack 也同步 pop 栈顶元素，以保证 min_stack 栈顶元素始终是 stack 中的最小值。

❑ get_min 方法：返回 min_stack 栈顶元素值。

3. 代码实现

代码清单 12-6 中，第 1~4 行代码定义了结构体 MinStack，其中字段 stack 和 min_

stack 都是 Vec<i32> 类型。第 6～35 行代码定义了 MinStack 的方法和关联函数，其中 new 函数是关联函数，用于创建一个 MinStack 的实例。push 方法用于将新数据压入栈 stack 中，如果栈 min_stack 为空或者新数据小于等于栈 min_stack 的栈顶元素值，则将新数据同时压入栈 min_stack 中。pop 方法用于删除栈 stack 的栈顶元素，如果该元素的值等于栈 min_stack 的栈顶元素值，同步删除栈 min_stack 的栈顶元素。top 方法用于获取栈 stack 的栈顶元素。get_min 方法用于获取栈 stack 的最小元素，也就是栈 min_stack 的栈顶元素。

代码清单12-6　最小栈

```
1   struct MinStack {
2       stack: Vec<i32>,
3       min_stack: Vec<i32>,
4   }
5
6   impl MinStack {
7       fn new() -> Self {
8           MinStack {
9               stack: Vec::new(),
10              min_stack: Vec::new(),
11          }
12      }
13
14      fn push(&mut self, x: i32) {
15          self.stack.push(x);
16          if self.min_stack.is_empty() || x <= *self.min_stack.last().unwrap() {
17              self.min_stack.push(x);
18          }
19      }
20
21      fn pop(&mut self) {
22          if self.stack.is_empty() { return; }
23          if self.stack.pop().unwrap() == *self.min_stack.last().unwrap() {
24              self.min_stack.pop();
25          }
26      }
27
28      fn top(&self) -> i32 {
29          return *self.stack.last().unwrap();
30      }
31
32      fn get_min(&self) -> i32 {
33          return *self.min_stack.last().unwrap();
34      }
35  }
```

4. 实战要点

（1）基础概念

1）可变变量声明

2）动态数组创建、更新和访问

3）结构体定义

4）结构体方法定义

5）结构体关联函数定义

6）Option 类型使用

7）解引用操作符

（2）数据结构

Vec<i32>

（3）流程控制

if 条件判断

（4）要点提示

1）使用 mut 声明可变变量。

2）使用动态数组的 new、push、pop、last、is_empty 方法。

3）使用 struct 定义结构体。

4）定义带有 &self 参数的结构体方法。

5）定义带有 &mut self 参数的结构体方法。

6）使用 Option 的 unwrap 方法取出 Some 中包含的值。

7）使用 "*" 操作符进行解引用操作。

12.2.2　有效的括号

1. 题目描述

给定一个只包括 "（"")""｛""｝""［""]" 的字符串，判断字符串是否有效。有效的
字符串应该满足左括号必须用相同类型的右括号闭合，且左括号必须以正确的顺序闭合。

（1）说明

空字符串可被认为是有效字符串。

（2）示例

输入："()[]{}"

输出：true

输入："{[]}"

输出：true

输入："([)]"

输出：false

（3）链接

https://leetcode-cn.com/problems/valid-parentheses

2. 解题思路

(1) 算法原理

栈后进先出的特点恰好与本题括号排序的要求一致，即遇到左括号就入栈，遇到匹配的右括号就将栈顶的左括号出栈，以此类推，直到最后栈为空就得到有效字符串。

(2) 算法流程

1）将给定的字符串转换成字符数组。如果字符数组长度为 0，返回 true。

2）遍历字符数组，做以下判断。

❑ 如果是左括号，入栈。这里有一个编程技巧，为方便后续左右括号的匹配，可将左括号对应的右括号入栈。

❑ 如果是右括号，判断当前栈是否已为空，若为空说明已无元素可与该右括号匹配，返回 false。否则，取出栈顶元素看与该右括号是否相同，不同则返回 false。

3. 代码实现

代码清单 12-7 中，第 3 行代码 chars 方法返回按字符迭代的迭代器，再通过 collect 方法将迭代器中的元素（字符）收集到动态数组中。第 10~21 行代码使用 for 循环遍历字符数组，如果字符是左小括号，将右小括号入栈。如果字符是左中括号，将右中括号入栈。如果字符是左大括号，将右大括号入栈。如果字符是右括号（包括右小括号、右中括号、右大括号），判断当前栈是否已为空，若为空说明已无元素可与该右括号匹配，那就是无效字符串。否则，取出栈顶元素看与该右括号是否相同，不同也说明是无效字符串。

代码清单12-7 有效的括号

```
1   impl Solution {
2       pub fn is_valid(s: String) -> bool {
3           let chars: Vec<char> = s.chars().collect();
4           // 判断是否为空字符串，空字符串视为有效字符串
5           if chars.len() == 0 {
6               return true;
7           }
8
9           let mut stack: Vec<char> = Vec::new();
10          for i in 0..chars.len() {
11              if chars[i] == '(' {          // 如果是左小括号，将右小括号入栈
12                  stack.push(')');
13              } else if chars[i] == '[' { // 如果是左中括号，将右中括号入栈
14                  stack.push(']');
15              } else if chars[i] == '{' { // 如果是左大括号，将右大括号入栈
16                  stack.push('}');
17              } else if stack.is_empty() || chars[i] != stack.pop().unwrap() {
18                  // 栈为空或与栈顶元素不相同为无效字符串
19                  return false;
20              }
21          }
22
23          // 匹配结束，栈为空代表是有效字符串，否则是无效字符串
```

```
24          return stack.is_empty();
25      }
26  }
```

4. 实战要点

（1）基础概念

1）字符串按字符访问

2）迭代器消费器 collect

3）动态数组创建、更新和访问

4）Option 类型使用

（2）数据结构

Vec<char>

（3）流程控制

1）if 条件判断

2）if-else 条件判断

3）for 循环

（4）要点提示

1）使用 String 类型的 chars 方法返回按字符迭代的迭代器。

2）使用消费器 collect 将迭代器转换成指定的容器类型。

3）使用动态数组的 new、push、pop、len、is_empty 方法。

4）使用索引访问和更新动态数组。

5）使用 Option 的 unwrap 方法取出 Some 中包含的值。

12.2.3　滑动窗口最大值

1. 题目描述

给定一个数组 nums，有一个大小为 k 的滑动窗口从数组的最左侧移动到数组的最右侧。在滑动过程中，只能看到在滑动窗口内的 k 个数字，滑动窗口每次只向右移动一位，要求返回滑动窗口中的最大值。

（1）说明

假设 k 总是有效的，在输入数组不为空的情况下，$1 \leqslant k \leqslant$ 输入数组的大小。

（2）示例

输入：nums = [1, 3, -1, -3, 5, 3, 6, 7]，k = 3

输出：[3, 3, 5, 5, 6, 7]

解释：

滑动窗口的位置　　　　　　最大值

---------------　　　-----

```
[1  3  -1] -3  5  3  6  7        3
1 [3  -1  -3] 5  3  6  7         3
1  3 [-1  -3  5] 3  6  7         5
1  3  -1 [-3  5  3] 6  7         5
1  3  -1  -3 [5  3  6] 7         6
1  3  -1  -3  5 [3  6  7]        7
```

（3）链接

https://leetcode-cn.com/problems/sliding-window-maximum

2. 解题思路

（1）算法原理

使用双端队列实现一个单调递减队列，元素从队尾压入，从队尾或者队首弹出，直接取队首元素即可得到最大值。

（2）算法流程

1）给定的数组 nums 为空或者 k 为 1，直接返回数组 nums。

2）处理前 k 个元素，初始化单调递减队列。

3）遍历数组，区间 [k, nums.len())，在每一步执行 3 个操作。

❏ 清理队列，弹出所有小于当前值的元素（它们不可能是最大值），维持队列的单调递减。

❏ 将当前元素从队尾压入队列。

❏ 将最大值加入输出数组。

4）单调递减队列的处理函数如下。

❏ push 函数：当队尾元素小于当前值，弹出队尾元素，重复此步骤，直到队尾元素大于当前值或队列为空，再将当前值从队尾压入。

❏ pop 函数：当队首元素等于传入元素，弹出队首元素。

❏ max 函数：返回队列中的最大值，即队首元素。

3. 代码实现

代码清单 12-8 中，使用 VecDeque 前必须显式导入 std::collections::VecDeque。第 32 行代码声明的 push 函数带有可变引用参数，因此在第 14 行代码调用 push 函数时传入可变变量的引用。第 47 行代码声明的 max 函数带有引用参数，因此在第 21 行代码调用 max 函数时传入变量的引用。

代码清单12-8　滑动窗口最大值

```
1  use std::collections::VecDeque;
2
3  impl Solution {
4      pub fn max_sliding_window(nums: Vec<i32>, k: i32) -> Vec<i32> {
```

```
 5              // 数组为空或者k为1，直接返回nums
 6              if nums.len() == 0 || k == 1 {
 7                  return nums;
 8              }
 9
10              let mut res: Vec<i32> = Vec::new();
11              let mut deque: VecDeque<i32> = VecDeque::new();
12              for i in 0..nums.len() {
13                  // 弹出队列中所有小于当前值的元素，再将当前值从队尾压入
14                  push(&mut deque, nums[i]);
15
16                  if (i as i32) > k - 1 {
17                      // 弹出队首元素，让滑动窗口内保持k个数字
18                      pop(&mut deque, nums[i - k as usize]);
19
20                      // 将最大值加入输出数组
21                      res.push(max(&deque));
22                  } else if (i as i32) == k - 1 {
23                      // 将前k个元素的最大值加入输出数组
24                      res.push(max(&deque));
25                  }
26              }
27
28              return res;
29          }
30  }
31
32  fn push(deque: &mut VecDeque<i32>, n: i32) {
33      // 当队列不为空且队尾元素小于当前值时，弹出队尾元素
34      while !deque.is_empty() && *deque.back().unwrap() < n {
35          deque.pop_back();
36      }
37      deque.push_back(n);
38  }
39
40  fn pop(deque: &mut VecDeque<i32>, n: i32) {
41      // 当队列不为空且队首元素等于传入元素，弹出队首元素
42      if !deque.is_empty() && *deque.front().unwrap() == n {
43          deque.pop_front();
44      }
45  }
46
47  fn max(deque: &VecDeque<i32>) -> i32 {
48      // 返回队列中的最大值，即队首元素
49      return *deque.front().unwrap();
50  }
```

4. 实战要点

（1）基础概念

1）可变变量声明

2）引用操作符

3）带有可变引用参数的函数定义与调用

4）动态数组创建、更新和访问

5）VecDeque 创建、更新和访问

6）类型转换

7）Option 类型使用

8）解引用操作符

（2）数据结构

1）Vec<i32>

2）VecDeque<i32>

（3）流程控制

1）if 条件判断

2）if-else 条件判断

3）while 循环

4）for 循环

（4）要点提示

1）使用 mut 声明可变变量。

2）使用 & 操作符借用变量的值。

3）定义和调用带有 &mut 变量参数的函数。

4）使用动态数组的 new、push、len 方法。

5）使用 VecDeque 的 new、push_back、pop_front、pop_back、front、back、is_empty 方法。

6）使用 as 进行类型转换。

7）使用 Option 的 unwrap 方法取出 Some 中包含的值。

8）使用 "*" 操作符进行解引用操作。

12.3 哈希表

哈希表（或散列表）是根据键直接进行访问的数据结构。通过把键映射到数组中的某个位置来访问数据，这样可以加快查找的速度。我们将键转化为数组索引的映射函数叫作哈希函数（或散列函数），将哈希函数计算得到的值叫作哈希值（或散列值）。

哈希表由数组演化而来。它借助哈希函数对数组结构进行了扩展，利用的是数组支持按照索引随机访问元素的特性。哈希函数可定义成 hash(key)，key 是键。hash(key) 的值是经过哈希函数计算得到的哈希值。也就是说，通过 hash(key) 把键映射到数组中某个位置，哈希值即数组的索引。如图 12-11 所示，key 是字符串 lies，要存储的值是 20。hash(key) 是把字符串中每个字符的十进制 ASCII 码相加后对 10 进行取模运算，最终得到的哈希值是 9，那么就把 20 存储在数组中索引为 9 的位置上。

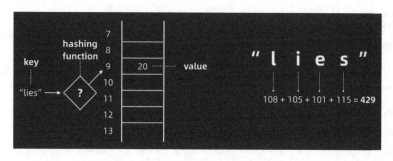

图 12-11　哈希表结构与操作

哈希函数在哈希表中起着非常关键的作用。当哈希表中要插入数据时，通过哈希函数把键转化为数组索引，再将数据存储在数组中对应的位置。当要查找或者删除一个元素时，可以使用同样的哈希函数将键转化为数组索引，从对应的索引位置获取或者删除元素。但是，在实际项目中，几乎不可能找到不同的 key 都对应着不同的哈希值的哈希函数。另外，数组的存储空间有限也会加大哈希碰撞的概率。即便业界著名的 MD5、SHA、CRC 等哈希算法，也无法完全避免这种哈希碰撞。

那么，如何解决这个问题？链表法是一种常用的解决哈希碰撞的方法。哈希表的每个槽位（Slot）会对应一个链表，所有哈希值相同的元素都放到相同槽位对应的链表中。如图 12-12 所示，John Smith 与 Sandra Dee 经过哈希函数计算后的哈希值都是 152，发生了哈希碰撞，就需要将它们放到 152 槽位对应的链表中。

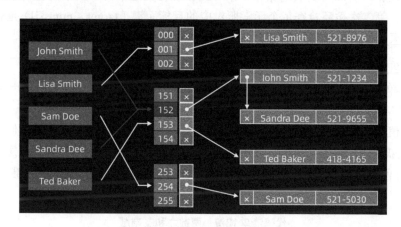

图 12-12　链表法解决哈希碰撞

当哈希表中要插入数据时，只需要通过哈希函数计算出哈希槽位，将其插入到对应链表中即可。当要查找或者删除一个元素时，同样通过哈希函数计算出对应的哈希槽位，再遍历链表查找或者删除元素即可。

12.3.1 两数之和

1. 题目描述

给定一个整数数组 nums 和一个目标值 target，请在该数组中找出和为目标值的两个整数，并返回它们的数组索引。

（1）说明

假设每种输入只对应一个答案，不能重复利用这个数组中相同的元素。

（2）示例

给定 nums = [2, 7, 11, 15]，target = 9

nums[0] + nums[1] = 2 + 7 = 9，所以返回 [0, 1]

（3）链接

https://leetcode-cn.com/problems/two-sum

2. 解题思路

（1）算法原理

使用哈希表让数组中每个元素与其索引建立键－值对关系。遍历数组 nums，判断哈希表中是否存在 key 值是 target-nums[i] 的元素，该元素的值就是对应数组中的索引。i 和该索引所组成的数组就是所求答案。

（2）算法流程

通过两次循环可以实现上述操作，第一次循环将数组中每个元素的值和它的索引添加到哈希表中，第二次循环检查每个元素所对应的目标元素（target - nums[i]）是否存在于哈希表中。如果哈希表中存在目标元素，返回 i 和目标元素的值所组成的新数组。

3. 代码实现

代码清单 12-9 中，使用 HashMap 前必须显式导入 std::collections::HashMap。第 5 行代码中 HashMap::new 函数创建一个空的 HashMap，第 9 行代码中 insert 方法向 HashMap 中插入键－值对。第 15 行代码中 contains_key 方法判断是否存在指定的键，使用 "实例名 [键]" 语法获取指定键的对应值，其中变量 complement 全部使用引用方式来避免所有权转移。第 16 行代码由于 i 是 usize 类型，返回值要求是 i32 类型，需要使用关键字 as 进行类型转换。

代码清单12-9　两数之和基础版

```
1   use std::collections::HashMap;
2
3   impl Solution {
4       pub fn two_sum(nums: Vec<i32>, target: i32) -> Vec<i32> {
5           let mut map: HashMap<i32, usize> = HashMap::new();
6
7           // 遍历数组，将每个元素的值和它的索引添加到哈希表中
8           for i in 0..nums.len() {
```

```
 9                map.insert(nums[i], i);
10            }
11
12            // 遍历数组，检查每个元素所对应的目标元素（target - nums[i]）是否存在于哈希表中
13            for i in 0..nums.len() {
14                let complement = target - nums[i];
15                if map.contains_key(&complement) && map[&complement] != i {
16                    return vec![i as i32, map[&complement] as i32];
17                }
18            }
19
20            return vec![];
21        }
22    }
```

实际上，仅用一次循环即可达到上述两次循环的效果，如代码清单 12-10 所示。在一次循环中，将元素插入哈希表的同时，检查哈希表中是否存在当前元素所对应的目标元素。如果存在，代表已经找到了答案，立即将其返回。

代码清单12-10　两数之和优化版

```
 1    use std::collections::HashMap;
 2
 3    impl Solution {
 4        pub fn two_sum(nums: Vec<i32>, target: i32) -> Vec<i32> {
 5            let mut map: HashMap<i32, usize> = HashMap::new();
 6
 7            for i in 0..nums.len() {
 8                let complement = target - nums[i];
 9                if map.contains_key(&complement) {
10                    // 存在目标元素，立即返回结果
11                    return vec![i as i32, map[&complement] as i32];
12                }
13
14                // 不存在目标元素，将键-值对(nums[i], i)插入哈希表，继续遍历
15                map.insert(nums[i], i);
16            }
17
18            return vec![];
19        }
20    }
```

4. 实战要点

（1）基础概念

1）可变变量声明

2）引用操作符

3）动态数组创建、更新和访问

4）HashMap 创建、更新和访问

5）类型转换

（2）数据结构

1）Vec<i32>

2）HashMap<i32, usize>

（3）流程控制

1）if 条件判断

2）for 循环

（4）要点提示

1）使用 mut 声明可变变量。

2）使用 & 操作符借用变量的值。

3）使用 vec! 宏创建有初始值的动态数组。

4）使用 HashMap 的 new、insert、contains_key 方法。

5）使用关键字 as 进行类型转换。

12.3.2 有效的字母异位词

1. 题目描述

给定两个字符串 s 和 t，编写一个函数来判断 t 是否是 s 的字母异位词。异位词是指字母相同，但排列顺序不同的字符串。

（1）说明

假设字符串只包含小写字母。

（2）示例

输入：s = "anagram", t = "nagaram"

输出：true

输入：s = "rat", t = "car"

输出：false

（3）链接

https://leetcode-cn.com/problems/valid-anagram

2. 解题思路

（1）算法原理

检查字符串 t 是否是 s 的重新排列，计算两个字符串中每个字母的出现次数并进行比较。

（2）算法流程

使用哈希表计算字符串 s 中每个字母的出现次数，再用字符串 t 中每个字母对应哈希表中元素的值减。如果哈希表中元素的值都为 0，s 和 t 是字母异位词。在任何时候计数器低于零，就代表字符串 t 包含一个字符串 s 中没有的字母，可立即返回 false。

3. 代码实现

代码清单 12-11 中，第 12～15 行代码 chars 方法返回按字符迭代的迭代器，再通过 for 循环遍历迭代器。第 13 行代码的 entry 方法会以当前字符作为键检查是否有对应值，没有对应值则使用 or_insert 方法插入键－值对。or_insert 方法的返回值是 &mut i32 类型，将这个返回值与变量 count 绑定。第 14 行代码通过解引用操作符 "*" 对 count 进行赋值。

代码清单12-11　有效的字母异位词

```
1   use std::collections::HashMap;
2
3   impl Solution {
4       pub fn is_anagram(s: String, t: String) -> bool {
5           if s.len() != t.len() {
6               return false;
7           }
8
9           let mut map = HashMap::new();
10
11          // 计算s中每个字母的数量
12          for c in s.chars() {
13              let count = map.entry(c).or_insert(0);
14              *count += 1;
15          }
16
17          // 用t减去每个字母的数量
18          for c in t.chars() {
19              let count = map.entry(c).or_insert(0);
20              *count -= 1;
21
22              // 如果计数器低于零，说明t包含了一个不在s的额外字母，立即返回false
23              if *count < 0 {
24                  return false;
25              }
26          }
27
28          return true;
29      }
30  }
```

4. 实战要点

（1）基础概念

1）可变变量声明

2）HashMap 创建、更新和访问

3）字符串按字符访问

4）解引用操作符

（2）数据结构

1）HashMap<char, i32>

2）String

（3）流程控制

1）if 条件判断

2）for 循环

（4）要点提示

1）使用 mut 声明可变变量。

2）使用 HashMap 的 new、entry 方法。

3）使用 String 类型的 chars 方法返回按字符迭代的迭代器。

4）使用 "*" 操作符进行解引用。

12.3.3 字母异位词分组

1. 题目描述

给定一个字符串数组，将字母异位词组合在一起。

（1）说明

1）所有输入均为小写字母。

2）不考虑答案输出的顺序。

（2）示例

输入：["eat", "tea", "tan", "ate", "nat", "bat"],

输出：

```
[
    ["ate","eat","tea"],
    ["nat","tan"],
    ["bat"]
]
```

（3）链接

https://leetcode-cn.com/problems/group-anagrams

2. 解题思路

借鉴 12.3.2 节的解法，对于每个字符串，比较每个字符出现的次数是否相等，若相等就将其放入一个数组中。

3. 代码实现

代码清单 12-12 中，第 5 行代码声明了一个 Vec<Vec<String>> 类型的二维数组变量 vecs，用于存放不同组的异位词。第 6 行代码声明了一个 Vec<bool> 类型的变量 used，用于记录某个字符串是否已确认是异位词。这样，程序中虽然用了两层嵌套的 for 循环，但通过 used 保证了每个字符串只会被访问 1 次。第 11 行代码中 push 方法不支持引用，为避免所有权问题，使用 clone 方法深复制值。

代码清单12-12 字母异位词分组基础版

```
1   use std::collections::HashMap;
2
3   impl Solution {
4       pub fn group_anagrams(strs: Vec<String>) -> Vec<Vec<String>> {
5           let mut vecs: Vec<Vec<String>> = Vec::new();
6           let mut used: Vec<bool> = vec![false; strs.len()];
7
8           for i in 0..strs.len() {
9               let mut temp: Vec<String> = Vec::new();
10              if !used[i] {
11                  temp.push(strs[i].clone());
12                  for j in i + 1..strs.len() {
13                      let mut is_anagram: bool = true;
14                      if strs[i].len() != strs[j].len() {
15                          continue;
16                      }
17
18                      let mut map = HashMap::new();
19
20                      // 计算strs[i]中每个字母的数量
21                      for c in strs[i].chars() {
22                          let count = map.entry(c).or_insert(0);
23                          *count += 1;
24                      }
25
26                      // 用strs[j]减少每个字母的数量
27                      for c in strs[j].chars() {
28                          let count = map.entry(c).or_insert(0);
29                              *count -= 1;
30
31                          // 如果计数器低于零，说明strs[j]包含一个不在strs[i]的字母，
                                立即结束剩余字母的比较
32                          if *count < 0 {
33                              is_anagram = false;
34                              break;
35                          }
36                      }
37
38                      // 如果是异位词，将该字符串标记为已用，同时加入动态数组
39                      if is_anagram {
40                          used[j] = true;
41                          temp.push(strs[j].clone());
42                      }
43                  }
44              }
45
46              if !temp.is_empty() {
47                  vecs.push(temp);
48              }
49          }
50
```

```
51              return vecs;
52          }
53  }
```

下面来优化程序。将每个字符串转换为由字符出现次数组成的字符串，其共由 26 个非负整数组成，分别表示 26 个字母的统计数量，字符数之间用"#"分隔，比如"abbccc"表示为"1 # 2 # 3 # 0 # 0 # ...0 #"。再对这些由字符数组成的字符串进行比较，相同的就放入一个动态数组中。

代码清单 12-13 中，第 12 行代码" c as u32"是将 char 类型的字符转换为 u32 类型的整数。Rust 中每个 char 类型的字符代表一个有效的 u32 类型的整数。由于 count[i] 是 i32 类型，第 19 行代码使用 to_string 方法先转换成 String 类型，再使用"+"运算符进行字符串连接。第 21 行代码中 chars 通过 into_iter 方法创建迭代器，再使用 collect 方法将 chars 中所有字符串拼接成一个新的字符串。第 24 行代码中 value 是 Option<&Vec<String>> 类型，第 27 行代码通过 unwrap 方法取出 value 中的 &Vec<String> 类型的值，再使用 to_vec 方法复制生成一个新的 Vec<String> 类型的值。第 38~40 行代码调用 values 方法获取一个由 map 中所有值组成的迭代器，val 的类型是 &Vec<String>，这里"(*val).clone()"等同于"val.to_vec()"。

代码清单12-13　字母异位词分组优化版

```
1   use std::collections::HashMap;
2
3   impl Solution {
4       pub fn group_anagrams(strs: Vec<String>) -> Vec<Vec<String>> {
5           let mut vecs: Vec<Vec<String>> = Vec::new();
6           let mut map: HashMap<String, Vec<String>> = HashMap::new();
7
8           for i in 0..strs.len() {
9               // 将字符串转换为字符计数
10              let mut count = [0; 26];
11              for c in strs[i].chars() {
12                  let index = (c as u32 - 'a' as u32) as usize;
13                  count[index] += 1;
14              }
15
16              // 字符数用"#"分隔组成字符串
17              let mut chars = vec![];
18              for i in 0..count.len() {
19                  chars.push(count[i].to_string() + "#");
20              }
21              let key: String = chars.into_iter().collect();
22
23              // 以26个字母字符数与"#"组成的字符串为键在HashMap中进行查找
24              let value = map.get(&key);
25              if value != None {
26                  // 找到对应值（字符串动态数组），将当前字符串压入并更新HashMap的键-值对
27                  let mut v = value.unwrap().to_vec();
```

```
28                      v.push(strs[i].clone());
29                      map.insert(key, v);
30                  } else {
31                      // 未找到对应值，创建以当前字符串初始化的动态数组，并组成键-值对插入HashMap
32                      let v = vec![strs[i].clone()];
33                      map.insert(key, v);
34                  }
35              }
36
37              // 迭代HashMap的所有值，每个值对应一组异位词
38              for val in map.values() {
39                  vecs.push((*val).clone());
40              }
41
42              return vecs;
43          }
44      }
```

再次优化程序，将每个字符串按字母顺序排序后，以字符串分类的方式维护 HashMap，其中键是一个经过排序的字符串，值是原始字符串的动态数组。动态数组中每个字符串经排序后都与键相等。

代码清单 12-14 中，第 14 行代码中 sort 方法对 chars 中所有字符进行排序，第 17 行代码将经过排序的 chars 中所有字符拼接成一个字符串。

代码清单12-14　字母异位词分组升级版

```
1   use std::collections::HashMap;
2
3   impl Solution {
4       pub fn group_anagrams(strs: Vec<String>) -> Vec<Vec<String>> {
5           let mut vecs: Vec<Vec<String>> = Vec::new();
6           let mut map: HashMap<String, Vec<String>> = HashMap::new();
7
8           for i in 0..strs.len() {
9               // 将字符串转换为字符数组并对其按字母顺序排序
10              let mut chars = vec![];
11              for c in strs[i].chars() {
12                  chars.push(c);
13              }
14              chars.sort();
15
16              // 将已排序的字符数组转换为字符串
17              let key: String = chars.into_iter().collect();
18
19              // 以字母有序的字符串为键在HashMap中进行查找
20              let value = map.get(&key);
21              if value != None {
22                  // 找到对应值（字符串动态数组），将原始字符串压入并更新HashMap的键-值对
23                  let mut v = value.unwrap().to_vec();
24                  v.push(strs[i].clone());
25                  map.insert(key, v);
```

```
26                } else {
27                    // 未找到对应值，创建以原始字符串初始化的动态数组，并组成键-值对插入HashMap
28                    let v = vec![strs[i].clone()];
29                    map.insert(key, v);
30                }
31            }
32
33            for val in map.values() {
34                vecs.push(val.to_vec());
35            }
36
37            return vecs;
38        }
39    }
```

4. 实战要点

（1）基础概念

1）可变变量声明

2）动态数组创建、更新和访问

3）HashMap 创建、更新和访问

4）Option 类型使用

5）字符串按字符访问

6）迭代器消费器 collect

7）解引用操作符

8）类型转换

（2）数据结构

1）Vec<bool>

2）Vec<String>

3）Vec<Vec<String>>

4）HashMap<char, i32>

5）HashMap<String, Vec<String>>

（3）流程控制

1）if 条件判断

2）if-else 条件判断

3）for 循环

（4）要点提示

1）使用 mut 声明可变变量。

2）使用 vec! 宏创建有初始值的动态数组。

3）使用动态数组的 new、push、is_empty、len、into_iter 方法。

4）使用 HashMap 的 new、insert、get、entry 方法。

5）使用 Option 的 unwrap 方法取出 Some 中包含的值。

6）使用 String 类型的 chars 方法返回按字符迭代的迭代器。

7）使用消费器 collect 将迭代器转换成指定的容器类型。

8）使用 "*" 操作符进行解引用操作。

9）char 类型与 u32 类型转换。

10）使用 to_string 方法进行类型转换。

12.4　链表

通常所说的链表即单向链表，是由链表节点组成的，如图 12-13 所示。节点的结构定义中包含两个信息：一个是数据信息，用来存储数据，也叫作数据域；另一个是地址信息，用来存储下一个节点地址，也叫作指针域。在链表结构中，有两个节点是比较特殊的，分别是第一个节点和最后一个节点。我们习惯上把第一个节点叫作头节点，把最后一个节点叫作尾节点。通过头节点可以遍历整个链表，尾节点的指针不是指向下一个节点，而是指向一个空地址。

图 12-13 中可以看到，链表节点以整型作为数据域的类型，头节点的数据域存储了数值 5，指针域存储了第二个节点的地址，即头节点指向第二个节点，这两个节点之间在逻辑上构成了指向关系。第三个节点的指针域存储了空地址，节点指向空地址意味着它是链表的尾节点。

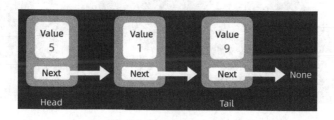

图 12-13　单向链表结构定义

在代码中，使用结构体定义新的类型 ListNode 来表示链表的节点结构。链表中每个节点的数据域和指针域，对应到代码中就是一个 i32 类型的字段 data，和一个指向 ListNode 类型本身的指针字段 next。指针域只有一个 next 变量，说明每个节点只能唯一指向后续的一个节点。要想修改内存中的链表结构，只要修改 next 存储的地址值即可。

```
1  struct ListNode {
2      data: i32,
3      next: Option<Box<ListNode>>
4  }
```

在应用链表数据结构时，无须对结构本身做改变，只要按需求调整链表结构定义的数据域类型即可。比如，要在链表中存储整型数据，那么数据域的类型就是整型；要在链表中存储字符串类型数据，那么数据域的类型就是字符串类型。

链表常见的操作有元素的查找、插入和删除。链表中的数据并非是连续存储的，而是通过指针将一组零散的内存块串联起来。因此，要想在链表中随机访问第 k 个元素，是无法通过寻址公式计算出对应的内存地址的，只能根据指针一个节点一个节点地依次遍历，直到找到相应的节点。也就是说，不能通过索引迅速读取链表数据，每次都要从链表头节点开始一个一个读取。

要想在链表中插入一个元素，只需要修改指针域 next 的值，不需要做大量的数据搬移。在链表中插入数据的过程如图 12-14～图 12-16 所示。

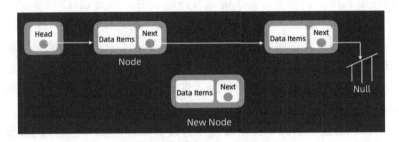

图 12-14　在链表中插入数据 -1

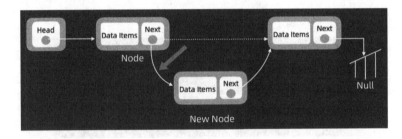

图 12-15　链表插入数据 -2

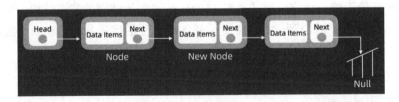

图 12-16　链表插入数据 -3

在链表中删除元素的操作也只需要考虑相邻节点的指针改变，无须为保持内存的连续性而搬移节点。在链表中删除元素的过程如图 12-17～图 12-19 所示。

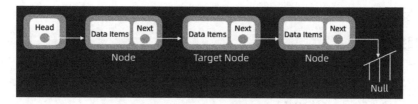

图 12-17　链表中删除数据 −1

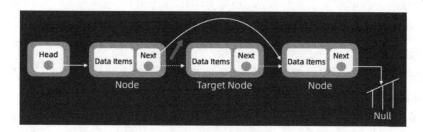

图 12-18　链表删除数据 −2

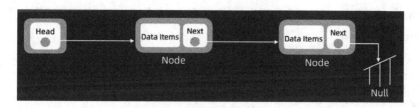

图 12-19　链表删除数据 −3

　　此外，常用的链表还有双向链表。顾名思义，双向链表的节点有两个指针域，一个指针域 next 指向后继节点，另一个指针域 previous 指向前驱节点，如图 12-20 所示。双向链表需要两个空间来存储后继节点和前驱节点的地址，虽然会多占用存储空间，但由此带来了双向遍历操作的灵活性。在双向链表中插入或者删除一个元素也只需要修改指针域 next 和 previous 的值，在此不再赘述。

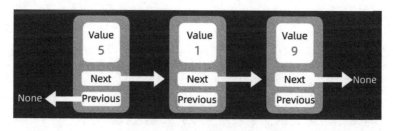

图 12-20　双向链表结构定义

12.4.1 反转链表

1. 题目描述

反转一个单链表。

（1）示例

输入：1→2→3→4→5→NULL

输出：5→4→3→2→1→NULL

（2）链接

https://leetcode-cn.com/problems/reverse-linked-list

2. 解题思路

定义两个节点，prev 代表前一个节点，curr 代表当前节点。初始将 prev 节点设置为空，curr 节点设置为头节点 head。遍历链表，将 curr 节点的 next 指针改为指向 prev 节点，再分别将 prev 节点和 curr 节点往后移动一个节点。遍历完成后，curr 节点为空，prev 节点就是新的头节点。

3. 代码实现

代码清单 12-15 中，第 6 行代码 take 方法的特点是 Option 有 Some 值就取 Some 值，否则就取 None。

代码清单 12-15　反转链表

```
   // Definition for singly-linked list.
   // #[derive(PartialEq, Eq, Clone, Debug)]
   // pub struct ListNode {
   //     pub val: i32,
   //     pub next: Option<Box<ListNode>>
   // }
   //
   // impl ListNode {
   //     #[inline]
   //     fn new(val: i32) -> Self {
   //         ListNode {
   //             next: None,
   //             val
   //         }
   //     }
   // }
 1 impl Solution {
 2     pub fn reverse_list(head: Option<Box<ListNode>>) -> Option<Box<ListNode>> {
 3         let mut prev = None;
 4         let mut curr = head;
 5
 6         while let Some(mut curr_node) = curr.take() {
 7             // 保存当前节点的下一个节点
 8             let next_temp = curr_node.next.take();
 9             // 将当前节点指向prev节点
```

```
10                curr_node.next = prev.take();
11
12                // prev和curr分别往后移动一个节点，即
13                // 把当前节点curr_node赋值给prev
14                // 把之前保存的当前节点的下一个节点next_temp赋值给curr
15                prev = Some(curr_node);
16                curr = next_temp;
17            }
18
19        prev
20    }
21 }
```

4.实战要点

（1）基础概念

1）可变变量声明

2）智能指针

3）Option 类型使用

4）while let

（2）数据结构

自定义结构 ListNode

（3）流程控制

while 循环

（4）要点提示

1）使用 mut 声明可变变量。

2）使用 Box 智能指针。

3）使用 Option 的 take 方法取值。

4）使用 while let 简化模式匹配处理。

12.4.2　链表的中间节点

1.题目描述

给定一个带有头节点 head 的非空单链表，返回链表的中间节点。如果有两个中间节点，则返回第二个中间节点。

（1）说明

给定链表的节点数介于 1 和 100 之间。

（2）示例

输入：[1, 2, 3, 4, 5]

输出：此列表中的节点 3（序列化形式：[3, 4, 5]）

输入：[1, 2, 3, 4, 5, 6]

输出：此列表中的节点 4（序列化形式：[4, 5, 6]）

（3）链接

https://leetcode-cn.com/problems/middle-of-the-linked-list

2. 解题思路

定义两个指针，fast_p 代表快指针，slow_p 代表慢指针。遍历链表，fast_p 的前进速度是 slow_p 的两倍。当 fast_p 到达链表末尾时，slow_p 指向的就是中间节点位置。如果链表中有两个中间节点，那么分为两种情况讨论。

1）返回第一个中间节点，fast_p 前进的条件是：fast_p 指向的下个节点和下下个节点都非空。

2）返回第二个中间节点，fast_p 前进的条件是：fast_p 指向的节点和下个节点都非空。

3. 代码实现

代码清单 12-16 中，第 7 行代码的 is_some 方法判断 Option 是否有 Some 值。"fast_p.is_some()"确定有 Some 值，代表 fast_p 指向的节点非空。这里 fast_p 是 &Option<Box<ListNode>> 类型，通过 as_ref 方法转换为 Option<&Box<ListNode>> 类型，再使用 unwrap 方法取出 Some 中包含的值，即 &Box<ListNode> 类型的值，那么"fast_p.as_ref().unwrap().next"就是 fast_p 指向节点的下个节点。

代码清单 12-16　链表的中间节点

```
// Definition for singly-linked list.
// #[derive(PartialEq, Eq, Clone, Debug)]
// pub struct ListNode {
//    pub val: i32,
//    pub next: Option<Box<ListNode>>
// }
//
// impl ListNode {
//     #[inline]
//     fn new(val: i32) -> Self {
//         ListNode {
//             next: None,
//             val
//         }
//     }
// }
1   impl Solution {
2       pub fn middle_node(head: Option<Box<ListNode>>) -> Option<Box<ListNode>> {
3           let mut fast_p = &head; // 快指针
4           let mut slow_p = &head; // 慢指针
5
6           // 满足fast_p指向的节点和下个节点都非空条件执行循环
7           while fast_p.is_some() && fast_p.as_ref().unwrap().next.is_some() {
8               // slow_p往后移动一个节点
9               slow_p = &slow_p.as_ref().unwrap().next;
```

```
10
11                 // fast_p往后移动两个节点
12                 fast_p = &fast_p.as_ref().unwrap().next.as_ref().unwrap().next;
13         }
14
15         slow_p.clone()
16     }
17 }
```

4. 实战要点

（1）基础概念

1）可变变量声明

2）引用操作符

3）智能指针

4）Option 类型的使用

（2）数据结构

自定义结构 ListNode

（3）流程控制

while 循环

（4）要点提示

1）使用 mut 声明可变变量。

2）使用 & 操作符借用变量的值。

3）使用 Box 智能指针。

4）使用 Option 的 unwrap 方法取出 Some 中包含的值。

12.4.3　合并两个有序链表

1. 题目描述

将两个有序链表合并为一个新的有序链表并返回。新链表是由给定的两个链表的所有
节点拼接组成的。

（1）示例

输入：1→2→4, 1→3→4

输出：1→1→2→3→4→4

（2）链接

https://leetcode-cn.com/problems/merge-two-sorted-lists

2. 解题思路

（1）算法原理

将两个有序链表合并成一个有序链表，这可以采用每次比较 listnode1 和 listnode2 所指

向的节点值大小，获取值较小的节点，直到两个节点都为空时合并完成。

（2）算法流程

1）如果 listnode1 或者 listnode2 为空，直接返回非空链表。

2）以递归的方式，判断 listnode1 和 listnode2 所指向的节点值哪个较小，较小节点的 next 指针指向其余节点的合并结果。若 listnode1.val 小于等于 listnode2.val，继续比较 listnode1.next 和 listnode2。若 listnode1.val 大于 listnode2.val，继续比较 listnode1 和 listnode2.next。

3）直到两个节点都为空，递归终止，链表合并完成。

3. 代码实现

代码清单 12-17 中，第 3～20 行代码使用 match 对（listnode1, listnode2）的 4 种模式进行匹配，分别是 listnode1 有值和 listnode2 为空、listnode1 为空和 listnode2 有值、listnode1 和 listnode2 都有值、listnode1 和 listnode2 都为空。对于代码中涉及的递归算法，读者如果不是很了解，可以先阅读 13.1 节中关于递归算法的介绍。

代码清单12-17　合并两个有序链表

```
     // Definition for singly-linked list.
     // #[derive(PartialEq, Eq, Clone, Debug)]
     // pub struct ListNode {
     //    pub val: i32,
     //    pub next: Option<Box<ListNode>>
     // }
     //
     // impl ListNode {
     //     #[inline]
     //     fn new(val: i32) -> Self {
     //         ListNode {
     //             next: None,
     //             val
     //         }
     //     }
     // }
  1  impl Solution {
  2      pub fn merge_two_lists(listnode1: Option<Box<ListNode>>, listnode2:
         Option<Box<ListNode>>) -> Option<Box<ListNode>> {
  3          match (listnode1, listnode2) {
  4              (Some(node1), None) => Some(node1), // listnode2为空，返回listnode1
                                                     的其余节点
  5              (None, Some(node2)) => Some(node2), // listnode1为空，返回listnode2
                                                     的其余节点
  6              (Some(mut node1), Some(mut node2)) => {
  7                  // 如果listnode1指向的节点值小于listnode2指向的节点值，listnode1指
                        向的节点的下一个节点就是递归函数的返回值
  8                  // 否则，listnode2指向的节点的下一个节点就是递归函数的返回值
  9                  if node1.val < node2.val {
 10                      let n = node1.next.take();
 11                      node1.next = Solution::merge_two_lists(n, Some(node2));
```

```
12                     Some(node1)
13                 } else {
14                     let n = node2.next.take();
15                     node2.next = Solution::merge_two_lists(Some(node1), n);
16                     Some(node2)
17                 }
18             }
19             _ => None,
20         }
21     }
22 }
```

4. 实战要点

（1）基础概念

1）可变变量声明

2）智能指针

3）match 模式匹配

4）Option 类型使用

（2）数据结构

自定义结构 ListNode

（3）流程控制

1）if-else 条件判断

2）match 模式匹配

（4）要点提示

1）使用 mut 声明可变变量。

2）使用 Box 智能指针。

3）使用 match 进行模式匹配。

4）使用 Option 的 take 方法取值。

12.4.4　删除链表的倒数第 n 个节点

1. 题目描述

给定一个链表，删除链表的倒数第 n 个节点，并且返回链表的头节点。

（1）说明

给定的 n 保证是有效的。

（2）示例

给定一个链表：$1 \rightarrow 2 \rightarrow 3 \rightarrow 4 \rightarrow 5$ 和 $n=2$

当删除了倒数第二个节点后，链表变为 $1 \rightarrow 2 \rightarrow 3 \rightarrow 5$

（3）链接

https://leetcode-cn.com/problems/remove-nth-node-from-end-of-list

2. 解题思路

（1）算法原理

删除链表的倒数第 n 个节点可以转换为删除链表从头节点开始数的第 $L-n+1$ 个节点，L 是链表的长度。

（2）算法流程

1）添加一个哑节点作为辅助，让该节点成为链表的头节点，主要目的是简化一些极端情况的处理，如链表只含有一个节点，或者需要删除的是链表头节点。

2）遍历一次链表，获得链表的长度 L。

3）设置一个指向哑节点的指针，再次遍历链表，将该指针移动至 $L-n$ 个节点位置。

4）将第 $L-n$ 个节点的 next 指针设置为指向第 $L-n+2$ 个节点。

3. 代码实现

代码清单 12-18 中，第 3 行代码声明的变量 dummy 用作哑节点，它的类型是 Option<Box<ListNode>>。第 8 行代码中的 cur 是 &mut Option<Box<ListNode>> 类型，使用 as_mut 方法转换为 Option<&mut Box<ListNode>> 类型。这样 node 就是 &mut Box<ListNode> 类型。第 9 行代码实现让当前指针向后移动一个节点。

代码清单12-18　删除链表的倒数第N个节点基础版

```
// Definition for singly-linked list.
// #[derive(PartialEq, Eq, Clone, Debug)]
// pub struct ListNode {
//    pub val: i32,
//    pub next: Option<Box<ListNode>>
// }
//
// impl ListNode {
//     #[inline]
//     fn new(val: i32) -> Self {
//         ListNode {
//             next: None,
//             val
//         }
//     }
// }
 1  impl Solution {
 2      pub fn remove_nth_from_end(head: Option<Box<ListNode>>, n: i32) ->
            Option<Box<ListNode>> {
 3          let mut dummy = Some(Box::new(ListNode { val: 0, next: head }));
 4          let mut cur = &mut dummy;
 5          let mut length = 0;
 6
 7          // 遍历链表，获得链表的长度
 8          while let Some(node) = cur.as_mut() {
 9              cur = &mut node.next;
10              if let Some(_node) = cur { length += 1; }
11          }
```

```
12
13            // 设置指向哑节点的指针
14            let mut new_cur = dummy.as_mut();
15
16            // 遍历链表，将指针移动至L-n个节点位置
17            let idx = length - n;
18            for _ in 0..idx {
19                new_cur = new_cur.unwrap().next.as_mut();
20            }
21
22            // 将第L-n个节点的next指针设置为指向第L-n+2个节点
23            let next = new_cur.as_mut().unwrap().next.as_mut().unwrap().next.take();
24            new_cur.as_mut().unwrap().next = next;
25
26            dummy.unwrap().next
27        }
28    }
```

下面引入快慢指针来优化程序，如代码清单 12-19，只需遍历一次即可删除链表的倒数第 N 个节点。

1）定义两个指针，fast_p 代表快指针，slow_p 代表慢指针。

2）添加一个哑节点作为链表的头节点，并让 fast_p 与 slow_p 都指向头节点。

3）让 fast_p 从头节点起向后移动 $n+1$ 个节点，使得 fast_p 指向的节点与 slow_p 指向的节点之间间隔 n 个节点。

4）遍历链表，让 fast_p 和 slow_p 向后移动并始终保持两者之间间隔 n 个节点，直到 fast_p 指向末尾的 None。

5）将 slow_p 指向的节点的 next 指针设置为指向下下个节点。

代码清单12-19　删除链表的倒数第N个节点优化版

```
// Definition for singly-linked list.
// #[derive(PartialEq, Eq, Clone, Debug)]
// pub struct ListNode {
//     pub val: i32,
//     pub next: Option<Box<ListNode>>
// }
//
// impl ListNode {
//     #[inline]
//     fn new(val: i32) -> Self {
//         ListNode {
//             next: None,
//             val
//         }
//     }
// }
 1  impl Solution {
 2      pub fn remove_nth_from_end(head: Option<Box<ListNode>>, n: i32) ->
            Option<Box<ListNode>> {
```

```
3           let mut dummy = Some(Box::new(ListNode { val: 0, next: head }));
4           let mut slow_p = &mut dummy; // 慢指针
5           let mut fast_p = &mut slow_p.clone(); // 快指针
6
7           // fast_p向后移动n+1个节点，以使得fast_p与slow_p之间间隔n个节点
8           for _ in 1..=n + 1 {
9               fast_p = &mut fast_p.as_mut().unwrap().next;
10          }
11
12          // 遍历链表，分别向后移动fast_p和slow_p，直到fast_p指向None
13          while fast_p.is_some() {
14              fast_p = &mut fast_p.as_mut().unwrap().next;
15              slow_p = &mut slow_p.as_mut().unwrap().next;
16          }
17
18          // 将slow_p指向的节点的next指针设置为指向下下个节点
19          let next = &slow_p.as_mut().unwrap().next.as_mut().unwrap().next;
20          slow_p.as_mut().unwrap().next = next.clone();
21
22          dummy.unwrap().next
23      }
24  }
```

4. 实战要点

（1）基础概念

1）可变变量声明

2）可变引用操作符

3）智能指针

4）Option 类型的使用

（2）数据结构

自定义结构 ListNode

（3）流程控制

1）while 循环

2）for 循环

（4）要点提示

1）使用 mut 声明可变变量。

2）使用 &mut 操作符借用变量的值。

3）使用 Box 智能指针。

4）使用 Option 的 unwrap 方法取出 Some 中包含的值。

5）使用 Option 的 take 方法取值。

12.5 树

树的概念有一个相同的特点：递归。也就是说，一棵树要满足某种性质，往往要求每个节点都必须满足该性质。树中的元素叫作节点，相邻节点之间的关系叫作父子关系。

如图 12-21 所示，D 节点是 H 节点的父节点，H 节点是 D 节点的子节点。F、G 这两个节点的父节点是同一个节点 C，所以它们之间互称为兄弟节点。D 节点又是 B 节点的子节点，与 H、I 节点共同构成了 B 节点的子树。没有父节点的节点叫作根节点，也就是节点 A。没有子节点的节点叫作叶子节点，H、I、J、F、G 都是叶子节点。

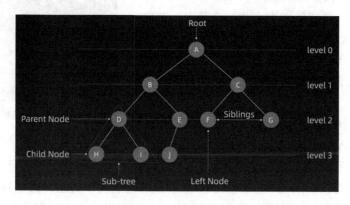

图 12-21　树结构定义

树的结构有很多种，其中最常见的是二叉树。二叉树是指每个节点最多有两个子节点，分别是左子节点和右子节点。但二叉树并不要求每个节点都有两个子节点，可以只有左子节点或只有右子节点。叶子节点全部在最底层，除了叶子节点之外，每个节点都有左、右两个子节点，这种二叉树叫作满二叉树。叶子节点都在最底下两层，最后一层的叶子节点都靠左排列，并且除了最后一层外，其他层的节点个数都要达到最大，这种二叉树叫作完全二叉树。

二叉树中非常重要的操作就是二叉树的遍历。遍历的主要方法有 3 种：前序遍历、中序遍历和后序遍历。

（1）前序遍历

先访问根节点，再访问左子树，最后访问右子树。在访问左、右子树时，同样先访问子树的根节点，再访问子树根节点的左子树和右子树，这是一个不断递归的过程。也就是说，对于任意节点，先访问该节点，再访问它的左子树，最后访问它的右子树。前序遍历主要的应用场景是搜索或者创建一棵新的树。

（2）中序遍历

先访问左子树，再访问根节点，最后访问右子树。中序遍历同样是一个不断递归的过程。对二叉搜索树进行中序遍历时，节点以单调递增顺序访问。

（3）后序遍历

先访问左子树，再访问右子树，最后访问根节点。后序遍历也是一个不断递归的过程。在对某个节点进行分析时，需要搜集来自左子树和右子树的信息。

二叉搜索树是二叉树中最常用的一种类型，是为了实现快速查找而生的。二叉搜索树要求在树中的任意一个节点，其左子树中的每个节点的值都要小于这个节点的值，而右子树节点的值都大于这个节点的值。图 12-22 所示的树就是一棵二叉搜索树。

二叉搜索树支持快速查找、插入、删除操作。下面依次学习这三个操作的实现。

首先学习在二叉搜索树中查找一个节点。先取根节点，如果要查找的数据等于根节点的值，返回根节点；如果要查找的数据比根节点的值小，在左子树中递归查找；如果要查找的数据比根节点的值大，在右子树中递归查找。

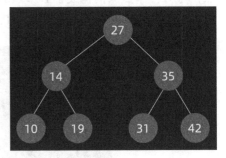

图 12-22　二叉搜索树结构

在二叉搜索树中插入数据有点类似查找操作。新数据一般都是插入到叶子节点，只需要从根节点开始，依次比较新数据和节点的值的大小关系。如果新数据比节点的值大，并且节点的右子树为空，就将新数据直接插入该右子节点；如果节点的右子树不为空，再次递归遍历右子树，查找插入位置。同理，如果新数据比节点的值小，并且节点的左子树为空，就将新数据插入该左子节点；如果节点的左子树不为空，再次递归遍历左子树，查找插入位置。

在二叉搜索树中删除数据相对比较复杂，针对要删除节点的子节点个数的不同，需要分成 3 种情况来处理。

1）要删除的节点是叶子节点，将其父节点中指向要删除节点的指针置为空即可。

2）要删除的节点只有一个子节点（只有左子节点或者右子节点），只需要更新父节点中指向要删除节点的指针，让指针指向要删除节点的子节点。

3）要删除的节点有两个子节点，则找到这个节点的右子树中的最小值，把它替换到要删除的节点上。再删除这个原最小值的节点，因为最小值节点肯定没有左子节点（如果有左子节点，那就不是最小节点了），所以可以使用前两条规则来删除这个最小值节点。

下面再介绍一种特殊的树——堆。树要成为一个堆，必须满足以下两点。

1）堆必须是一棵完全二叉树。除最下层外，其他层的节点个数都达到最大值，即第 i 层有 2^i 个节点（$i \geq 0$）。叶子节点只能出现在最下层和次下层，且最下层的叶子节点集中在树的左部。

2）堆中每个节点的值必须大于等于（或小于等于）其子树中每个节点的值，即堆中每个节点的值都大于等于（或者小于等于）其左右子节点的值。

每个节点的值都大于等于子树中每个节点值的堆，称为大顶堆；每个节点的值都小于等于子树中每个节点值的堆，称为小顶堆。堆适合用数组来存储。以大顶堆为例，节

点的索引是 i，则左子节点的索引是 $2 \times i+1$，右子节点的索引是 $2 \times i+2$，父节点的索引是 $(i-1)/2$。

堆的核心操作有堆化、在堆中插入元素和删除堆顶元素，这些操作会在算法实战的堆排序以及综合实战中用到，这里可以先做了解，然后在实战中进行操练来加深理解。

（1）堆化

堆化是指把一个无序数组整理成满足堆特性的堆数组，其过程有从下往上和从上往下两种方式。

1）从下往上的堆化：从索引为 1 的元素开始，依次取元素的值与其父节点的值比较大小。如果不满足子节点小于等于父节点，互换两个节点。重复上述过程，直到所有节点间都满足堆的两个特性，具体实现如代码清单 12-20 所示。

代码清单12-20　从下往上的堆化

```
1   pub fn build_heap_down_up(nums: &mut Vec<i32>) {
2       for i in 1..nums.len() {
3           heapify_down_up(nums, i);
4       }
5   }
6
7   fn heapify_down_up(nums: &mut Vec<i32>, idx: usize) {
8       let mut idx = idx;
9       let mut parent_idx = (idx - 1) / 2;    // 父节点
10      while nums[idx] > nums[parent_idx] {  // 判断子节点是否大于父节点
11          nums.swap(idx, parent_idx);       // 互换节点
12          idx = parent_idx;
13          if idx == 0 { break; }
14          parent_idx = (idx - 1) / 2;       // 继续往上
15      }
16  }
```

2）从上往下的堆化：对索引从 $n/2$ 开始到 0 的元素，依次取元素的值与其子节点的值比较大小。如果不满足父节点大于等于子节点，互换两个节点。重复上述过程，直到所有节点间都满足堆的两个特性。这里之所以从索引 $n/2$ 开始进行堆化，是因为 $n/2$ 到 n 的节点都是叶子节点，叶子节点没有子节点，无须堆化操作，具体实现如代码清单 12-21 所示。

代码清单12-21　从上往下的堆化

```
1   pub fn build_heap_up_down(nums: &mut Vec<i32>) {
2       let len = nums.len();
3       for i in (0..len / 2).rev() {
4           heapify_up_down(nums, i, len);
5       }
6   }
7
8   fn heapify_up_down(nums: &mut Vec<i32>, idx: usize, nums_len: usize) {
9       let mut idx = idx;
10      loop {
```

```
11          // 将当前节点设为较大值节点
12          let mut max_pos = idx;
13
14          // 判断当前节点是否小于左子节点，如果是则将左子节点设为较大值节点
15          if 2 * idx + 1 < nums_len && nums[idx] < nums[2 * idx + 1] {
16              max_pos = 2 * idx + 1;
17          }
18
19          // 判断较大值节点是否小于右子节点，如果是则将右子节点设为较大值节点
20          if 2 * idx + 2 < nums_len && nums[max_pos] < nums[2 * idx + 2] {
21              max_pos = 2 * idx + 2;
22          }
23
24          if max_pos == idx { break; }
25          swap(nums, idx, max_pos); // 互换节点
26          idx = max_pos; // 继续往下
27      }
28  }
```

（2）在堆中插入元素

在堆中插入元素后，堆需要继续满足两个特性。如果新插入的元素不符合堆的特性，就需要进行堆化处理，让其重新满足堆的特性，具体实现如代码清单12-22所示。

代码清单12-22　在堆中插入元素

```
1  pub fn insert(nums: &mut Vec<i32>, x: i32) {
2      // 插入元素
3      nums.push(x);
4
5
6      // 从下往上堆化
7      heapify_down_up(nums, nums.len() - 1);
8
9
10
11  }
```

（3）删除堆顶元素

根据堆定义的第二条——任何节点的值都大于等于（或小于等于）子节点的值，可以知道堆顶元素就是堆中的最大值或者最小值。以大顶堆为例，堆顶元素就是最大元素。要删除堆顶元素，可以把最后一个节点放到堆顶，再采用从上往下的堆化方法实现，具体实现如代码清单12-23所示。

代码清单12-23　删除堆顶元素

```
1  pub fn remove_max(nums: &mut Vec<i32>) -> Option<i32> {
2      if nums.len() == 0 { return None; }
3
4      let max_value = nums[0];
5
```

```
 6        // 将最后一个元素值移至堆顶，并删除最后一个元素
 7        nums[0] = nums[nums.len() - 1];
 8        nums.remove(nums.len() - 1);
 9
10        if nums.len() > 1 {
11            // 从上往下堆化
12            heapify_up_down(nums, 0, nums.len());
13        }
14
15        Some(max_value)
16    }
```

12.5.1　二叉树的前序遍历

1. 题目描述

给定一个二叉树，返回它的前序遍历。

（1）示例

输入：[1, null, 2, 3]

输出：[1, 2, 3]

（2）链接

https://leetcode-cn.com/problems/binary-tree-preorder-traversal

2. 解题思路

二叉树的遍历通常有两种思路，一种是使用递归方式，另一种是使用非递归方式。下面对这两种思路分别进行介绍。

（1）递归思路

先访问根节点，然后递归访问左子树，最后递归访问右子树，即实现根节点→左子树→右子树的访问。

（2）非递归思路

利用栈的数据结构特性来保存需要返回后处理的节点，优先遍历当前节点和左子树节点。在遍历过程中将当前节点入栈，直到左子树为空。再将栈顶的节点出栈，并进入其右子树继续进行遍历。

非递归实现的算法流程如下。

1）创建一个栈用来存放节点。

2）若当前节点非空，访问当前节点值，再将当前节点入栈，并进入其左子树访问。

3）重复步骤 2，直到当前节点为空。

4）将栈顶的节点出栈，并进入其右子树访问。

5）重复步骤 2～4，直到当前节点为空且栈为空，完成所有节点的访问。

3. 代码实现

在第 7 章智能指针中介绍过，RefCell<T> 配合 Rc<T> 在树结构中会被大量使用。Rc<T>

允许数据有多个所有者。对应于树中的节点，它可能既是某个节点的子节点，又是另一个节点的父节点。但是，Rc<T> 只能提供数据的不可变访问，而在树中插入节点是常见的操作，插入节点时要求节点的左子节点和右子节点是可变的，这就需要 RefCell<T> 来让节点具备内部可变性。因此，Rc<RefCell<T>> 表面上是不可变的，但可以通过 RefCell<T> 的内部可变性在需要时修改数据，使得节点可以有多个所有者并且能被修改。树的节点的结构体定义如下所示。

```
1  pub struct TreeNode {
2      pub val: i32,
3      pub left: Option<Rc<RefCell<TreeNode>>>,
4      pub right: Option<Rc<RefCell<TreeNode>>>,
5  }
```

代码清单 12-24 中，使用递归方式实现对二叉树的前序遍历。第 18 行代码中 borrow 方法返回 Ref 类型的智能指针，我们可以将其作为节点结构体实例的引用来对待。

代码清单12-24   递归实现二叉树前序遍历

```
// Definition for a binary tree node.
// #[derive(Debug, PartialEq, Eq)]
// pub struct TreeNode {
//     pub val: i32,
//     pub left: Option<Rc<RefCell<TreeNode>>>,
//     pub right: Option<Rc<RefCell<TreeNode>>>,
// }
//
// impl TreeNode {
//     #[inline]
//     pub fn new(val: i32) -> Self {
//         TreeNode {
//             val,
//             left: None,
//             right: None
//         }
//     }
// }
 1  use std::rc::Rc;
 2  use std::cell::RefCell;
 3
 4  impl Solution {
 5      pub fn preorder_traversal(root: Option<Rc<RefCell<TreeNode>>>) -> Vec<i32> {
 6          let mut result: Vec<i32> = vec![];
 7          if root.is_none() { return result; }
 8
 9          preorder_recursive(root, &mut result);
10          result
11      }
12  }
13
14  fn preorder_recursive(root: Option<Rc<RefCell<TreeNode>>>, result: &mut Vec<i32>) {
```

```
15        match root {
16            Some(node) => {
17                // 访问当前节点
18                result.push(node.borrow().val);
19                // 递归遍历左子树
20                preorder_recursive(node.borrow().left.clone(), result);
21                // 递归遍历右子树
22                preorder_recursive(node.borrow().right.clone(), result);
23            }
24            None => { return; }
25        }
26    }
```

代码清单 12-25 中，使用非递归方式实现对二叉树的前序遍历。第 10 行代码声明 Vec
<Rc<RefCell<TreeNode>>> 类型的变量 stack 作为栈使用。第 16 行代码使用 while let 来简
化模式匹配，其中 node 是 Rc<RefCell<TreeNode>> 类型。第 17 行代码通过 borrow 方法访
问当前节点的值，并将值加入要返回的动态数组中。

代码清单12-25　非递归实现二叉树前序遍历

```
   // Definition for a binary tree node.
   // #[derive(Debug, PartialEq, Eq)]
   // pub struct TreeNode {
   //     pub val: i32,
   //     pub left: Option<Rc<RefCell<TreeNode>>>,
   //     pub right: Option<Rc<RefCell<TreeNode>>>,
   // }
   //
   // impl TreeNode {
   //     #[inline]
   //     pub fn new(val: i32) -> Self {
   //         TreeNode {
   //             val,
   //             left: None,
   //             right: None
   //         }
   //     }
   // }
 1 use std::rc::Rc;
 2 use std::cell::RefCell;
 3
 4 impl Solution {
 5     pub fn preorder_traversal(root: Option<Rc<RefCell<TreeNode>>>) -> Vec<i32> {
 6         let mut result = vec![];
 7         if root.is_none() { return result; }
 8
 9         // 使用栈来保存需要返回后处理的节点
10         let mut stack: Vec<Rc<RefCell<TreeNode>>> = Vec::new();
11         let mut r = root.clone();
12
13         // 满足当前节点非空或者栈非空时执行循环
14         while r.is_some() || !stack.is_empty() {
```

```
15              // 若当前节点非空，访问当前节点值，将当前节点入栈，并进入其左子树访问
16              while let Some(node) = r {
17                  result.push(node.borrow().val);
18                  stack.push(node.clone());
19                  r = node.borrow().left.clone();
20              }
21
22              // 栈顶的节点出栈，并进入其右子树访问
23              r = stack.pop();
24              if let Some(node) = r {
25                  r = node.borrow().right.clone();
26              }
27          }
28
29          result
30      }
31  }
```

4. 实战要点

（1）基础概念

1）可变变量声明

2）带有可变引用参数的函数定义与调用

3）动态数组创建、更新和访问

4）智能指针

5）match 模式匹配

6）while let

7）if let

（2）数据结构

1）Vec<i32>

2）自定义结构 TreeNode

（3）流程控制

1）if 条件判断

2）while 循环

（4）要点提示

1）使用 mut 声明可变变量。

2）定义带有 &mut 参变量的函数。

3）调用带有 &mut 参变量的函数。

4）使用 vec! 宏创建动态数组。

5）使用动态数组的 new、push、pop、is_empty 方法。

6）使用 Rc<RefCell<T>>。

7）使用 match 进行模式匹配。

8）使用 while let 简化模式匹配处理。

9）使用 if let 简化模式匹配处理。

12.5.2 二叉树的中序遍历

1. 题目描述

给定一个二叉树，返回它的中序遍历。

（1）示例

输入：[1, null, 2, 3]

输出：[1, 3, 2]

（2）链接

https://leetcode-cn.com/problems/binary-tree-inorder-traversal

2. 解题思路

（1）递归思路

先递归访问左子树，然后访问根节点，最后递归访问右子树，即实现左子树→根节点→右子树的访问。

（2）非递归思路

利用栈的数据结构特性来保存需要返回后处理的节点，优先遍历左子树节点。在遍历过程中，将当前节点入栈，直到左子树为空。再将栈顶的节点出栈，并进入其右子树继续进行遍历。

非递归实现的算法流程如下。

1）创建一个栈用来存放节点。

2）若当前节点非空，将当前节点入栈，并进入其左子树访问。

3）重复步骤 2，直到当前节点为空。

4）将栈顶的节点出栈，访问其节点值，并进入其右子树访问。

5）重复步骤 2～4，直到当前节点为空且栈为空，完成所有节点的访问。

3. 代码实现

代码清单 12-26 中，使用递归方式实现对二叉树的中序遍历。

代码清单12-26 递归实现二叉树中序遍历

```
// Definition for a binary tree node.
// #[derive(Debug, PartialEq, Eq)]
// pub struct TreeNode {
//     pub val: i32,
//     pub left: Option<Rc<RefCell<TreeNode>>>,
//     pub right: Option<Rc<RefCell<TreeNode>>>,
// }
//
// impl TreeNode {
```

```
//        #[inline]
//        pub fn new(val: i32) -> Self {
//            TreeNode {
//                val,
//                left: None,
//                right: None
//            }
//        }
// }
 1  use std::rc::Rc;
 2  use std::cell::RefCell;
 3
 4  impl Solution {
 5      pub fn inorder_traversal(root: Option<Rc<RefCell<TreeNode>>>) -> Vec<i32> {
 6          let mut result: Vec<i32> = vec![];
 7          if root.is_none() { return result; }
 8
 9          inorder_recursive(root, &mut result);
10          result
11      }
12  }
13
14  fn inorder_recursive(root: Option<Rc<RefCell<TreeNode>>>, result: &mut Vec<i32>) {
15      match root {
16          Some(node) => {
17              // 递归遍历左子树
18              inorder_recursive(node.borrow().left.clone(), result);
19              // 访问当前节点
20              result.push(node.borrow().val);
21              // 递归遍历右子树
22              inorder_recursive(node.borrow().right.clone(), result);
23          }
24          None => { return; }
25      }
26  }
```

代码清单12-27中，使用非递归方式实现对二叉树的中序遍历。

代码清单12-27　非递归实现二叉树中序遍历

```
// Definition for a binary tree node.
// #[derive(Debug, PartialEq, Eq)]
// pub struct TreeNode {
//     pub val: i32,
//     pub left: Option<Rc<RefCell<TreeNode>>>,
//     pub right: Option<Rc<RefCell<TreeNode>>>,
// }
//
// impl TreeNode {
//     #[inline]
//     pub fn new(val: i32) -> Self {
//         TreeNode {
//             val,
```

```
//            left: None,
//            right: None
//        }
//    }
// }
 1  use std::rc::Rc;
 2  use std::cell::RefCell;
 3
 4  impl Solution {
 5      pub fn inorder_traversal(root: Option<Rc<RefCell<TreeNode>>>) -> Vec<i32> {
 6          let mut result = vec![];
 7          if root.is_none() { return result; }
 8
 9          // 使用栈来保存需要返回后处理的节点
10          let mut stack: Vec<Rc<RefCell<TreeNode>>> = Vec::new();
11          let mut r = root.clone();
12
13          // 满足当前节点非空或者栈非空时执行循环
14          while r.is_some() || !stack.is_empty() {
15              // 若当前节点非空，将当前节点入栈，并进入左子树访问
16              while let Some(node) = r {
17                  stack.push(node.clone());
18                  r = node.borrow().left.clone();
19              }
20
21              // 栈顶的节点出栈，访问其节点值，并进入其右子树访问
22              r = stack.pop();
23              if let Some(node) = r {
24                  result.push(node.borrow().val);
25                  r = node.borrow().right.clone();
26              }
27          }
28          result
29      }
30  }
```

4. 实战要点

（1）基础概念

1）可变变量声明

2）带有可变引用参数的函数定义与调用

3）动态数组创建、更新和访问

4）智能指针

5）match 模式匹配

6）while let

7）if let

（2）数据结构

1）Vec<i32>

2）自定义结构 TreeNode

（3）流程控制

1）if 条件判断

2）while 循环

（4）要点提示

1）使用 mut 声明可变变量。

2）定义带有 &mut 参变量的函数。

3）调用带有 &mut 参变量的函数。

4）使用 vec! 宏创建动态数组。

5）使用动态数组的 new、push、pop、is_empty 方法。

6）使用 Rc<RefCell<T>>。

7）使用 match 进行模式匹配。

8）使用 while let 简化模式匹配处理。

9）使用 if let 简化模式匹配处理。

12.5.3　二叉树的后序遍历

1. 题目描述

给定一个二叉树，返回它的后序遍历。

（1）示例

输入：[1, null, 2, 3]

输出：[3, 2, 1]

（2）链接

https://leetcode-cn.com/problems/binary-tree-postorder-traversal

2. 解题思路

（1）递归思路

先递归访问左子树，然后递归访问右子树，最后访问根节点，即实现左子树→右子树→根节点的访问。

（2）非递归思路

在二叉树的前序遍历一节中，我们知道前序遍历的入栈顺序是根节点→左子树→右子树。借鉴前序遍历的实现思路，在入栈的过程中，优先入右子树，再入左子树，即将入栈顺序调整为根节点→右子树→左子树。最后，依次将栈顶的节点出栈就是后序遍历的访问顺序：左子树→右子树→根节点。

我们可以使用 stack1 和 stack2 两个栈来实现上述操作。先将根节点入 stack1，当 stack1 不为空时，重复执行：将栈顶的节点出栈，并将该节点入 stack2，如果该节点有左子节点，则将左子节点入 stack1；如果该节点有右子节点，则将右子节点入 stack1。

直到 stack1 为空，所有节点按根节点→右子树→左子树的顺序放入 stack2。再依次将 stack2 栈顶的节点出栈，即可完成后序遍历。也就是说，根节点是第一个入 stack1，也是第一个出 stack1。其他节点在 stack1 中的入栈顺序是先左后右，出栈顺序是先右后左。在 stack2 中，根节点是第一个入栈，最后一个出栈，其他节点的入栈顺序是先右后左，出栈顺序是先左后右。

非递归实现的算法流程如下。

1）创建 stack1、stack2 两个栈来存放节点，并先将根节点入 stack1。

2）让 stack1 栈顶的节点出栈，将该节点入 stack2，同时将该节点的左右子节点入栈 stack1。

3）重复步骤 2，直到 stack1 为空。

4）将 stack2 栈顶的节点出栈，并访问该节点。

5）重复步骤 4，直到 stack2 为空，完成所有节点的访问。

3. 代码实现

代码清单 12-28 中，使用递归方式实现对二叉树的后序遍历。

代码清单12-28　递归实现二叉树后序遍历

```
// Definition for a binary tree node.
// #[derive(Debug, PartialEq, Eq)]
// pub struct TreeNode {
//     pub val: i32,
//     pub left: Option<Rc<RefCell<TreeNode>>>,
//     pub right: Option<Rc<RefCell<TreeNode>>>,
// }
//
// impl TreeNode {
//     #[inline]
//     pub fn new(val: i32) -> Self {
//         TreeNode {
//             val,
//             left: None,
//             right: None
//         }
//     }
// }
 1  use std::rc::Rc;
 2  use std::cell::RefCell;
 3
 4  impl Solution {
 5      pub fn postorder_traversal(root: Option<Rc<RefCell<TreeNode>>>) -> Vec<i32> {
 6          let mut result: Vec<i32> = vec![];
 7          if root.is_none() { return result; }
 8
 9          postorder_recursive(root, &mut result);
```

```
10                result
11            }
12    }
13
14    fn postorder_recursive(root: Option<Rc<RefCell<TreeNode>>>, result: &mut Vec<i32>) {
15        match root {
16            Some(node) => {
17                // 递归遍历左子树
18                postorder_recursive(node.borrow().left.clone(), result);
19                // 递归遍历右子树
20                postorder_recursive(node.borrow().right.clone(), result);
21                // 访问当前节点
22                result.push(node.borrow().val);
23            },
24            None => { return; }
25        }
26    }
```

代码清单 12-29 中，使用非递归方式实现对二叉树的后序遍历。

代码清单12-29　非递归实现二叉树后序遍历

```
// Definition for a binary tree node.
// #[derive(Debug, PartialEq, Eq)]
// pub struct TreeNode {
//     pub val: i32,
//     pub left: Option<Rc<RefCell<TreeNode>>>,
//     pub right: Option<Rc<RefCell<TreeNode>>>,
// }
//
// impl TreeNode {
//     #[inline]
//     pub fn new(val: i32) -> Self {
//         TreeNode {
//             val,
//             left: None,
//             right: None
//         }
//     }
// }
 1  use std::rc::Rc;
 2  use std::cell::RefCell;
 3
 4  impl Solution {
 5      pub fn postorder_traversal(root: Option<Rc<RefCell<TreeNode>>>) -> Vec<i32> {
 6          let mut result = vec![];
 7          if root.is_none() { return result; }
 8
 9          let mut stack1: Vec<Option<Rc<RefCell<TreeNode>>>> = Vec::new();
10          let mut stack2: Vec<Option<Rc<RefCell<TreeNode>>>> = Vec::new();
11          stack1.push(root);
12
13          // 将stack1栈顶的节点依次出栈，并将该节点入stack2，将该节点的左右子节点入stack1
```

```
14          while let Some(Some(node)) = stack1.pop() {
15              if node.borrow().left.is_some() {
16                  stack1.push(node.borrow().left.clone());
17              }
18              if node.borrow().right.is_some() {
19                  stack1.push(node.borrow().right.clone());
20              }
21              stack2.push(Some(node));
22          }
23
24          // 将stack2栈顶的节点依次出栈，并访问其节点值
25          while let Some(Some(node)) = stack2.pop() {
26              result.push(node.borrow().val);
27          }
28          result
29      }
30  }
```

4. 实战要点

（1）基础概念

1）可变变量声明

2）带有可变引用参数的函数定义与调用

3）动态数组创建、更新和访问

4）智能指针

5）match 模式匹配

6）while let

7）if let

（2）数据结构

1）Vec<i32>

2）自定义结构 TreeNode

（3）流程控制

1）if 条件判断

2）while 循环

（4）要点提示

1）使用 mut 声明可变变量。

2）定义带有 &mut 参变量的函数。

3）调用带有 &mut 参变量的函数。

4）使用 vec! 宏创建动态数组。

5）使用动态数组的 new、push、pop 方法。

6）使用 Rc<RefCell<T>>。

7）使用 match 进行模式匹配。

8）使用 while let 简化模式匹配处理。

9）使用 if let 简化模式匹配处理。

12.5.4　二叉树的层次遍历

1. 题目描述

给定一个二叉树，返回其按层次遍历的节点值。

（1）说明

层次遍历即逐层地从左到右访问所有节点。

（2）示例

```
给定二叉树：[3,9,20,null,null,15,7]
    3
   / \
  9  20
    /  \
   15   7
```

返回其层次遍历结果：

```
[
    [3],
    [9, 20],
    [15, 7]
]
```

（3）链接

https://leetcode-cn.com/problems/binary-tree-level-order-traversal

2. 解题思路

（1）算法原理

　　要进行自上而下、从左到右的层次遍历，我们可以利用队列的结构特性来保存需要返回后处理的节点。从根节点开始，按照层次依次将节点放入队列中。先将根节点入队列，当队列不为空时，重复执行：队列头部的节点出队列，访问该节点，如果该节点有左子节点，则将左子节点入队列；如果该节点有右子节点，则将右子节点入队列。也就是说，在将队列中所有节点出队列的同时，将下一层的节点入队列。

（2）算法流程

1）创建一个队列用来存放节点，并先将根节点入队列。

2）计算当前层中的元素个数（即队列长度），开始遍历队列。

3）让队列头部的节点出队列，访问该节点，同时将该节点的左、右子节点入队列。

4）重复步骤 3，直到遍历完当前层的节点。

5）重复步骤 2~4，直到队列为空，完成所有节点的访问。

3. 代码实现

代码清单 12-30 中，第 20 行代码的 pop_front 方法删除并返回队列的头部元素，元素类型是 Option<Option<Rc<RefCell<TreeNode>>>>，因此第 21 行代码的模式匹配使用 "Some(Some(node)) = n"。此处，node 的类型是 Rc<RefCell<TreeNode>>。

代码清单12-30　二叉树的层次遍历

```
// Definition for a binary tree node.
// #[derive(Debug, PartialEq, Eq)]
// pub struct TreeNode {
//     pub val: i32,
//     pub left: Option<Rc<RefCell<TreeNode>>>,
//     pub right: Option<Rc<RefCell<TreeNode>>>,
// }
//
// impl TreeNode {
//     #[inline]
//     pub fn new(val: i32) -> Self {
//         TreeNode {
//             val,
//             left: None,
//             right: None
//         }
//     }
// }
 1  use std::rc::Rc;
 2  use std::cell::RefCell;
 3  use std::collections::VecDeque;
 4
 5  impl Solution {
 6      pub fn level_order(root: Option<Rc<RefCell<TreeNode>>>) -> Vec<Vec<i32>> {
 7          let mut levels: Vec<Vec<i32>> = vec![];
 8          if root.is_none() { return levels; }
 9
10          let mut deque: VecDeque<Option<Rc<RefCell<TreeNode>>>> = VecDeque::new();
11          deque.push_back(root);
12
13          while !deque.is_empty() {
14              // 开始当前层
15              let mut current_level = vec![];
16
17              // 当前层中的元素个数
18              let level_length = deque.len();
19              for _ in 0..level_length {
20                  let n = deque.pop_front();
21                  if let Some(Some(node)) = n {
22                      // 添加当前节点
23                      current_level.push(node.borrow().val);
24
25                      // 将当前节点的左、右子节点加入队列
26                      if node.borrow().left.is_some() { deque.push_back(node.
                            borrow().left.clone()); }
```

```
27                         if node.borrow().right.is_some() { deque.push_back(node.
                              borrow().right.clone()); }
28                     }
29                 }
30
31             levels.push(current_level);
32         }
33         levels
34     }
35 }
```

4. 实战要点

（1）基础概念

1）可变变量声明

2）动态数组创建、更新和访问

3）VecDeque 创建、更新和访问

4）智能指针

5）Option 类型使用

6）if let

（2）数据结构

1）Vec<Vec<i32>>

2）VecDeque<Option<Rc<RefCell<TreeNode>>>>

3）自定义结构 TreeNode

（3）流程控制

1）if 条件判断

2）while 循环

3）for 循环

（4）要点提示

1）使用 mut 声明可变变量。

2）使用 vec! 宏创建动态数组。

3）使用动态数组的 new、push 方法。

4）使用 VecDeque 的 push_back、pop_front、len、is_empty 方法。

5）使用 Rc<RefCell<T>>。

6）使用 if let 简化模式匹配处理。

12.5.5　二叉搜索树中的插入操作

1. 题目描述

给定二叉搜索树的根节点和要插入树中的值，将值插入二叉搜索树，并返回插入值后二叉搜索树的根节点，保证原始二叉搜索树中不存在新值。

（1）说明

存在多种有效的插入方式可以返回任意有效的结果，只要树在插入后仍为二叉搜索树即可。

（2）示例

给定二叉搜索树：

```
    4
   / \
  2   7
 / \
1   3
```

和 插入的值：5

可以返回这个二叉搜索树：

```
     4
   /   \
  2     7
 / \   /
1   3 5
```

或者这个树也是有效的：

```
     5
   /   \
  2     7
 / \
1   3
     \
      4
```

（3）链接

https://leetcode-cn.com/problems/insert-into-a-binary-search-tree

2. 解题思路

（1）算法原理

如果二叉搜索树为空树，直接用 val 构造二叉树节点并将其作为根节点返回。

如果要给新值找到合适的插入位置，可以将新节点作为当前二叉搜索树的某个叶子节点的子节点进行插入。插入到哪个叶子节点遵循以下原则。

❑ 若 val > node.val，值插入右子树。

❑ 若 val < node.val，值插入左子树。

在遇到应该走向左子树而左子树为空，或者应该走向右子树而右子树为空时，该节点就是新节点的插入位置了。

（2）算法流程

1）判断根节点是否为空，如果为空，直接返回 TreeNode(val)。

2）继续查找节点，分为两种情况。

❑ 如果 val > node.val，进入该节点的右子树查找。

❑ 如果 val < node.val，进入该节点的左子树查找。

3）重复步骤 2，直到节点为 None，插入 TreeNode(val)，返回根节点。

3. 代码实现

代码清单 12-31 中，第 16 行代码的 borrow_mut 方法返回 RefMut 类型的智能指针。我们可以将其作为节点结构体实例的可变引用来对待。这里之所以使用 borrow_mut 方法，而不是 borrow 方法，是因为第 20 行代码中声明的变量 target 会在第 26 行代码中被重新赋值。

代码清单12-31 二叉搜索树中的插入操作

```
// Definition for a binary tree node.
// #[derive(Debug, PartialEq, Eq)]
// pub struct TreeNode {
//     pub val: i32,
//     pub left: Option<Rc<RefCell<TreeNode>>>,
//     pub right: Option<Rc<RefCell<TreeNode>>>,
// }
//
// impl TreeNode {
//     #[inline]
//     pub fn new(val: i32) -> Self {
//         TreeNode {
//             val,
//             left: None,
//             right: None
//         }
//     }
// }
1  use std::rc::Rc;
2  use std::cell::RefCell;
3
4  impl Solution {
5      pub fn insert_into_bst(root: Option<Rc<RefCell<TreeNode>>>, val: i32) ->
          Option<Rc<RefCell<TreeNode>>> {
6          // 如果根节点为空，直接返回由插入值创建的节点
7          if root.is_none() { return Some(Rc::new(RefCell::new(TreeNode::new(val)))); }
8
9          insert(&root, val);
10         root
11     }
12 }
13
14 fn insert(root: &Option<Rc<RefCell<TreeNode>>>, val: i32) {
15     if let Some(node) = root {
16         let mut n = node.borrow_mut();
17
18         // val大于当前节点值，往右子树查找
19         // val小于当前节点值，往左子树查找
```

```
20              let target = if val > n.val { &mut n.right } else { &mut n.left };
21              if target.is_some() {
22                  return insert(target, val);
23              }
24
25              // 在找到的空节点位置插入
26              *target = Some(Rc::new(RefCell::new(TreeNode::new(val))));
27          }
28      }
```

4. 实战要点

（1）基础概念

1）可变变量声明

2）带有引用参数的函数定义与调用

3）可变引用操作符

4）智能指针

5）Option 类型的使用

6）解引用操作符

（2）数据结构

自定义结构 TreeNode

（3）流程控制

if 条件判断

（4）要点提示

1）使用 mut 声明可变变量。

2）定义带有 &mut 参变量的函数。

3）调用带有 &mut 参变量的函数。

4）使用 &mut 操作符借用变量的值。

5）使用 Rc<RefCell<T>>。

6）使用 "*" 操作符进行解引用操作。

12.6　本章小结

本章介绍了最常用的 6 种数据结构，包括数组、栈与队列、哈希表、链表和树。

数组部分深入数组的内存结构，通过介绍内存寻址公式让读者了解数组是如何实现对元素的的随机访问的，并通过详细的图示介绍了在数组中插入和删除元素操作的过程，最后以移动零、加一、删除排序数组中的重复项的练习来帮助读者掌握数组中各种操作的编程实现。

栈与队部分介绍了这两种操作受限的线性表数据结构的特性和常见应用场景。在练习中实现了一个最小栈的功能，并使用栈处理有效的括号的问题，以及使用队列获取滑动窗口最大值。

哈希表部分介绍了哈希表的基本结构和操作、哈希函数的作用以及哈希碰撞产生的原因和解决方案。在实战环节结合字符串的知识点，让读者在练习中不仅学会哈希表的用法，还熟悉字符串的使用。

链表部分介绍了单向链表和双向链表的结构定义和基本操作，使读者对智能指针在实际编程中的应用有了更直观的了解。通过反转链表、获取链表的中间节点、合并两个有序链表、删除链表的倒数第 N 个节点的练习，使读者进一步掌握对智能指针、解引用操作符、模式匹配的使用。

树部分先介绍了树的结构化特性和基本操作，并对二叉树、二叉搜索树、堆做了重点讲解。针对二叉树遍历问题，采用 LeetCode 真题对前序遍历、中序遍历、后序遍历、层次遍历进行练习，并通过在二叉搜索树中插入值来加深读者对二叉搜索树的理解。

第 13 章 *Chapter 13*

算 法 实 战

本章将介绍最常用的一些算法,如递归、分治、回溯、二分查找、深度与广度优先搜索、各种排序和动态规划等,并配合对应算法的 LeetCode 真题进行练习;同时提供了递归、分治、回溯、二分查找、深度与广度优先搜索等算法的代码模板,以及冒泡排序、插入排序、选择排序、堆排序、归并排序和快速排序 6 个排序算法的 Rust 代码实现。笔者会详细标注模板与实际代码的对应关系。读者通过对照代码模板来练习真题,不仅能学习如何应用算法来解决实际问题,还能快速提升 Rust 编程能力。

13.1 递归、分治与回溯

在介绍算法题之前,我们先来看看这三个概念。

1. 递归

递归是一种应用非常广泛的算法,也是一种非常实用的编程技巧。递归算法能解决的问题,要求同时满足以下 3 个条件。

1)一个问题的解可以分解为几个子问题的解。

2)这个问题与分解之后的子问题除了数据规模不同外,求解思路完全一样。

3)存在递归终止条件。

常见的处理递归问题的思维误区是试图弄清楚整个递归过程。计算机擅长做重复的事情,而这正是人脑所不擅长的。当我们看到递归时,总是想把递归过程平铺展开,一层一层往下调用,再一层一层返回,试图搞清楚每一步是如何执行的,这样我们的思维就很容易被绕进去。

处理递归问题正确的思维方式是，如果一个问题 A 可以分解为若干个子问题 B、C、D，那么可以假设子问题 B、C、D 已经解决，在此基础上思考问题 A 与子问题 B、C、D 两层之间的关系。因此，编写递归代码的关键是，寻找将大问题分解为小问题的规律，并将规律抽象成一个递推公式，同时找到终止条件，最后将递推公式和终止条件翻译成代码。递归算法的代码模板如下所示。需要注意的是，模板中并非每一项都是必需的，比如不需要清理当前层状态，那可以直接跳过。

```
1  fn recursion(level, param) {
2      // 递归终止条件
3      if (level > MAX_LEVEL) {
4          process_result();
5          return;
6      }
7
8      // 处理当前层逻辑
9      process(level, param);
10
11     // 下探到下一层
12     recursion(level + 1, newParam);
13
14     // 清理当前层状态
15     clear_state();
16 }
```

2. 分治

分治算法是一种处理问题的思想，其核心思想是分而治之，也就是将原问题划分成 n 个规模较小的、结构与原问题相似的子问题，递归地解决这些子问题，最后合并子问题的结果、得到原问题的解。分治算法能解决的问题一般需要满足以下几个条件。

1）原问题与分解后的子问题具有相同的模式；

2）原问题分解后的子问题可以独立求解，子问题之间没有相关性；

3）具有分解终止条件，当问题足够小时，可以直接求解；

4）可以将子问题合并成原问题，且这个合并操作的复杂度不能太高，否则不能起到降低算法总体复杂度的效果。

分治算法的处理逻辑如图 13-1 所示。分治算法通常采用递归来实现。在递归过程中，每一层的递归都会涉及 3 个操作。

1）分解：将原问题分解成一系列子问题；

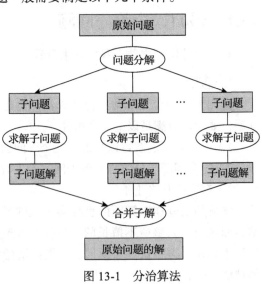

图 13-1　分治算法

2）求解：递归地求解各个子问题，若子问题足够小则直接求解；

3）合并：将子问题的结果合并成原问题的解。

分治算法的代码模板如下：

```
1   fn divide_conquer(problem, param1, param2, ...) {
2       // 递归终止条件
3       if 满足结束条件 {
4           return 求解结果;
5       }
6
7       // 处理当前层逻辑，将问题拆分为子问题
8       data = prepare_data(problem);
9       subproblems = split_problem(problem, data);
10
11      // 下探到下一层，求解子问题
12      subresult1 = divide_conquer(subproblems[0], p1, ...);
13      subresult2 = divide_conquer(subproblems[1], p1, ...);
14      subresult3 = divide_conquer(subproblems[2], p1, ...);
15      ...
16
17      // 将子问题的结果合并成原问题的解
18      result = process_result(subresult1, subresult2, subresult3, …);
19
20      // 清理当前层状态
21      clear_state();
22  }
```

3. 回溯

回溯算法是采用试错的思想，在分步解决问题的过程中，当发现现有的分步不能得到有效的正确解时，取消上一步甚至上几步的计算，通过其他可能的分步再次尝试寻找问题的答案。回溯算法的处理思想有些类似枚举搜索，通过枚举所有的解，找到满足期望的解。为了有规律地枚举所有可能的解，避免遗漏和重复，我们可将问题求解的过程分为多个阶段。每个阶段都会面对一个岔路口，先随意选择一条路走，当发现此路不通时，即得不到符合期望的解的时候，就回退到上一个岔路口，另选一条路继续走。

通常，回溯算法也采用递归来实现，在递归过程中，利用剪枝操作避免穷举所有可能的情况，提高回溯的效率。回溯算法的代码模板如下所示。其中，路径是指已经做出的选择，选择列表是指当前可做的选择，结束条件是指无法再做选择的条件。回溯算法的核心是维护走过的路径和当前可以做的选择列表，在递归调用之前做选择，在递归调用之后撤销选择。当触发结束条件时，将路径记入结果集。上述解释可能比较抽象，读者可以对照代码模板来练习子集、组合和 N 皇后三个题目，笔者也会详细标注模板与实际代码的对应关系，相信你会有更直观的理解。

```
1   let mut solution = vec![];
2   fn backtrack(路径, 选择列表) {
3       // 递归终止条件
```

```
4        if 满足结束条件 {
5            solution.push(路径);
6            return;
7        }
8
9        for 选择 in 选择列表 {
10           // 做选择
11           路径.push(选择);
12
13           // 将该选择从选择列表移除后递归调用
14           backtrack(路径，选择列表);
15
16           // 撤销选择，将该选择重新加入选择列表
17           路径.remove(选择);
18       }
19   }
```

13.1.1　pow(*x*, *n*)

1. 题目描述

实现 pow(*x*, *n*)，即计算 *x* 的 *n* 次幂函数。

（1）说明

1）$-100.0 < x < 100.0$

2）*n* 是 32 位有符号整数，其数值范围是 $[-2^{31}, 2^{31}-1]$。

（2）示例

输入：2.00000, 10

输出：1024.00000

输入：2.10000, 3

输出：9.26100

输入：2.00000, −2

输出：0.25000

（3）链接

https://leetcode-cn.com/problems/powx-n

2. 解题思路

（1）算法原理

根据分治法，要想得到 x^n 的结果，可以先求 $x^{n/2}$ 的结果，每次递归都会使得指数值减少一半。

1）如果 *n* 为偶数，$x^n = x^{n/2} \times x^{n/2}$。比如，计算 x^{32} 可以按照 $x^{32} \rightarrow x^{16} \rightarrow x^8 \rightarrow x^4 \rightarrow x^2 \rightarrow x$ 的顺序依次拆解，即 $x^{32} = x^{16} \times x^{16}$，$x^{16} = x^8 \times x^8$，$x^8 = x^4 \times x^4$，$x^4 = x^2 \times x^2$，$x^2 = x \times x$，通过 5 次拆解计算可以得到 x^{32} 的值，而不需要对 *x* 做 32 次的乘法计算。

2）如果 n 为奇数，$x^n = x \times x^{\lfloor n/2 \rfloor} \times x^{\lfloor n/2 \rfloor}$，其中 $\lfloor n/2 \rfloor$ 表示对 $n/2$ 进行向下取整。比如，计算 x^{31} 可以按照 $x^{31} \rightarrow x^{15} \rightarrow x^7 \rightarrow x^3 \rightarrow x$ 的顺序依次拆解，即 $x^{31} = x \times x^{15} \times x^{15}$，$x^{15} = x \times x^7 \times x^7$，$x^7 = x \times x^3 \times x^3$，$x^3 = x \times x \times x$，通过 4 次拆解计算就可以得到 x^{31} 的值。

需要注意的是，n 为负数时，将 x^n 转换为 $1/x^{-n}$。

（2）算法流程

1）计算 x^n 时，递归地计算出 $y = x^{\lfloor n/2 \rfloor}$，其中 $\lfloor n/2 \rfloor$ 表示对 $n/2$ 进行向下取整。

2）根据递归计算的结果，如果 n 为偶数，那么 $x^n = y^2$；如果 n 为奇数，那么 $x^n = y^2 \times x$。

3）递归的边界为 $n = 0$，任意数的 0 次方都是 1。

3. 代码实现

代码清单 13-1 中，第 3 行代码使用 let 关键字和变量名称 x 遮蔽参数中的变量 x。此时，x 是可变变量。第 4 行代码使用变量名称 n 遮蔽参数中的变量 n。此时，n 是可变变量。由于任意数的 0 次方都是 1，因此第 16～18 行代码对应递归终止条件，只要变量 n 为 0 就返回 1。

代码清单13-1　pow(x, n)

```
1   impl Solution {
2       pub fn my_pow(x: f64, n: i32) -> f64 {
3           let mut x = x;
4           let mut n = n;
5           if n < 0 {
6               x = 1.0 / x;
7               n = -n;
8           }
9
10          return fast_pow(x, n);
11      }
12  }
13
14  fn fast_pow(x: f64, n: i32) -> f64 {
15      // 对应模板：递归终止条件
16      if n == 0 {
17          return 1.0;
18      }
19
20      // 对应模板：处理当前层逻辑，将问题拆分为子问题
21      // 对应模板：下探到下一层，求解子问题
22      let half = fast_pow(x, n / 2);
23
24      // 对应模板：将子问题的结果合并成原问题的解
25      return if n % 2 == 0 {
26          half * half
27      } else {
28          half * half * x
29      }
30  }
```

4. 实战要点

（1）基础概念

1）可变变量声明

2）变量遮蔽

（2）数据结构

无

（3）流程控制

if-else 条件判断

（4）要点提示

使用 mut 声明可变变量。

13.1.2　爬楼梯

1. 题目描述

假设需要爬 n 个台阶到达楼顶，每次可以爬 1 或 2 个台阶，问有多少种不同的方法可以爬到楼顶。

（1）说明

给定 n 是一个正整数。

（2）示例

输入：2

输出：2

输入：4

输出：5

（3）链接

https://leetcode-cn.com/problems/climbing-stairs

2. 解题思路

每一步可以爬 1 或 2 个台阶，要上到第 n 阶有以下两种方法：

1）在第 n-1 阶向上爬 1 个台阶；

2）在第 n-2 阶向上爬 2 个台阶。

因此，到达第 n 阶的方法总数就是到第 n-1 阶和第 n-2 阶的方法数之和。由于直接进行递归会出现大量的冗余计算，可以在递归过程中把每一步结果存储在数组中，当再次计算第 n 阶的方法数时直接从数组中返回结果。

3. 代码实现

代码清单 13-2 中，由于默认 n 是正整数，且每次可以爬 1 或 2 个台阶，因此第 10～12 行代码处理递归终止条件时只需考虑 n 为 1 或 2 这两种情况，n 为 1 时返回 1，n 为 2 时返回 2。第 16～18 行代码判断数组中是否已存在第 n-1 阶的方法数，不存在的话就下探一层进行递归操作。第 22～24 行代码判断数组中是否已存在第 n-2 阶的方法数，若不存在则下探一层进行递归操作。

代码清单13-2　爬楼梯

```
1   impl Solution {
2       pub fn climb_stairs(n: i32) -> i32 {
3           let mut memo: Vec<i32> = vec![0; n as usize];
4           return recursion(n as usize, &mut memo);
5       }
6   }
7
8   fn recursion(n: usize, memo: &mut Vec<i32>) -> i32 {
9       // 对应模板：递归终止条件
10      if n <= 2 {
11          return n as i32;
12      }
13
14      // 对应模板：下探到下一层
15      // 到达第n-1阶的方法数
16      if memo[n-1] == 0 {
17          memo[n-1] = recursion(n - 1, memo);
18      }
19
20      // 对应模板：下探到下一层
21      // 到达第n-2阶的方法数
22      if memo[n-2] == 0 {
23          memo[n-2] = recursion(n - 2, memo);
24      }
25
26      // 到达第n阶的方法数是到达第n-1阶和第n-2阶的方法数之和
27      return memo[n-1] + memo[n-2];
28  }
```

4. 实战要点

（1）基础概念

1）可变变量声明

2）带有可变引用参数的函数定义与调用

3）动态数组创建、更新和访问

4）类型转换

（2）数据结构

Vec<i32>

（3）流程控制

if-else 条件判断

（4）要点提示

1）使用 mut 声明可变变量。

2）定义带有 &mut 变量参数的函数。

3）调用带有 &mut 变量参数的函数。

4）使用 vec! 宏创建有初始值的动态数组。

5）使用索引访问和更新动态数组。

6）使用 as 进行类型转换。

13.1.3 括号生成

1. 题目描述

给出 n（代表生成括号的对数），请写出一个函数，使其能够生成所有可能的并且有效的括号组合。

（1）示例

给出 $n=3$，生成结果为：

```
[
"((()))",
"(()())",
"(())()",
"()(())",
"()()()"
]
```

（2）链接

https://leetcode-cn.com/problems/generate-parentheses

2. 解题思路

通过左括号和右括号的个数判断是否可以组成有效的括号组合。提前判断括号组合是否有效，并在递归生成中间结果时，剪掉无效括号组合的这些分支，以便提高效率。

定义一个动态数组，用于存放由有效括号组合而成的字符串。一个括号能否加入字符串的判断条件是：

1）只要左括号的个数小于 n，左括号就可以加入字符串。

2）只有左括号个数大于右括号的个数，右括号才可以加入字符串。

当左括号和右括号的个数都为 n 时，将字符串添加到动态数组中。

3. 代码实现

代码清单 13-3 中，第 13 行代码中的 push 方法不支持引用，因此使用 clone 方法深复制字符串 s，避免 s 的所有权转移而导致后面代码再次使用 s 时出现错误。第 19 行代码格式化宏 format! 连接了两个字符串。

代码清单13-3　括号生成

```
1  impl Solution {
2      pub fn generate_parenthesis(n: i32) -> Vec<String> {
3          let mut vec: Vec<String> = Vec::new();
4          recursion(&mut vec, 0, 0, n, String::from(""));
```

```
 5          return vec;
 6      }
 7  }
 8
 9  fn recursion(vec: &mut Vec<String>, left: i32, right: i32, n: i32, s: String) {
10      // 对应模板：递归终止条件
11      // 左括号和右括号都为n时添加这个答案
12      if left == n && right == n {
13          vec.push(s.clone());
14      }
15
16      // 对应模板：下探到下一层
17      // 左括号个数小于n，可继续加左括号
18      if left < n {
19          recursion(vec, left + 1, right, n, format!("{}{}", &s, "("));
20      }
21
22      // 对应模板：下探到下一层
23      // 左括号个数大于右括号个数，可继续加右括号
24      if right < left {
25          recursion(vec, left, right + 1, n, format!("{}{}", &s, ")"));
26      }
27  }
```

4. 实战要点

（1）基础概念

1）可变变量声明

2）带有可变引用参数的函数定义与调用

3）动态数组创建、更新和访问

4）字符串创建、更新和访问

5）数据深复制

（2）数据结构

Vec<String>

（3）流程控制

if 条件判断

（4）要点提示

1）使用 mut 声明可变变量。

2）定义带有 &mut 变量参数的函数。

3）调用带有 &mut 变量参数的函数。

4）使用动态数组的 new、push 方法。

5）使用 String 类型的 new 方法。

6）使用格式化宏 format! 连接字符串。

7）使用 clone 方法深复制。

13.1.4　子集

1. 题目描述

给定一组不含重复元素的整数数组 nums，返回该数组所有可能的子集（幂集）。

（1）说明

解集不能包含重复的子集。

（2）示例

输入：nums=[1, 2, 3]

输出：

```
[
    [3],
    [1],
    [2],
    [1, 2, 3],
    [1, 3],
    [2, 3],
    [1, 2],
    []
]
```

（3）链接

https://leetcode-cn.com/problems/subsets

2. 解题思路

此题可用回溯算法求解，以数组 [1, 2, 3] 为例，每个阶段选择的路径以及回溯过程详见图 13-2。

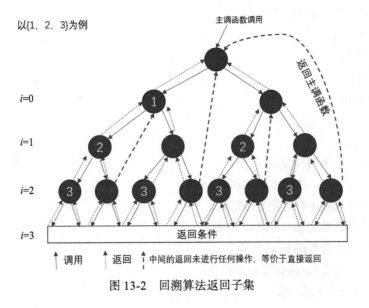

图 13-2　回溯算法返回子集

3. 代码实现

代码清单 13-4 中，第 14 行代码的 backtrack 函数包含可变引用参数和引用参数，第 9 行代码对 backtrack 函数进行调用，注意调用函数时传递的实参类型。

代码清单13-4　子集

```rust
 1  impl Solution {
 2      pub fn subsets(nums: Vec<i32>) -> Vec<Vec<i32>> {
 3          if nums.len() == 0 {
 4              return Vec::new();
 5          }
 6
 7          let mut vecs: Vec<Vec<i32>> = Vec::new();
 8          let mut vec: Vec<i32> = Vec::new();
 9          backtrack(&mut vecs, &mut vec, &nums, 0);
10          return vecs;
11      }
12  }
13
14  fn backtrack(vecs: &mut Vec<Vec<i32>>, vec: &mut Vec<i32>, nums: &Vec<i32>, start:
        usize) {
15      // 将路径记入结果集
16      vecs.push(vec.clone());
17
18      for i in start..nums.len() {
19          // 对应模板：做选择
20          vec.push(nums[i]);
21
22          // 对应模板：将该选择从选择列表移除后递归调用
23          backtrack(vecs, vec, &nums, i + 1);
24
25          // 对应模板：撤销选择，将该选择重新加入选择列表
26          vec.remove(vec.len() - 1);
27      }
28  }
```

4. 实战要点

（1）基础概念

1）可变变量声明

2）带有引用参数的函数定义与调用

3）带有可变引用参数的函数定义与调用

4）动态数组创建、更新和访问

5）数据深复制

（2）数据结构

1）Vec<i32>

2）Vec<Vec<i32>>

（3）流程控制

1）if 条件判断

2）for 循环

（4）要点提示

1）使用 mut 声明可变变量。

2）定义带有 & 变量参数的函数。

3）调用带有 & 变量参数的函数。

4）定义带有 &mut 变量参数的函数。

5）调用带有 &mut 变量参数的函数。

6）使用动态数组的 new、push、remove、len 方法。

7）使用 clone 方法深复制。

13.1.5 组合

1. 题目描述

给定两个整数 n 和 k，返回 $1 \cdots n$ 中所有可能的 k 个数的组合。

（1）说明

输出所有可能数字，让输出数字从小到大排列，每个数字只能用一次。

（2）示例

输入：$n=4$，$k=2$

输出：

```
[
    [1, 2],
    [1, 3],
    [1, 4],
    [2, 3],
    [2, 4],
    [3, 4]
]
```

（3）链接

https://leetcode-cn.com/problems/combinations

2. 解题思路

此题可用回溯算法求解，以 $n=5$，$k=3$ 为例，使用 i 表示当前层的取值，balance 表示剩余空间，初始 balance=k。当 balance=0 时，代表已取到 k 个数。从图 13-3 中可以发现一些规律：

1）当选定 1 个数后，balance=2，i 的最大取值是 4，否则第 3 个数就无值可取了。

2）当选定 2 个数后，balance=1，i 的最大取值是 5。

以此类推，如果 $n=6$，$k=4$，

1）当选定 1 个数后，balance=3，i 的最大取值是 4，最后被选中的是 [4, 5, 6]。

2）当选定 2 个数后，balance=2，i 的最大取值是 5，最后被选中的是 [5, 6]。

3）当选定 3 个数后，balance=1，i 的最大取值是 6，最后被选中的是 [6]。

如果 $n=15$，$k=4$，

1）当选定 1 个数后，balance=3，i 的最大取值是 13，最后被选中的是 [13, 14, 15]。

2）当选定 2 个数后，balance=2，i 的最大取值是 14，最后被选中的是 [14, 15]。

3）当选定 3 个数后，balance=1，i 的最大取值是 15，最后被选中的是 [15]。

从上面可以发现这样的规律：$n=\max(i)+\text{balance}-1$，整理得到 $\max(i)=n-\text{balance}+1$，因此可以把剪枝的条件设置为 $i \leq n-\text{balance}+1$。

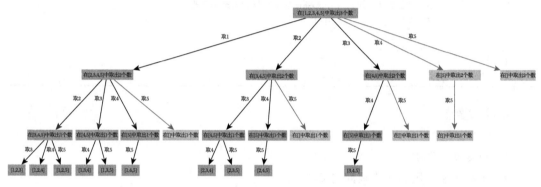

图 13-3　组合

3. 代码实现

代码清单 13-5 中，根据题意知 n 和 k 是正数，因此第 3 行代码只判断 n 是否小于 k，如果 n 小于 k 则返回空数组。第 22 行代码使用 while 循环做剪枝操作，这样可以避免穷举所有可能的情况。

代码清单13-5　组合

```
1   impl Solution {
2       pub fn combine(n: i32, k: i32) -> Vec<Vec<i32>> {
3           if n < k {
4               return Vec::new();
5           }
6
7           let mut vecs: Vec<Vec<i32>> = Vec::new();
8           let mut vec: Vec<i32> = Vec::new();
9           backtrack(&mut vecs, &mut vec, n, k, 1);
10          return vecs;
11      }
12  }
13
14  fn backtrack(vecs: &mut Vec<Vec<i32>>, vec: &mut Vec<i32>, n: i32, k: i32,
        start: usize) {
```

```
15        // 对应模板：递归终止条件
16        if vec.len() == k as usize {
17            vecs.push(vec.clone());
18            return;
19        }
20
21        let mut i = start;
22        while i <= (n - (k - vec.len() as i32) + 1) as usize {
23            // 对应模板：做选择
24            vec.push(i as i32);
25
26            // 对应模板：将该选择从选择列表移除后递归调用
27            backtrack(vecs, vec, n, k, i + 1);
28
29            // 对应模板：撤销选择，将该选择重新加入选择列表
30            vec.remove(vec.len() - 1);
31
32            i += 1;
33        }
34    }
```

4. 实战要点

（1）基础概念

1）可变变量声明

2）带有可变引用参数的函数定义与调用

3）动态数组创建、更新和访问

4）数据深复制

5）类型转换

（2）数据结构

1）Vec<i32>

2）Vec<Vec<i32>>

（3）流程控制

1）if 条件判断

2）while 循环

（4）要点提示

1）使用 mut 声明可变变量。

2）定义带有 &mut 变量参数的函数。

3）调用带有 &mut 变量参数的函数。

4）使用动态数组的 new、push、remove、len 方法。

5）使用 clone 方法深复制。

6）使用 as 进行类型转换。

13.1.6 N 皇后

1. 题目描述

N 皇后问题研究的是如何将 n 个皇后放置在 $n \times n$ 的棋盘上，并且使皇后彼此之间不能相互攻击。

给定一个整数 n，返回所有不同的 n 皇后问题的解决方案。图 13-4 为 8 皇后问题的一种解法。

（1）说明

皇后可以攻击同一条横行、纵行或斜线上的任意单位。

每一种解法包含一个明确的 n 皇后问题的棋子放置方案，该方案中"Q"和"."分别代表皇后和空位。

图 13-4 8 皇后问题的解法

（2）示例

输入：4

输出：[

[".Q..", // 解法 1
"...Q",
"Q...",
"..Q."],

["..Q.", // 解法 2
"Q...",
"...Q",
".Q.."]
]

解释：4 皇后问题存在两种不同的解法。

（3）链接

https://leetcode-cn.com/problems/n-queens

2. 解题思路

以 8 皇后问题为例，假设有一个 8×8 的棋盘，希望往里放 8 个棋子（皇后），每个棋子所在的行、列、对角线都不能有另一个棋子，找到所有满足这种要求的棋子放置方式。

我们可以把这个问题划分成 8 个阶段，依次将 8 个棋子放到第 1 行、第 2 行、第 3 行……第 8 行，在放置过程中，不断检查当前放法是否满足要求。如果满足要求，就跳到下一行继续放置棋子；如果不满足要求，就换一种放法，继续尝试。

3. 代码实现

代码清单 13-6 中，第 4 行代码嵌套的 vec! 宏声明了一个 Vec<Vec<char>> 类型的变量并将其初始化，此类型类似于二维数组。第 21 行代码将 Vec<Vec<char>> 类型转换成

Vec<String> 类型，再放入 Vec<Vec<String>> 类型的 solution 中，其中闭包实现了将 Vec<char> 类型转换成 String 类型。

代码清单13-6 *N*皇后

```
1   impl Solution {
2       pub fn solve_n_queens(n: i32) -> Vec<Vec<String>> {
3           // 初始化空棋盘，"."表示空，"Q"表示皇后
4           let mut board = vec![vec!['.'; n as usize]; n as usize];
5           let mut solution = vec![];
6           backtrack(&mut board, &mut solution, n, 0);
7           solution
8       }
9   }
10
11  // 路径：board中小于row的行都已经成功放置了皇后
12  // 选择列表：第row行的所有列都是放置皇后的选择
13  // 结束条件：row超过board的最后一行
14  fn backtrack(board: &mut Vec<Vec<char>>, solution: &mut Vec<Vec<String>>, n: i32,
        row: i32) {
15      for column in 0..n { // 循环所有列查找棋子放置方式
16          if !collision(&board, n, row, column) { // 判断row行column列放置棋子是否合适
17              // 对应模板：做选择，棋子放置在第row行第column列位置
18              board[row as usize][column as usize] = 'Q';
19              if row == n - 1 { // 对应模板：递归终止条件
20                  // n个棋子都放置完成，将路径记入结果集
21                  solution.push(board.iter().map(|vec| vec.iter().collect()).collect());
22              } else {
23                  // 对应模板：递归调用，下探到下一行
24                  backtrack(board, solution, n, row + 1);
25              }
26
27              // 对应模板：撤销选择，将该选择重新加入选择列表
28              board[row as usize][column as usize] = '.';
29          }
30      }
31  }
32
33  // 判断在row行column列放置棋子是否合适
34  fn collision(board: &Vec<Vec<char>>, n: i32, row: i32, column: i32) -> bool {
35      let mut up_row = row - 1; // 往上一行
36      let mut left_column = column - 1; // 往左一列
37      let mut right_column = column + 1; // 往右一列
38
39      while up_row >= 0 { // 逐行往上考察每一行
40          // 考察column列是否已存在Q，若存在则冲突
41          if board[up_row as usize][column as usize] == 'Q' {
42              return true;
43          }
44
45          // 考察左上对角线是否已存在Q，若存在则冲突
46          if left_column >= 0 && board[up_row as usize][left_column as usize] == 'Q' {
47              return true;
```

```
48                 }
49
50            // 考察右上对角线是否已存在Q，若存在则冲突
51            if right_column < n && board[up_row as usize][right_column as usize] == 'Q' {
52                return true;
53            }
54
55            up_row -= 1; // 继续往上一行
56            left_column -= 1; // 继续往左一列
57            right_column += 1; // 继续往右一列
58        }
59
60        false
61    }
```

4. 实战要点

（1）基础概念

1）可变变量声明

2）带有引用参数的函数定义与调用

3）带有可变引用参数的函数定义与调用

4）动态数组创建、更新和访问

5）闭包

6）迭代器

7）迭代器适配器

8）迭代器消费器

9）类型转换

（2）数据结构

1）Vec<Vec<char>>

2）Vec<Vec<String>>

（3）流程控制

1）if-else 条件判断

2）while 循环

3）for 循环

（4）要点提示

1）使用 mut 声明可变变量。

2）定义带有 & 变量参数的函数。

3）调用带有 & 变量参数的函数。

4）定义带有 &mut 变量参数的函数。

5）调用带有 &mut 变量参数的函数。

6）使用 vec! 宏创建有初始值的动态数组。

7）使用索引访问和更新动态数组。

8）使用 iter 方法将容器类型转换为迭代器。

9）使用 map 方法对原始迭代器中的每个元素调用闭包来产生新迭代器。

10）使用消费器 collect 将迭代器转换成指定的容器类型。

11）使用 as 进行类型转换。

13.2 二分查找

二分查找算法，也叫作折半查找算法，思想类似于分治算法，是一种非常简单、易懂且高效的快速查找算法。二分查找每次选取区间的中间元素进行比较，将待查找的区间缩小为之前的一半，在找到要查找的元素或者区间长度为 0 时结束查找。需要注意的是，二分查找对应用场景是有要求的。

1）二分查找依赖的是顺序表结构，简单说就是数组，主要原因是二分查找算法需要按照索引随机访问元素。如果数据是通过链表等非顺序表的数据结构存储，则无法应用二分查找。

2）二分查找针对的是一个有序的数据集合，且只能用在插入、删除操作不频繁，一次排序多次查找的场景中。针对动态变化的数据集合，二分查找将不再适用。

二分查找算法的代码模板如下所示，其中有 3 个容易出错的地方需要特别注意。

1）循环退出条件是 left≤right，而不是 left<right。

2）mid 的计算方式如果写成 (left+right)/2，则在 left 和 right 的值比较大时，两者之和可能会出现整数溢出的错误。改进的方法是将计算方式写成 left+(right-left)/2。

3）left 和 right 的更新一定要写成 left=mid+1 和 right=mid-1，如果写成 left=mid 或者 right=mid，可能会发生死循环。

```
1   let mut left = 0; // 数组第一个元素的索引
2   let mut right = nums.len() - 1; // 数组最后一个元素的索引
3
4   while left <= right {
5       // 选取数组的中间元素索引
6       let mid = left + (right - left) / 2;
7       if nums[mid] == target {
8           // 找到目标值，返回元素索引
9           return mid;
10      } else if nums[mid] < target {
11          // 中间元素值小于目标值，将待查找的区间调整为原数组的右半部分
12          left = mid + 1;
13      } else {
14          // 中间元素值大于目标值，将待查找的区间调整为原数组的左半部分
15          right = mid - 1;
16      }
17  }
```

13.2.1　搜索旋转排序数组

1. 题目描述

按照升序排序的数组在预先未知的某个点上进行旋转。例如，数组 [0, 1, 2, 4, 5, 6, 7] 在某个点上旋转可能变为 [4, 5, 6, 7, 0, 1, 2]。

搜索一个给定的目标值，如果数组中存在这个目标值，则返回它的索引，否则返回 −1。

（1）说明

假设数组中不存在重复的元素。

（2）示例

输入：nums=[4, 5, 6, 7, 0, 1, 2]，target=0

输出：4

输入：nums=[4, 5, 6, 7, 0, 1, 2]，target=3

输出：−1

（3）链接

https://leetcode-cn.com/problems/search-in-rotated-sorted-array

2. 解题思路

设置左边界 left 为 0，右边界 right 为 nums.len()−1，取 mid=(left+right)/2。

当 nums[left]≤nums[mid] 时，数组前半部分有序。当 nums[left]≤target<nums[mid] 时，在数组前半部分找，否则在后半部分找。

当 nums[left]>nums[mid] 时，数组后半部分有序。当 nums[mid]<target≤nums[right] 时，则在数组后半部分找，否则在前半部分找。

3. 代码实现

代码清单 13-7 是在二分查找算法的代码模板基础上，根据题目的逻辑稍做调整，这里需要特别注意代码模板中 3 个易错点的处理。第 10 行代码设置的循环退出条件是 left≤right；第 11 行代码将 mid 的计算方式写成 left+(right-left)/2，避免在 left 和 right 值较大时出现整数溢出的错误。第 15～19 行代码和第 21～25 行代码根据题目逻辑，以 mid+1 更新 left，以 mid−1 更新 right。

代码清单13-7　搜索旋转排序数组

```
1   impl Solution {
2       pub fn search(nums: Vec<i32>, target: i32) -> i32 {
3           if nums.len() == 0 {
4               return -1;
5           }
6
7           let mut left = 0;
8           let mut right = nums.len() - 1;
9
```

```
10          while left <= right {
11              let mid = left + (right - left) / 2;
12              if nums[mid] == target { // 找到目标值
13                  return mid as i32;
14              } else if nums[left] <= nums[mid] { // 前半部分有序
15                  if target >= nums[left] && target < nums[mid] { // 在前半部分找
16                      right = mid - 1;
17                  } else { // 在后半部分找
18                      left = mid + 1;
19                  }
20              } else { // 后半部分有序
21                  if target > nums[mid] && target <= nums[right] { // 在后半部分找
22                      left = mid + 1;
23                  } else { // 在前半部分找
24                      right = mid - 1;
25                  }
26              }
27          }
28
29          return -1;
30      }
31  }
```

4. 实战要点

（1）基础概念

1）可变变量声明

2）创建、更新和访问

3）as 类型转换

（2）数据结构

Vec<i32>

（3）流程控制

1）if-else if-else 条件判断

2）while 循环

（4）要点提示

1）使用 mut 声明可变变量。

2）使用索引访问和更新动态数组。

3）使用 as 进行类型转换。

13.2.2 寻找旋转排序数组中的最小值

1. 题目描述

按照升序排序的数组在未知的某个点上进行旋转，例如，数组 [0, 1, 2, 4, 5, 6, 7] 在某个点上旋转可能变为 [4, 5, 6, 7, 0, 1, 2]，请找出旋转排序数组中最小的元素。

（1）说明

假设数组中不存在重复的元素。

（2）示例

输入：[3, 4, 5, 1, 2]

输出：1

输入：[4, 5, 6, 7, 0, 1, 2]

输出：0

（3）链接

https://leetcode-cn.com/problems/find-minimum-in-rotated-sorted-array

2. 解题思路

设置左边界 left 为 0，右边界 right 为 nums.len()−1。

首先检验数组是否被旋转，如果 nums[right]>nums[0]，说明数组是升序排列，没有被旋转，那么数组最小值就是 nums[0]。

要找到旋转后的升序排序数组的最小值，也就是要找到发生旋转的变化点，这个变化点应该具备两个特征。

1）变化点所有左侧元素 > 数组第一个元素。

2）变化点所有右侧元素 < 数组第一个元素。

取数组的中间元素 mid=(left+right)/2，根据以下两种情况进行搜索变化点方向的判断。

1）当 nums[mid]>nums[0] 时，需要在 mid 右边搜索变化点。

2）当 nums[mid]<nums[0] 时，需要在 mid 左边搜索变化点。

最后满足以下任意一个条件，即找到变化点，即最小值。

1）当 nums[mid]>nums[mid+1] 时，nums[mid+1] 是最小值。

2）当 nums[mid−1]>nums[mid] 时，nums[mid] 是最小值。

3. 代码实现

代码清单 13-8 中，第 11~13 行代码检验了数组是否被旋转，如果没有被旋转，说明数组是升序排列，那么直接返回 nums[0] 即可。第 28~34 行代码根据题目逻辑，以 mid+1 更新 left，以 mid−1 更新 right。

代码清单13-8　寻找旋转排序数组中的最小值

```
1  impl Solution {
2      pub fn find_min(nums: Vec<i32>) -> i32 {
3          if nums.len() == 1 {
4              return nums[0];
5          }
6
7          let mut left = 0;
```

```
8              let mut right = nums.len() - 1;
9
10             // 检验数组是否被旋转
11             if nums[right] > nums[0] {
12                 return nums[0];
13             }
14
15             while left <= right {
16                 let mid = left + (right - left) / 2;
17
18                 // nums[mid]>nums[mid+1], nums[mid+1]是最小值
19                 if nums[mid] > nums[mid + 1] {
20                     return nums[mid + 1];
21                 }
22
23                 // nums[mid-1]>nums[mid], nums[mid]是最小值
24                 if nums[mid - 1] > nums[mid] {
25                     return nums[mid];
26                 }
27
28                 if nums[mid] > nums[0] {
29                     // nums[mid]>nums[0], 去mid右边搜索
30                     left = mid + 1;
31                 } else {
32                     // nums[mid]<nums[0], 去mid左边搜索
33                     right = mid - 1;
34                 }
35             }
36
37         return -1;
38     }
39 }
```

4. 实战要点

（1）基础概念

1）可变变量声明

2）动态数组创建、更新和访问

（2）数据结构

Vec<i32>

（3）流程控制

1）if-else 条件判断

2）while 循环

（4）要点提示

1）使用 mut 声明可变变量。

2）使用索引访问和更新动态数组。

13.2.3 有效的完全平方数

1. 题目描述

给定一个正整数 num，编写一个函数，如果 num 是一个完全平方数，则返回 true，否则返回 false。

（1）说明

不要使用任何内置的库函数。

（2）示例

输入：16

输出：True

输入：14

输出：False

（3）链接

https://leetcode-cn.com/problems/valid-perfect-square

2. 解题思路

1）当 num=0 或 1 时，返回 true。

2）设置左边界 left 为 2，右边界 right 为 num/2，取 mid=(left+right)/2。

3）设置一个猜测值 guess_squared，计算 guess_squared=mid×mid 并与 num 做比较。

❑ 当 guess_squared=num 时，说明 num 是一个完全平方数，返回 true。

❑ 当 guess_squared>num 时，说明猜测的数大了，设置右边界 right=mid−1。

❑ 当 guess_squared<num 时，说明猜测的数小了，设置左边界为 left=mid+1。

4）重复步骤 3，若直到 left>right 也没有找到，说明 num 不是完全平方数，返回 false。

3. 代码实现

代码清单 13-9 中，第 11 行代码中两个 i32 类型的整数相乘，有可能会造成整数溢出，因此将 i32 类型转换成 i64 类型。需要注意的是，如果写成 (mid*mid) as i64，同样可能会导致整数溢出。

代码清单 13-9 有效的完全平方数

```
1  impl Solution {
2      pub fn is_perfect_square(num: i32) -> bool {
3          if num == 0 || num == 1 {
4              return true;
5          }
6
7          let mut left = 2;
8          let mut right = num / 2;
9          while left <= right {
10             let mid = left + (right - left) / 2;
11             let guess_squared = mid as i64 * mid as i64;
```

```
12                      if guess_squared == num as i64 {
13                          return true;
14                      } else if guess_squared > num as i64 {
15                          right = mid - 1;
16                      } else {
17                          left = mid + 1;
18                      }
19              }
20
21              return false;
22      }
23  }
```

4. 实战要点

（1）基础概念

1）可变变量声明

2）as 类型转换

（2）数据结构

无

（3）流程控制

1）if-else if-else 条件判断

2）while 循环

（4）要点提示

1）使用 mut 声明可变变量。

2）使用 as 进行类型转换。

13.3　深度与广度优先搜索

深度优先搜索（Depth-First-Search，DFS）是从起点出发，从规定的方向中选择其中一个方向不断地向前走，直到无法继续，再尝试另外一个方向，直到走到终点。深度优先搜索解决的是连通性的问题，即给定两个点，一个是起点，一个是终点，判断是否有一条路径能从起点连接到终点。这里的起点和终点也可以是某种起始状态和最终状态。深度优先搜索的过程如图 13-5 所示。

深度优先搜索有递归和非递归两种实现方式，下面分别进行介绍。

1）深度优先搜索递归实现的代码模板如下所示。递归实现的关键是要记录已访问过的节点，在每一次递归执行时判断当前节点是否是已访问过的节点，如果是就退出此次递归执行，这也是递归的终止条件。

```
1  let mut visited = Vec::new();
2
```

```
3   fn dfs(node, visited) {
4       // 终止条件：已经访问过当前节点
5       if visited.contains(node) { return; }
6
7       // 将当前节点加入visited
8       visited.push(node);
9
10      // 处理当前节点
11      process(node);
12
13      // 获得当前节点的子节点并递归执行
14      let child_nodes = generate_child_nodes(node);
15      for child_node in child_nodes {
16          if !visited.contains(child_node) {
17              dfs(child_node, visited);
18          }
19      }
20  }
```

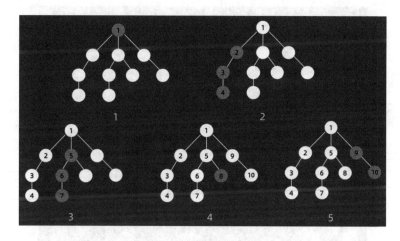

图 13-5 深度优先搜索

2）深度优先搜索非递归实现的代码模板如下所示。非递归实现的关键是维护一个用来保存待访问节点的栈，在栈为空前循环访问每个节点。

```
1   fn dfs(root) {
2       if root.is_none() { return; }
3
4       let mut visited = Vec::new();
5       let mut stack = Vec::new();
6       stack.push(root);
7
8       while !stack.is_empty() {
9           let node = stack.pop();
10
```

```
11          // 将当前节点加入visited
12          visited.push(node);
13
14          // 处理当前节点
15          process(node);
16
17          // 获得与当前节点相关联的节点并加入stack
18          let related_nodes = generate_related_nodes(node);
19          for related_node in related_nodes {
20              stack.push(related_node);
21          }
22      }
23  }
```

广度优先搜索（Breadth-First-Search，BFS）是一种地毯式层层推进的搜索策略，即从起点出发，一层一层地依次往外搜索，每一层中的节点距离起点的步数都是相同的。广度优先搜索的过程如图 13-6 所示。

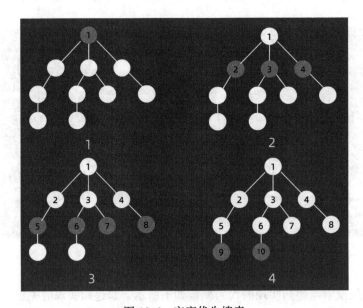

图 13-6　广度优先搜索

广度优先搜索的代码模板如下所示。广度优先搜索的关键是维护一个用来保存待访问节点的队列，在队列为空前循环访问每个节点。

```
1  fn bfs(graph, start, end) {
2      let mut visited = Vec::new();
3      let mut deque = VecDeque::new();
4      deque.push_back(start);
5
6      while !deque.is_empty() {
```

```
 7              let node = deque.pop_front();
 8
 9              // 将当前节点加入visited
10              visited.push(node);
11
12              // 处理当前节点
13              process(node);
14
15              // 获得与当前节点相关联的节点并加入deque
16              let related_nodes = generate_related_nodes(node);
17              for related_node in related_nodes {
18                  deque.push_back(related_node);
19              }
20          }
21      }
```

13.3.1 二叉树的最大深度

1. 题目描述

给定一个二叉树，找出其最大深度。

二叉树的深度为根节点到最远叶子节点的最长路径上的节点数。

（1）说明

叶子节点是指没有子节点的节点。

（2）示例

给定二叉树 [3, 9, 20, null, null, 15, 7]，返回它的最大深度 3。

（3）链接

https://leetcode-cn.com/problems/maximum-depth-of-binary-tree

2. 解题思路

此题可采用深度优先搜索与广度优先搜索两种算法求解。

二叉树的深度等于左、右子树深度的较大值加 1，因此深度优先搜索可以递归计算 max（左子树高度，右子树高度）+1，终止条件是当前节点为空。

广度优先搜索可以通过构建一个队列，使用队列做层级遍历，每遍历完一层深度加 1，直到所有层遍历完毕。此方法除了适合求解树的最大深度外，还可以用于求解树的最大宽度、树的第几层有几个节点等。

3. 代码实现

代码清单 13-10 使用深度优先搜索算法计算二叉树的最大深度。在递归计算中，当前节点只要不为空，计算深度时不管其左、右子树是否为空，都要加上当前节点，也就是深度要加 1。因此，第 13 行代码取左、右子树深度的较大值加 1，这里使用 max 方法可以比较并返回两个值中的最大值。

代码清单13-10　深度优先搜索求解二叉树的最大深度

```
// Definition for a binary tree node.
// #[derive(Debug, PartialEq, Eq)]
// pub struct TreeNode {
//     pub val: i32,
//     pub left: Option<Rc<RefCell<TreeNode>>>,
//     pub right: Option<Rc<RefCell<TreeNode>>>,
// }
//
// impl TreeNode {
//     #[inline]
//     pub fn new(val: i32) -> Self {
//         TreeNode {
//             val,
//             left: None,
//             right: None
//         }
//     }
// }
1  use std::rc::Rc;
2  use std::cell::RefCell;
3
4  impl Solution {
5      pub fn max_depth(root: Option<Rc<RefCell<TreeNode>>>) -> i32 {
6          match root {
7              Some(node) => {
8                  // 左子树最大深度
9                  let left = Self::max_depth(node.borrow().left.clone());
10                 // 右子树最大深度
11                 let right = Self::max_depth(node.borrow().right.clone());
12                 // 比较左右子树深度，取较大值加上根节点
13                 1 + left.max(right)
14             }
15             // 递归退出条件：当前节点为空
16             _ => 0,
17         }
18     }
19 }
```

代码清单 13-11 使用广度优先搜索算法计算二叉树的最大深度。第 10 行代码构建一个队列，用于记录每一层的节点，每遍历新的一层时深度加 1，直到所有层遍历完毕。

代码清单13-11　广度优先搜索求解二叉树的最大深度

```
// Definition for a binary tree node.
// #[derive(Debug, PartialEq, Eq)]
// pub struct TreeNode {
//     pub val: i32,
//     pub left: Option<Rc<RefCell<TreeNode>>>,
//     pub right: Option<Rc<RefCell<TreeNode>>>,
// }
//
```

```
// impl TreeNode {
//     #[inline]
//     pub fn new(val: i32) -> Self {
//         TreeNode {
//             val,
//             left: None,
//             right: None
//         }
//     }
// }
 1  use std::rc::Rc;
 2  use std::cell::RefCell;
 3  use std::collections::VecDeque;
 4
 5  impl Solution {
 6      pub fn max_depth(root: Option<Rc<RefCell<TreeNode>>>) -> i32 {
 7          if root.is_none() { return 0; }
 8
 9          let mut depth = 0;
10          let mut deque: VecDeque<Option<Rc<RefCell<TreeNode>>>> = VecDeque::new();
11          deque.push_back(root);
12
13          while !deque.is_empty() {
14              let level_size = deque.len();
15              // 遍历新的一层，深度加1
16              depth += 1;
17
18              // 层级遍历，当前层节点弹出队列，同时将其左、右子节点压入队列
19              for _i in 0..level_size {
20                  if let Some(Some(node)) = deque.pop_front() {
21                      if node.borrow().left.is_some() { deque.push_back(node.
                            borrow().left.clone()); }
22                      if node.borrow().right.is_some() { deque.push_back(node.
                            borrow().right.clone()); }
23                  }
24              }
25          }
26          depth
27      }
28  }
```

4. 实战要点

（1）基础概念

1）可变变量声明

2）VecDeque 创建、更新和访问

3）智能指针

4）Option 类型使用

5）match 模式匹配

6）数据深复制

（2）数据结构

1）VecDeque<Option<Rc<RefCell<TreeNode>>>>

2）自定义结构 TreeNode

（3）流程控制

1）if 条件判断

2）while 循环

3）for 循环

（4）要点提示

1）使用 mut 声明可变变量。

2）使用 VecDeque 的 new、push_back、pop_front、len、is_empty 方法。

3）使用 Rc<RefCell<T>>。

4）使用 match 进行模式匹配。

5）使用 clone 方法深复制。

13.3.2 二叉树的最小深度

1. 题目描述

给定一个二叉树，找出其最小深度。

最小深度是从根节点到最近叶子节点的最短路径上的节点数量。

1）说明

叶子节点是指没有子节点的节点。

2）示例

给定二叉树 [3, 9, 20, null, null, 15, 7]，返回它的最小深度 2。

3）链接

https://leetcode-cn.com/problems/minimum-depth-of-binary-tree

2. 解题思路

根节点到叶子节点的最小深度可使用深度优先搜索算法以递归的方式来计算。其分为以下 3 种情况。

1）当左、右子树都为空时，只有 1 个根节点，深度为 1（根节点与叶子节点重合）。

2）当左、右子树有一个为空时，返回的是非空子树的最小深度，而不是空子树的深度 0。若返回 0 相当于把当前节点视成叶子节点，与此节点有非空子树矛盾。

3）当左、右子树都不为空时，返回左、右子树深度的较小值。

3. 代码实现

代码清单 13-12 使用深度优先搜索算法计算二叉树的最小深度。第 9、13 行代码在判断子树是否为空时使用了 is_none 方法，第 20 行代码在取左、右子树深度的较小值时使用了 min 方法，该方法可以比较并返回两个值中的最小值。

代码清单13-12　二叉树的最小深度

```
// Definition for a binary tree node.
// #[derive(Debug, PartialEq, Eq)]
// pub struct TreeNode {
//     pub val: i32,
//     pub left: Option<Rc<RefCell<TreeNode>>>,
//     pub right: Option<Rc<RefCell<TreeNode>>>,
// }
//
// impl TreeNode {
//     #[inline]
//     pub fn new(val: i32) -> Self {
//         TreeNode {
//             val,
//             left: None,
//             right: None
//         }
//     }
// }
 1  use std::rc::Rc;
 2  use std::cell::RefCell;
 3
 4  impl Solution {
 5      pub fn min_depth(root: Option<Rc<RefCell<TreeNode>>>) -> i32 {
 6          match root {
 7              Some(node) => {
 8                  // 左子树为空，返回右子树的最小深度
 9                  if node.borrow().left.is_none() {
10                      return Self::min_depth(node.borrow().right.clone()) + 1;
11                  }
12                  // 右子树为空，返回左子树的最小深度
13                  if node.borrow().right.is_none() {
14                      return Self::min_depth(node.borrow().left.clone()) + 1;
15                  }
16
17                  // 左、右子树都不为空，返回左、右子树深度的较小值
18                  let left = Self::min_depth(node.borrow().left.clone());
19                  let right = Self::min_depth(node.borrow().right.clone());
20                  left.min(right) + 1
21              },
22              None => 0,
23          }
24      }
25  }
```

4. 实战要点

（1）基础概念

1）可变变量声明

2）智能指针

3）Option 类型使用

4）match 模式匹配

5）数据深复制

（2）数据结构

自定义结构 TreeNode

（3）流程控制

match 模式匹配

（4）要点提示

1）使用 mut 声明可变变量。

2）使用 Rc<RefCell<T>>。

3）使用 match 进行模式匹配。

4）使用 clone 方法深复制。

13.3.3　二叉搜索树中的搜索

1. 题目描述

给定二叉搜索树（BST）的根节点和一个值，需要在 BST 中找到节点值等于给定值的节点，返回以该节点为根的子树。如果节点不存在，则返回 NULL。

（1）示例

```
给定二叉搜索树：
        4
       / \
      2   7
     / \
    1   3
和值：2
应该返回如下子树：
      2
     / \
    1   3
在上述示例中，如果要找的值是 5，但因为没有节点值为 5，应该返回 NULL。
```

（2）链接

https://leetcode-cn.com/problems/search-in-a-binary-search-tree

2. 解题思路

（1）算法原理

根据二叉搜索树的特性，每个节点必须大于左子树上任意节点，小于右子树上任意节点，因此可以遍历此二叉搜索树的每个节点。当目标值等于当前节点的值时，返回当前节点；当目标值小于当前节点的值时，进入其左子树继续查找；当目标值大于当前节点的值时，进入其右子树继续查找。如果到最后节点仍未找到目标值，则返回 None。

（2）算法流程

1）判断根节点是否为空，如果为空，直接返回 None；如果不为空，判断根节点的值是否为目标值，如果是目标值则直接返回根节点。

2）继续查找节点，分为 3 种情况。

❑ 如果 val=node.val，直接返回该节点。

❑ 如果 val>node.val，则进入该节点的右子树查找。

❑ 如果 val<node.val，则进入该节点的左子树查找。

3）重复步骤 2，直到最后仍未找到目标值，返回 None。

3. 代码实现

代码清单 13-13 利用二叉搜索树的特性递归搜索目标值。由于返回值可能为空，这就需要返回 Option<T> 类型的值，因此第 9 行代码返回了 Some(node)，其类型是 Option <Rc<RefCell<TreeNode>>>。

代码清单13-13　二叉搜索树中的搜索

```
// Definition for a binary tree node.
// #[derive(Debug, PartialEq, Eq)]
// pub struct TreeNode {
//     pub val: i32,
//     pub left: Option<Rc<RefCell<TreeNode>>>,
//     pub right: Option<Rc<RefCell<TreeNode>>>,
// }
//
// impl TreeNode {
//     #[inline]
//     pub fn new(val: i32) -> Self {
//         TreeNode {
//             val,
//             left: None,
//             right: None
//         }
//     }
// }
 1  use std::rc::Rc;
 2  use std::cell::RefCell;
 3
 4  impl Solution {
 5      pub fn search_bst(root: Option<Rc<RefCell<TreeNode>>>, val: i32) ->
            Option<Rc<RefCell<TreeNode>>> {
 6          let mut r = root.clone();
 7          while let Some(node) = r {
 8              // 如果等于目标值，返回该节点
 9              if node.borrow().val == val { return Some(node); }
10
11              // 如果大于目标值，搜索左子树
```

```
12                    // 否则，搜索右子树
13                    if node.borrow().val > val {
14                        r = node.borrow().left.clone();
15                    } else {
16                        r = node.borrow().right.clone();
17                    }
18                }
19
20                // 没找到，返回None
21                None
22            }
23    }
```

4.实战要点

（1）基础概念

1）可变变量声明

2）智能指针

3）Option 类型使用

4）while let

5）数据深复制

（2）数据结构

自定义结构 TreeNode

（3）流程控制

1）if-else 条件判断

2）while 循环

（4）要点提示

1）使用 mut 声明可变变量。

2）使用 Rc<RefCell<T>>。

3）使用 while let 简化模式匹配处理。

4）使用 clone 方法深复制。

13.4 排序算法

常见排序算法可以分为两大类，如图 13-7 所示。

1）比较类排序：通过比较来决定元素间的相对次序，由于其时间复杂度不能突破 $O(n \log n)$，因此也称为非线性时间比较类排序。

2）非比较类排序：不通过比较来决定元素间的相对次序，可以突破基于比较排序的时间下界，以线性时间运行，因此也称为线性时间非比较类排序。

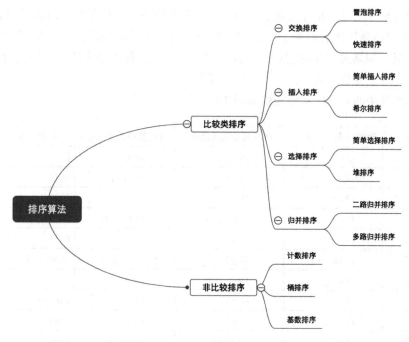

图 13-7 排序算法

学习排序算法,除了学习它的算法原理、代码实现之外,更重要的是学会如何评价与分析排序算法。分析一个排序算法,主要从以下 3 方面入手。

(1)排序算法的执行效率

对于排序算法的执行效率,我们一般会从以下几个方面来衡量。

1)最好情况、最坏情况、平均情况时间复杂度:在分析排序算法的时间复杂度时,要分别给出最好情况、最坏情况、平均情况下的时间复杂度。

2)时间复杂度的系数、常数、低阶:时间复杂度反映的是数据规模很大时的增长趋势,所以会忽略系数、常数、低阶。但是在实际软件开发中,要求排序的数据大多规模很小,因此在对同一阶时间复杂度的排序算法性能对比时,就需要把系数、常数、低阶也考虑进来。

3)比较次数和交换(或移动)次数:基于比较的排序算法涉及两种操作,一种是元素比较大小,另一种是元素交换或移动。因此,在分析排序算法的执行效率时,我们应该把比较次数和交换(或移动)次数也考虑进去。

(2)排序算法的内存消耗

排序算法的内存消耗可以通过空间复杂度来衡量。这里还有一个新的概念——原地排序算法,特指空间复杂度是 $O(1)$ 的排序算法。

(3)排序算法的稳定性

排序算法还有一个重要的度量指标——稳定性,是指如果待排序的序列中存在值相等的元素，经过排序之后，相等元素之间原有的先后顺序不变。比如有一组数据 [1，9，8，5，2，8]，按照大小排序之后就是 [1，2，5，8，8，9]。这组数据里有两个 8，经过某种排序算法排序之后，如果两个 8 的前后顺序没有改变，就把这种排序算法叫作稳定的排序算法；如果前后顺序发生变化，就叫作不稳定的排序算法。

常见排序算法的复杂度和稳定性如图 13-8 所示。

排序方法	时间复杂度（平均）	时间复杂度（最坏）	时间复杂度（最好）	空间复杂度	稳定性
插入排序	$O(n^2)$	$O(n^2)$	$O(n)$	$O(1)$	稳定
希尔排序	$O(n^{1.3})$	$O(n^2)$	$O(n)$	$O(1)$	不稳定
选择排序	$O(n^2)$	$O(n^2)$	$O(n^2)$	$O(1)$	不稳定
堆排序	$O(n\log_2 n)$	$O(n\log_2 n)$	$O(n\log_2 n)$	$O(1)$	不稳定
冒泡排序	$O(n^2)$	$O(n^2)$	$O(n)$	$O(1)$	稳定
快速排序	$O(n\log_2 n)$	$O(n^2)$	$O(n\log_2 n)$	$O(n\log_2 n)$	不稳定
归并排序	$O(n\log_2 n)$	$O(n\log_2 n)$	$O(n\log_2 n)$	$O(n)$	稳定
计数排序	$O(n+k)$	$O(n+k)$	$O(n+k)$	$O(n+k)$	稳定
桶排序	$O(n+k)$	$O(n^2)$	$O(n)$	$O(n+k)$	稳定
基数排序	$O(n \times k)$	$O(n \times k)$	$O(n \times k)$	$O(n+k)$	稳定

图 13-8　常见排序算法的复杂度和稳定性

❏ 稳定：a=b，a 原本在 b 的前面，排序后 a 仍然在 b 的前面。

❏ 不稳定：a=b，a 原本在 b 的前面，排序后 a 可能会出现在 b 的后面。

❏ 时间复杂度：算法对排序数据的总操作次数，反映当数据规模 n 变化时，操作次数呈现的规律。

❏ 空间复杂度：算法执行时所需存储空间的度量，反映当数据规模 n 变化时，存储空间呈现的规律。

非比较类排序算法对要排序的数据要求很苛刻，只适用于特殊的应用场景，不适合用来对通用数据进行排序操作。下面重点介绍比较类排序算法。

1. 冒泡排序

冒泡排序（Bubble Sort）的每次冒泡操作都会对相邻的两个元素进行比较，如果它们的顺序错误就把它们交换过来。每一轮从数组头部开始，每两个元素比较大小并进行交换，直到这一轮当中最大或最小的元素被放置在数组的尾部。不断重复这个过程，直到所有元素都排好位置。

冒泡排序算法的实现如代码清单 13-14 所示，其算法流程如下：

1）比较相邻的两个元素，如果第一个元素比第二个元素大，就交换位置。

2）对每一对相邻元素执行步骤 1，这样最后的元素是最大的数。

3）重复步骤 1～2，直到排序完成。

针对上述算法流程，我们可以对冒泡过程进行优化。当某次冒泡操作没有可交换数据时，数组达到完全有序，不需要再执行后续的冒泡操作。

代码清单13-14 冒泡排序

```
1   fn bubble_sort(mut nums: Vec<i32>) -> Vec<i32> {
2       if nums.is_empty() { return vec![]; }
3
4       for i in 0..nums.len() - 1 {
5           // 标记每轮遍历中是否发生元素交换
6           let mut flag = false;
7
8           // 比较相邻元素，如果发现当前数比下一个数大，就交换这两个数的位置，同时标记有交换发生
9           for j in 0..nums.len() - i - 1 {
10              if nums[j] > nums[j + 1] { // 相邻元素两两比较
11                  // 元素交换
12                  let tmp = nums[j];
13                  nums[j] = nums[j + 1];
14                  nums[j + 1] = tmp;
15
16                  // 表示有元素交换
17                  flag = true;
18              }
19          }
20
21          println!("{:?}", nums);
22
23          // 判断是否有数据交换，若没有则提前退出
24          if !flag { break; }
25      }
26      nums
27  }
28
29  fn main() {
30      let nums = vec![7, 9, 12, 11, 6, 3];
31      bubble_sort(nums);
32  }
33
34  // [7, 9, 11, 6, 3, 12]
35  // [7, 9, 6, 3, 11, 12]
36  // [7, 6, 3, 9, 11, 12]
37  // [6, 3, 7, 9, 11, 12]
38  // [3, 6, 7, 9, 11, 12]
```

2. 插入排序

插入排序（Insertion Sort）算法的实现如代码清单 13-15 所示。其算法流程如下：

1）第一个元素被视为已排序。

2）取下一个元素，在已排序序列中从后向前扫描。

3）如果已排序元素大于新元素，将该已排序元素右移一个位置。

4）重复步骤3，直到找到已排序元素小于或者等于新元素的元素，将新元素插入到该元素之后。

5）重复步骤2～4，直到未排序序列中的元素为空。

代码清单13-15　插入排序

```
1  fn insertion_sort(mut nums: Vec<i32>) -> Vec<i32> {
2      if nums.is_empty() { return vec![]; }
3
4      // 将数组第一个元素视为已排序序列, 从第二个元素起遍历未排序序列
5      for i in 1..nums.len() {
6          // 开始外循环, 用current保存当前i指向的元素
7          let current = nums[i];
8
9          // 查找插入位置并移动元素
10         // 开始内循环, 用当前j指向的元素和current比较
11         // 若该元素比current大, 则右移一位
12         let mut j = (i - 1) as i32;
13         while j >= 0 {
14             if nums[j as usize] > current {
15                 // 移动元素
16                 nums[(j + 1) as usize] = nums[j as usize];
17             } else {
18                 // 结束内循环, j+1指向的位置就是current应该插入的位置
19                 break;
20             }
21             j -= 1;
22         }
23
24         // 插入元素
25         nums[(j + 1) as usize] = current;
26
27         println!("{:?}", nums);
28     }
29
30     nums
31 }
32
33 fn main() {
34     let nums = vec![7, 9, 12, 11, 6, 3];
35     insertion_sort(nums);
36 }
37
38 // [7, 9, 12, 11, 6, 3]
39 // [7, 9, 12, 11, 6, 3]
40 // [7, 9, 11, 12, 6, 3]
41 // [6, 7, 9, 11, 12, 3]
42 // [3, 6, 7, 9, 11, 12]
```

3. 选择排序

选择排序（Selection Sort）将元素分为已排序序列和未排序序列。初始时已排序序列为

空，即全部是未排序序列。取未排序序列中的最小元素与未排序序列中的第一个元素交换位置，重复该过程，每次从剩余未排序序列中寻找最小元素，并与未排序序列中的第一个元素交换位置。这样逐步在序列左边形成已排序序列，直到未排序序列中的元素为空。

选择排序算法的实现如代码清单 13-16 所示，其算法流程如下：

1）数组 nums 初始状态：已排序序列为空，未排序序列区间为 $[0, n)$。

2）在未排序序列区间 $[0, n)$ 中找到最小元素 nums[min_index]，将其与 nums[0] 交换元素。

3）重复步骤 2，在未排序序列区间 $[i, n)$ 中找到最小元素 nums[min_index]，将其与 nums[i] 交换元素。

4）此时，数组 nums 的已排序序列区间为 $[0, i]$，未排序序列区间为 $[i+1, n)$。

5）直到 $i=n-1$，排序结束，此时已排序序列区间为 $[0, n)$，未排序序列为空。

代码清单13-16　选择排序

```
1   fn selection_sort(mut nums: Vec<i32>) -> Vec<i32> {
2       if nums.is_empty() { return vec![]; }
3
4       for i in 0..nums.len() - 1 {
5           // 开始外循环，用min_index保存最小元素的索引
6           let mut min_index = i;
7
8           // 查找最小元素的索引
9           // 开始内循环，用当前j指向的元素和已保存的最小元素比较
10          // 若该元素比最小元素小，则将该元素设为最小元素
11          for j in i + 1..nums.len() {
12              if nums[j] < nums[min_index] {
13                  min_index = j;
14              }
15          }
16
17          // 元素交换
18          if i != min_index {
19              nums.swap(i, min_index);
20          }
21
22          println!("{:?}", nums);
23      }
24
25      nums
26  }
27
28  fn main() {
29      let nums = vec![7, 9, 12, 11, 6, 3];
30      selection_sort(nums);
31  }
32
33  // [3, 9, 12, 11, 6, 7]
34  // [3, 6, 12, 11, 9, 7]
```

```
35  // [3, 6, 7, 11, 9, 12]
36  // [3, 6, 7, 9, 11, 12]
37  // [3, 6, 7, 9, 11, 12]
```

4. 堆排序

堆排序（Heap Sort）是指利用堆数据结构实现的排序算法。我们可以把堆排序过程分解成建堆和排序两个步骤。

1）建堆的过程分为从下往上和从上往下两种方式，具体可参见 12.5 节内容，在此不再赘述。

2）建堆结束之后，数组中的 n 个元素已按照大顶堆的特性来组织了。数组中的第一个元素就是堆顶，也就是最大的元素，将它与最后一个元素交换，那最大元素就放到了索引为 n-1 的位置，这个过程类似删除堆顶元素的操作。通过堆化的方法将剩下的 n-1 个元素重新构建成堆，再取堆顶的元素与索引为 n-2 的元素交换，重复这个过程，直到最后堆中只剩索引为 0 的元素，排序工作完成。

堆排序算法的实现如代码清单 13-17 所示，其算法流程如下：

1）将待排序数组 nums 构建成大顶堆。

2）将堆顶元素 nums[0] 与最后一个元素 nums[n-1] 交换。此时，数组分为两个序列，一个是无序序列 nums[0]～nums[n-2]，一个是有序序列 nums[n-1]，且 nums[n-1] 为当前数组最大值。

3）上述操作完成后，数组已不满足大顶堆的特性，需要将区间为 [0, n-2] 的无序序列重新构建成堆。然后将 nums[0] 与无序序列最后一个元素即 nums[n-2] 交换，得到新的无序序列 nums[0]～nums[n-3] 和新的有序序列 nums[n-2]～nums[n-1]。重复此过程，直到最后堆中只剩下索引为 0 的元素，所有元素都排序完成。

代码清单13-17　堆排序

```rust
pub fn heap_sort(nums: &mut Vec<i32>) {
    build_heap(nums);

    for i in (0..nums.len()).rev() {
        nums.swap(0, i);
        heapify(nums, 0, i);
        println!("{:?}", nums);
    }
}

// 建立大顶堆
fn build_heap(nums: &mut Vec<i32>) {
    let len = nums.len();
    for i in (0..len / 2).rev() {
        heapify(nums, i, len);
    }
}
```

```
18
19   // 堆化
20   fn heapify(nums: &mut Vec<i32>, idx: usize, len: usize) {
21       let mut idx = idx;
22       loop {
23           let mut max_pos = idx;
24           if 2 * idx + 1 < len && nums[idx] < nums[2 * idx + 1] { max_pos = 2 * idx + 1; }
25           if 2 * idx + 2 < len && nums[max_pos] < nums[2 * idx + 2] { max_pos = 2 * idx + 2; }
26
27           if max_pos == idx { break; }
28           nums.swap(idx, max_pos);
29           idx = max_pos;
30       }
31   }
32
33   fn main() {
34       let mut nums = vec![7, 9, 12, 11, 6, 3];
35       heap_sort(&mut nums);
36   }
37
38   // [11, 9, 7, 3, 6, 12]
39   // [9, 6, 7, 3, 11, 12]
40   // [7, 6, 3, 9, 11, 12]
41   // [6, 3, 7, 9, 11, 12]
42   // [3, 6, 7, 9, 11, 12]
43   // [3, 6, 7, 9, 11, 12]
```

5. 归并排序

归并排序（Merge Sort）是使用分治算法思想，将待排序元素拆分成两个或多个子序列，拆分后的子序列以相同的方式继续拆分，直到每个序列中都只包含一个元素。然后开始排序工作，先使每个子序列有序，再使子序列段间有序，逐步将已经有序的子序列合并，最终得到完全有序的序列。

归并排序算法的实现如代码清单 13-18 所示，其算法流程如下：

1）把长度为 n 的待排序元素拆分成两个长度为 $n/2$ 的子序列。

2）针对这两个子序列继续重复步骤 1，直到拆分成的子序列中只包含一个元素。

3）开始排序，排序的方法是按照大小顺序合并两个元素。

4）重复步骤 3，按照大小顺序不断地合并排好序的子序列，直到最终将两个排好序的子序列合并成一个完全有序的序列。

代码清单13-18　归并排序

```
1   pub fn merge_sort(mut nums: Vec<i32>) -> Vec<i32> {
2       if nums.is_empty() { return nums; }
3
4       let n = nums.len() - 1;
5       merge_sort_recursion(&mut nums, 0, n);
6       nums
```

```
 7    }
 8
 9    fn merge_sort_recursion(nums: &mut Vec<i32>, left: usize, right: usize) {
10        // 判断是否只剩下最后一个元素
11        if left >= right { return; }
12
13        // 从中间将数组分成两个序列
14        let middle = left + (right - left) / 2;
15
16        // 分别以递归方式将左右两个序列排好序
17        merge_sort_recursion(nums, left, middle);
18        merge_sort_recursion(nums, middle + 1, right);
19
20        // 将已有序的两个序列合并
21        merge(nums, left, middle, right);
22    }
23
24    fn merge(nums: &mut Vec<i32>, left: usize, middle: usize, right: usize) {
25        // 定义索引i表示左序列的起始位置
26        let mut i = left;
27
28        // 定义索引j表示右序列的起始位置
29        let mut j = middle + 1;
30
31        // 定义索引k表示开始排序原数组的位置
32        let mut k = left;
33
34        // 定义用于排序过程中临时存放元素的数组
35        let mut tmp = vec![];
36
37        while k <= right {
38            if i > middle {
39                // 左序列元素处理完毕，剩下右序列元素，将右序列元素逐个添加
40                tmp.push(nums[j]);
41                j += 1;
42                k += 1;
43            } else if j > right {
44                // 右序列元素处理完毕，剩下左序列元素，将左序列元素逐个添加
45                tmp.push(nums[i]);
46                i += 1;
47                k += 1;
48            } else if nums[i] < nums[j] {
49                // 左序列元素小于右序列元素，将左序列元素添加，索引i往前移动一位
50                tmp.push(nums[i]);
51                i += 1;
52                k += 1;
53            } else {
54                // 左序列元素大于等于右序列元素，将右序列元素添加，索引j往前移动一位
55                tmp.push(nums[j]);
56                j += 1;
57                k += 1;
58            }
59        }
```

```
60
61        // 将已排序的元素按对应位置替换原数组元素
62        for i in 0..=(right - left) {
63            nums[left + i] = tmp[i];
64        }
65
66        println!("{:?}", nums);
67    }
68
69    fn main() {
70        let nums = vec![7, 9, 12, 11, 6, 3];
71        merge_sort(nums);
72    }
73
74    // [7, 9, 12, 11, 6, 3]
75    // [7, 9, 12, 11, 6, 3]
76    // [7, 9, 12, 6, 11, 3]
77    // [7, 9, 12, 3, 6, 11]
78    // [3, 6, 7, 9, 11, 12]
```

6. 快速排序

快速排序（Quick Sort）是将任意选取的一个元素作为基准值，以基准值为分区点将待排序元素分隔为两个序列——小于基准值的放在左边，大于基准值的放在右边。根据分治与递归算法的处理思想，分别再对这两个序列元素继续进行排序，以实现整个序列有序。

快速排序算法的实现如代码清单 13-19 所示，其算法流程如下：

1）在待排序序列 nums 的区间 $[0, n)$ 中挑出一个元素 nums[pivot] 作为基准值，pivot 即分区点。

2）所有比基准值小的元素放在区间 $[0, pivot)$ 中，所有比基准值大的元素放在区间 $[pivot+1, n)$ 中。

3）分别在区间 $[0, pivot)$ 与区间 $[pivot+1, n)$ 中重复步骤 1～2，直到区间只剩一个元素，所有元素排序完成。

代码清单13-19　快速排序

```
1   pub fn quick_sort(mut nums: Vec<i32>) -> Vec<i32> {
2       if nums.is_empty() { return nums; }
3
4       let len = nums.len();
5       quick_sort_recursion(&mut nums, 0, len - 1);
6       nums
7   }
8
9   fn quick_sort_recursion(nums: &mut Vec<i32>, left: usize, right: usize) {
10      // 判断是否只剩下一个元素，如果是则返回
11      if left >= right { return; }
12
13      // 使用partition函数找到分区点
```

```
14          let pivot = partition(nums, left, right);
15
16          // 对分区点左子数组和右子数组进行递归操作
17          if pivot != 0 {
18              quick_sort_recursion(nums, left, pivot - 1);
19          }
20          quick_sort_recursion(nums, pivot + 1, right);
21      }
22
23      // 分区操作
24      fn partition(nums: &mut Vec<i32>, left: usize, right: usize) -> usize {
25          // 设定基准值
26          let pivot = right;
27
28          // 遍历数组，每个数都与基准值进行比较，小于基准值的放到索引i指向的位置
29          // 遍历完成后，索引i位置之前的所有数都小于基准值
30          let mut i = left;
31          for j in left..right {
32              if nums[j] < nums[pivot] {
33                  nums.swap(i, j);
34                  i += 1;
35              }
36          }
37
38          // 将末尾的基准值交换到索引i位置，由此索引i位置之后的所有数都大于基准值
39          nums.swap(i, right);
40
41          println!("{:?}", nums);
42
43          // 返回i作为分区点
44          i
45      }
46
47      fn main() {
48          let nums = vec![7, 9, 12, 11, 6, 3];
49          quick_sort(nums);
50      }
51
52      // [3, 9, 12, 11, 6, 7]
53      // [3, 6, 7, 11, 9, 12]
54      // [3, 6, 7, 11, 9, 12]
55      // [3, 6, 7, 9, 11, 12]
```

代码清单 13-19 没有考虑待排序元素的特点，直接选择最后一个元素作为分区点，在解决实际问题时可能会出现时间复杂度退化的情况。比如碰到极端情况，待排序元素本身就已经是顺序或者倒序排序的，如果每次分区点都选择最后一个元素，那么快速排序算法的性能将会变得非常糟糕。

比较理想的分区点是其分开的两个分区中，元素的数量尽可能平均。在实际项目开发中，我们通常会使用随机法来选择分区点。随机法是指每次从待排序元素中随机地选择一个元素作为分区点。这种方法虽不能保证每次分区点都选得好，但是从概率的角度看，也

不太可能出现每次分区点都选得很差的情况。读者可参阅 13.4.1 节学习随机法的代码实现。

13.4.1　数组中的第 k 个最大元素

1. 题目描述

在未排序的数组中找到第 k 个最大的元素。请注意，需要找的是数组排序后的第 k 个最大的元素，而不是第 k 个不同的元素。

（1）说明

可以假设 k 总是有效的，且 $1 \leqslant k \leqslant$ 数组的长度。

（2）示例

输入：[3, 2, 1, 5, 6, 4] 和 $k = 2$

输出：5

输入：[3, 2, 3, 1, 2, 4, 5, 5, 6] 和 $k = 4$

输出：4

（3）链接

https://leetcode-cn.com/problems/kth-largest-element-in-an-array

2. 解题思路

（1）算法原理

找第 k 个最大元素也就是找第 $n-k$ 个最小元素。利用快速排序思想，每次随机选取一个基准值对数组进行分区，所有小于基准值的元素都在其左侧，所有大于或等于基准值的元素都在其右侧。检查这个基准值的索引是否等于 $n-k$，如果是则该基准值即要寻找的最大元素，否则以递归的方式再次进行分区寻找。

（2）算法流程

1）随机选择一个分区点。

2）将分区点放在数组中的合适位置 pos，并把小于分区点的元素移到左边，大于等于分区点的元素移到右边。

3）比较 pos 和 $n-k$ 的大小，以决定在哪边继续递归处理，直到寻找到 pos=$n-k$ 位置的元素，即第 $n-k$ 个最小元素，也就是要寻找的第 k 个最大元素。

3. 代码实现

代码清单 13-20 引入第三方工具包 rand 来产生随机数，以避免快速排序算法在极端情况下引起的性能下降问题。要引入第三方工具包 rand，需要在 Cargo.toml 文件的 [dependencies] 下配置 rand = "0.7.3"。

代码清单13-20　数组中的第 k 个最大元素

```
1   use rand::Rng;
2
3   impl Solution {
```

```rust
4      pub fn find_kth_largest(mut nums: Vec<i32>, k: i32) -> i32 {
5          if nums.is_empty() || k > nums.len() as i32 { return -1; }
6          let len = nums.len();
7
8          // 第k个最大元素就是第n-k个最小元素
9          return quick_select(&mut nums, 0, len - 1, len - k as usize);
10     }
11  }
12
13  fn quick_select(nums: &mut Vec<i32>, left: usize, right: usize, k_smallest:
        usize) -> i32 {
14      // 如果数组仅包含一个元素，则返回该元素
15      if left == right { return nums[left]; }
16
17      // 在区间[left, right]中随机选择一个元素作为基准值
18      let mut rng = rand::thread_rng();
19      let mut pivot_index = left + rng.gen_range(0, right - left);
20      pivot_index = partition(nums, left, right, pivot_index);
21
22      return if k_smallest == pivot_index { // 分区点位于第n-k个最小位置
23          nums[k_smallest]
24      } else if k_smallest < pivot_index { // 在左边区间继续寻找
25          quick_select(nums, left, pivot_index - 1, k_smallest)
26      } else { // 在右边区间继续寻找
27          quick_select(nums, pivot_index + 1, right, k_smallest)
28      };
29  }
30
31  // 分区操作
32  fn partition(nums: &mut Vec<i32>, left: usize, right: usize, pivot_index:
        usize) -> usize {
33      let pivot = nums[pivot_index];
34      // 将分区点移到末端
35      nums.swap(pivot_index, right);
36      let mut store_index = left;
37
38      // 将所有小于基准值的元素向左移动
39      for i in left..right {
40          if nums[i] < pivot {
41              // 小于基准值的元素交换到左边
42              nums.swap(store_index, i);
43              store_index += 1;
44          }
45      }
46
47      // 将分区点移至最终位置
48      nums.swap(store_index, right);
49      store_index
50  }
```

4. 实战要点

（1）基础概念

1）可变变量声明

2）带有可变引用参数的函数定义与调用

3）动态数组创建、更新和访问

4）类型转换

（2）数据结构

Vec<i32>

（3）流程控制

1）if-else if-else 条件判断

2）for 循环

（4）要点提示

1）使用 mut 声明可变变量。

2）定义带有 &mut 变量参数的函数。

3）调用带有 &mut 变量参数的函数。

4）使用索引访问和更新动态数组。

5）使用 as 进行类型转换。

13.4.2　合并区间

1. 题目描述

给出一个区间的集合，合并所有重叠的区间。

（1）示例

输入：[[1, 3], [2, 6], [8, 10], [15, 18]]

输出：[[1, 6], [8, 10], [15, 18]]

解释：区间 [1, 3] 和 [2, 6] 重叠，将它们合并为 [1, 6]。

输入：[[1, 4], [4, 5]]

输出：[[1, 5]]

解释：区间 [1, 4] 和 [4, 5] 可被视为重叠区间。

（2）链接

https://leetcode-cn.com/problems/merge-intervals

2. 解题思路

（1）算法原理

将区间的集合排序后先取出第一个区间，再按顺序考虑之后的每个区间。如果当前区间的左端点在前一个区间的右端点之后，那么两个区间不重叠；否则，两个区间有重叠，比较当前区间的右端点与前一个区间的右端点，取较大者作为区间合并后的右端点。

（2）算法流程

1）将区间的集合进行排序。

2）将第一个区间插入 merged 数组中。

3）按顺序考虑下一个区间，如果该区间的左端点大于在前一个区间的右端点，说明两个区间没有任何重叠，直接将该区间插入 merged 数组中；否则，两个区间有重叠，比较该区间的右端点与前一个区间的右端点，取较大者作为区间合并后的右端点。

4）重复步骤 3，直到所有区间合并完成。

3. 代码实现

代码清单 13-21 中，因为对区间集合排序的具体实现并非本题的考核要点，因此第 7 行代码直接使用了 Rust 标准库提供的排序方法。

代码清单13-21　合并区间

```
 1  impl Solution {
 2      pub fn merge(mut intervals: Vec<Vec<i32>>) -> Vec<Vec<i32>> {
 3          let mut merged: Vec<Vec<i32>> = Vec::new();
 4          if intervals.len() == 0 { return merged; }
 5
 6          // 区间集合排序
 7          intervals.sort();
 8
 9          for i in 0..intervals.len() {
10              let len = merged.len();
11
12              // 如果merged为空或者当前区间的左端点大于前一个区间的右端点，不重叠，直接插入
13              // 否则，比较前后区间的右端点，取较大者作为区间合并后的右端点
14              if merged.is_empty() || merged[len-1][1] < intervals[i][0] {
15                  merged.push(intervals[i].clone());
16              } else {
17                  merged[len-1][1] = merged[len-1][1].max(intervals[i][1]);
18              }
19          }
20
21          return merged;
22      }
23  }
```

4. 实战要点

（1）基础概念

1）可变变量声明

2）动态数组创建、更新和访问

3）数据深复制

（2）数据结构

Vec<Vec<i32>>

（3）流程控制

1）if-else 条件判断

2）for 循环

（4）要点提示

1）使用 mut 声明可变变量。

2）使用索引访问和更新动态数组。

3）使用动态数组的 new、push、is_empty、len、sort 方法。

4）使用 clone 方法深复制。

13.4.3　翻转对

1. 题目描述

给定一个数组 nums，如果 $i<j$ 且 nums[i]>2×nums[j]，则（i, j）作为一个重要的翻转对。请返回给定数组中的重要翻转对的数量。

（1）说明

1）给定数组的长度不会超过 50000。

2）输入数组中的所有数字都在 32 位整数的表示范围内。

（2）示例

输入：[1, 3, 2, 3, 1]

输出：2

输入：[2, 4, 3, 5, 1]

输出：3

（3）链接

https://leetcode-cn.com/problems/reverse-pairs

2. 解题思路

（1）算法原理

使用归并排序算法，将数组 nums 分成区间为 [0, mid] 和 [mid+1, n-1] 的两个递增有序子数组。如果左子数组的当前元素大于右子数组的某个元素的两倍，则不需要再遍历左子数组的剩余元素。因为两个子数组都是单调递增的，左子数组当前元素到结尾元素都可以和右子数组那个元素组成重要翻转对，且重要翻转对个数 = 左子数组长度 - 当前左子数组元素的索引。

（2）算法流程

1）把长度为 n 的数组 nums 拆分成两个长度为 $n/2$ 的子数组。

2）对两个子数组重复步骤 1，直到拆分成的子数组中只包含一个元素。

3）开始归并排序，当要归并两个已经排好序的子数组 nums[left…mid] 和 nums[mid+1…right] 时，对于 nums[left…mid] 中的元素 i，如果 nums[mid+1…right] 中的元素 j 满足 nums[i]>2×nums[j] 条件，那么 nums[i…mid] 中的所有元素都是满足这个条件的，统计其中的元素个数是 mid-i+1。

4）重复步骤 3，按照大小顺序不断地合并排好序的子数组，直到最终合并成一个完全有序的数组，同时完成重要翻转对的数量统计。

3. 代码实现

代码清单 13-22 中，第 24 行代码为了防止元素值乘以 2 后可能会整数溢出，将 i32 类型转换成 i64 类型。

代码清单13-22　翻转对

```
1   impl Solution {
2       pub fn reverse_pairs(mut nums: Vec<i32>) -> i32 {
3           if nums.is_empty() { return 0; }
4
5           let len = nums.len();
6           let mut tmp = vec![0; len];
7           return sort_count(&mut nums, &mut tmp, 0, len - 1) as i32;
8       }
9   }
10
11  fn sort_count(nums: &mut Vec<i32>, tmp: &mut Vec<i32>, left: usize, right: usize)
        -> usize {
12      if left >= right { return 0; }
13      let middle = left + (right - left) / 2;
14
15      // 先统计左、右子数组的重要翻转对数量
16      let mut count = sort_count(nums, tmp, left, middle) + sort_count(nums, tmp,
            middle + 1, right);
17
18      // 再统计左、右子数组之间的重要翻转对数量
19      let mut i = left;
20      let mut j = middle + 1;
21      while i <= middle && j <= right {
22          // 满足nums[i]>2×nums[j]，增加重要翻转对数量，并让j向后移动
23          // 否则，让i向后移动
24          if nums[i] as i64 > 2 * nums[j] as i64 {
25              count += middle - i + 1;
26              j += 1;
27          } else {
28              i += 1;
29          }
30      }
31
32      merge(nums, tmp, left, middle, right);
33      count
34  }
35
36  // 将两个已经有序的数组合并
37  fn merge(nums: &mut Vec<i32>, tmp: &mut Vec<i32>, left: usize, middle: usize, right:
        usize) {
38      let mut index = 0;
39      let mut i = left;
40      let mut j = middle + 1;
41      while i <= middle && j <= right {
```

```
42              if nums[i] <= nums[j] {
43                  tmp[index] = nums[i];
44                  index += 1;
45                  i += 1;
46              } else {
47                  tmp[index] = nums[j];
48                  index += 1;
49                  j += 1
50              }
51          }
52
53          while i <= middle {
54              tmp[index] = nums[i];
55              index += 1;
56              i += 1;
57          }
58
59          while j <= right {
60              tmp[index] = nums[j];
61              index += 1;
62              j += 1
63          }
64
65          for i in left..=right {
66              nums[i] = tmp[i - left];
67          }
68  }
```

4. 实战要点

（1）基础概念

1）可变变量声明

2）带有可变引用参数的函数定义与调用

3）动态数组创建、更新和访问

4）类型转换

（2）数据结构

Vec<i32>

（3）流程控制

1）if-else 条件判断

2）while 循环

3）for 循环

（4）要点提示

1）使用 mut 声明可变变量。

2）定义带有 &mut 变量参数的函数。

3）调用带有 &mut 变量参数的函数。

4）使用 vec! 宏创建有初始值的动态数组。

5）使用索引访问和更新动态数组。

6）使用 as 进行类型转换。

13.5   动态规划

动态规划解决问题的思路是，把要解决的问题分解为多个阶段，每个阶段对应一个决策，每个决策对应着一组状态。首先记录每一个阶段可达的状态集合（去掉重复的），再通过当前阶段的状态集合来推导下一个阶段的状态集合，动态地往前推进，最终寻找到一组决策序列。通过这组决策序列，我们能够得到期望的最优值。

动态规划适合用来求解最优问题，比如求最大值、最小值等。适合动态规划解决的问题通常具备 3 个特征，分别是最优子结构、无后效性和重复子问题。

（1）最优子结构

最优子结构指的是，问题的最优解包含了子问题的最优解，可以通过子问题的最优解推导出问题的最优解，也可以理解为当前阶段的状态可以通过前面阶段的状态推导出来。最优子结构的示意图如图 13-9 所示。

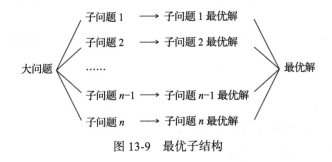

图 13-9   最优子结构

（2）无后效性

无后效性指的是，在推导后面阶段的状态时，只用关心当前阶段的状态值，不用关心这个状态是如何一步一步推导出来的。同时，某阶段状态一旦确定，就不受之后阶段的决策影响。

（3）重复子问题

重复子问题指的是，不同的决策序列在到达某个相同阶段时可能会产生的重复状态。我们可以借助编程技巧保证每个重复子问题只被求解一次。

解决动态规划问题，常用的有两种方法：状态转移表法和状态转移方程法。

（1）状态转移表法

一般情况下，能用动态规划解决的问题都可以使用回溯算法的暴力搜索解决，因此可以先尝试用简单的回溯算法。通过定义状态，让每个状态表示一个节点，画出对应的递归树。我们可以从递归树中看出是否存在重复子问题，以及重复子问题是如何产生的。

找到重复子问题后，就可以使用状态转移表法了。先画出一个状态表，状态表一般是二维的，其中每个状态包含行、列、数组值这三个变量。然后根据决策的先后过程，从前往后按递推关系分阶段填充状态表中的每个状态。最后将递推填表的过程翻译成代码。

状态转移表法的解题思路，大致可以概括为回溯算法实现→定义状态→画递归树→找重复子问题→画状态转移表→根据递推关系填表→将填表过程翻译成代码。

（2）状态转移方程法

状态转移方程法类似于递归的解题思路。首先分析某个问题如何通过子问题来递归求解，找到最优子结构。然后根据最优子结构写出递归公式，即状态转移方程。

状态转移方程法的解题思路，大致可以概括为找最优子结构→写状态转移方程→将状态转移方程翻译成代码。

最后需要注意的是，并不是所有问题都同时适合通过上述两种动态规划解题方法来解决，需要结合具体问题具体分析。动态规划的理论比较抽象，下面通过解决具体问题来进一步加深理解。

13.5.1　爬楼梯

1. 题目描述

假设需要爬 n 个楼梯到达楼顶，每次可以爬 1 或 2 个台阶，问有多少种不同的方法可以爬到楼顶？

（1）说明

给定 n 是一个正整数。

（2）示例

输入：2

输出：2

输入：4

输出：5

（3）链接

https://leetcode-cn.com/problems/climbing-stairs

2. 解题思路

不难发现，这个问题可以被分解为包含最优子结构的子问题，即它的最优解可以从其子问题的最优解来构建，因此使用动态规划来解决这一问题。

要上到第 i 阶可以有以下两种方法：

1）在第 $i-1$ 阶向上爬 1 个台阶。

2）在第 $i-2$ 阶向上爬 2 个台阶。

因此，到达第 i 阶的方法总数就是到达第 i-1 阶和第 i-2 阶的方法数之和。用 dp[i] 表示能到达第 i 阶的方法总数，状态转移方程是：

dp[i] = dp[i-1] + dp[i-2]

3. 代码实现

代码清单 13-23 中，第 7 行代码 vec! 宏创建了初始值为 0，长度为 n+1 的动态数组，这里将长度设为 n+1 是为了方便理解，因为台阶是从 1 到 n 的。

代码清单13-23　爬楼梯

```
1   impl Solution {
2       pub fn climb_stairs(n: i32) -> i32 {
3           if n == 1 {
4               return 1;
5           }
6
7           let mut dp: Vec<i32> = vec![0; (n + 1) as usize];
8           dp[1] = 1;
9           dp[2] = 2;
10          for i in 3..(n + 1) as usize {
11              dp[i] = dp[i - 1] + dp[i - 2];
12          }
13
14          return dp[n as usize];
15      }
16  }
```

4. 实战要点

（1）基础概念

1）可变变量声明。

2）动态数组创建、更新和访问。

3）类型转换。

（2）数据结构

Vec<i32>

（3）流程控制

1）if 条件判断

2）for 循环

（4）要点提示

1）使用 mut 声明可变变量。

2）使用 vec! 宏创建有初始值的动态数组。

3）使用索引访问和更新动态数组。

4）使用 as 进行类型转换。

13.5.2 最小路径和

1. 题目描述

给定一个包含非负整数的 $m \times n$ 网格，请找出一条从左上角到右下角的路径，使得路径上的数字总和最小。

（1）说明

每次只能向下或者向右移动一步。

（2）示例

输入：

```
[
    [1, 3, 1],
    [1, 5, 1],
    [4, 2, 1]
]
```

输出：7

解释：因为路径 1→3→1→1→1 的总和最小。

（3）链接

https://leetcode-cn.com/problems/minimum-path-sum

2. 解题思路

每次只能向下或者向右移动一步，要移动到网格 matrix[i][j] 处只有以下两种移动方法：

1）从 matrix[$i-1$][j] 位置向下移动一步。

2）从 matrix[i][$j-1$] 位置向右移动一步。

因此，网格 matrix[i][j] 处的路径和等于网格 matrix[$i-1$][j] 处的路径和与网格 matrix[i][$j-1$] 处的路径和的较小值加上其本身。用 dp[i][j] 表示从开始到网格任一位置 matrix[i][j] 处的最小路径和，状态转移方程是：

```
dp[i][j] = matrix[i][j] + min(dp[i][j-1], dp[i-1][j])
```

3. 代码实现

代码清单 13-24 中，第 9 行代码嵌套的 vec! 宏声明了一个 Vec<Vec<i32>> 类型的变量，类似于二维数组且元素值统一初始化为 0。第 29 行代码 min 方法比较并返回两个值中的最小值，如果两者相等，返回第一个参数的值。第 13~31 行代码可以想象成正在画一个二维状态表，表中的行、列表示网格中每个位置，表中的数值表示从起点到这个位置的最短路径。第 13~16 行代码填充了状态表中第一列数据。第 20~23 行代码填充了状态表中第一行数据。第 26~31 行代码按照决策过程，通过不断地状态递推演进，依次填充状态表。

代码清单13-24 最小路径和

```
1  impl Solution {
2      pub fn min_path_sum(matrix: Vec<Vec<i32>>) -> i32 {
```

```
3            let m = matrix.len(); // 行数m
4            if m == 0 { return 0; }
5            let n = matrix[0].len(); // 列数n
6            if n == 0 { return 0; }
7
8            // 储存中间状态，即从开始到网格任一位置matrix[i][j]处的最小路径和
9            let mut states = vec![vec![0; n]; m];
10           let mut sum = 0;
11
12           // 初始化states的第一列数据，即第一列的边界路径和
13           for i in 0..m {
14               sum += matrix[i][0];
15               states[i][0] = sum;
16           }
17
18           sum = 0;
19           // 初始化states的第一行数据，即第一行的边界路径和
20           for j in 0..n {
21               sum += matrix[0][j];
22               states[0][j] = sum;
23           }
24
25           // 依次计算states[i][j]
26           for i in 1..m { // 遍历行
27               for j in 1..n { // 遍历列
28                   // matrix[i][j]处的路径和等于states[i-1][j]和states[i][j-1]两者
                        的较小值加上本身
29                   states[i][j] = matrix[i][j] + states[i - 1][j].min(states[i][j - 1]);
30               }
31           }
32
33           states[m - 1][n - 1]
34       }
35   }
```

4. 实战要点

（1）基础概念

1）可变变量声明

2）动态数组创建、更新和访问

（2）数据结构

Vec<Vec<i32>>

（3）流程控制

1）if 条件判断

2）for 循环

（4）要点提示

1）使用 mut 声明可变变量。

2）使用 vec! 宏创建有初始值的动态数组。

3）使用索引访问和更新动态数组。

13.5.3　三角形最小路径和

1. 题目描述

给定一个三角形，找出自顶向下的最小路径和。

（1）说明

每一步只能移动到下一行中相邻的节点上。

（2）示例

给定三角形：

```
[
     [2],
   [3, 4],
  [6, 5, 7],
[4, 1, 8, 3]
]
```

自顶向下的最小路径和为 11（2+3+5+1=11）。

（3）链接

https://leetcode-cn.com/problems/triangle

2. 解题思路

本题同样可以采用动态规划求解。13.5.2 节是自上而下的动态规划，本题换一个思路进行自底向上动态规划。

从倒数第二行开始依次向上移动，要移动到 triangle[i][j] 处只有两种方法：

1）从 triangle[i+1][j] 位置向上移动一步。

2）从 triangle[i+1][j+1] 位置向上移动一步。

因此，triangle[i][j] 处的路径和等于 triangle[i+1][j] 处的路径和与 triangle[i+1][j+1] 处的路径和的较小值加上其本身。用 dp[i][j] 表示从最底层到 triangle[i][j] 处的最小路径和，状态转移方程是：

```
dp[i][j] = triangle[i][j] + min(dp(i+1, j), dp(i+1, j+1))
```

3. 代码实现

代码清单 13-25 中，第 6 行代码的 rev 方法反转迭代器的方向，迭代器默认从左到右进行迭代。使用 rev 方法后，迭代器变为从右向左进行迭代。

代码清单13-25　三角形最小路径和

```
1  impl Solution {
2      pub fn minimum_total(mut triangle: Vec<Vec<i32>>) -> i32 {
```

```
3              if triangle.len() == 0 { return 0; }
4
5              // 从倒数第二行开始依次向上遍历
6              for i in (0..triangle.len() - 1).rev() {
7                  for j in 0..triangle[i].len() {
8                      triangle[i][j] = triangle[i][j] + triangle[i + 1][j].min(triangle
                           [i + 1][j + 1]);
9                  }
10             }
11
12             triangle[0][0]
13         }
14    }
```

4. 实战要点

（1）基础概念

1）可变变量声明

2）动态数组创建、更新和访问

（2）数据结构

Vec<Vec<i32>>

（3）流程控制

1）if 条件判断

2）for 循环

（4）要点提示

1）使用 mut 声明可变变量。

2）使用索引访问和更新动态数组。

13.5.4 零钱兑换

1. 题目描述

给定不同面额的硬币 coins 和一个总金额 amount，编写一个函数来计算可以凑成总金额所需的最少的硬币个数。如果没有任何一种硬币组合能组成总金额，返回 −1。

（1）说明

假设每种硬币的数量是无限的。

（2）示例

输入：coins=[1, 2, 5]，amount=11

输出：3

解释：11=5+5+1

输入：coins=[2]，amount=3

输出：−1

（3）链接

https://leetcode-cn.com/problems/coin-change

2. 解题思路

（1）状态定义

将状态定义为 dp[i]，表示凑成金额 i 所需的最少硬币个数。

（2）转移方程

以 coins=[1, 2, 5]，amount=11 为例，第一次选取的硬币有 3 种可能。

1）选取面值为 1 的硬币，接下来要凑齐的总金额变为 11-1=10，那么凑成金额 11 所需的最少硬币个数就是凑成金额 10 所需的最少硬币个数再加 1，即 dp[11]=dp[10]+1。

2）选取面值为 2 的硬币，接下来要凑齐的总金额变为 11-2=9，那么凑成金额 11 所需的最少硬币个数就是凑成金额 9 所需的最少硬币个数再加 1，即 dp[11]=dp[9]+1。

3）选取面值为 5 的硬币，接下来要凑齐的总金额变为 11-5=6，那么凑成金额 11 所需的最少硬币个数就是凑成金额 6 所需的最少硬币个数再加 1，即 dp[11]=dp[6]+1。

由此可知，dp[11]=min(dp[10], dp[9], dp[6])+1，进而推导出 dp[i]=min(dp[i-C_1], dp[i-C_2], …, dp[i-C_k])+1，其中 C_1～C_k 为所有的硬币面值。

设 i 代表目标金额，coin 为硬币面值，遍历区间 [1, amount]，每轮在计算 dp[i] 时做以下判断。

1）当 $i \geqslant$coin 时：金额 i 大于硬币面值，可以使用 coin，其所需的最少的硬币个数是 dp[i-coin]+1；

2）当 $i <$coin 时：金额 i 低于硬币面值，无法使用 coin，跳过。

所有计算出的 dp[i-coin]+1 的最小值是凑成金额 i 所需的最少硬币个数 dp[i]，实现方式为遍历每种硬币的面值 coin，每轮执行 dp[i]=min(dp[i], dp[i-coin]+1)，状态转移方程是：

```
dp[i] = min(dp[i], dp[i - coin] + 1) for coin in coins
```

（3）初始状态

dp[0]=0，表示 0 元所需的硬币个数为 0。

（4）返回值

dp[amount] 是凑成总金额 amount 所需的最少的硬币个数，若 dp[amount]≤amount，则返回 dp[amount]，否则返回 −1。

3. 代码实现

代码清单 13-26 中，第 3 行代码动态数组的初始值设为 amount+1 是一个编程技巧，为了方便判断是否出现没有任何一种硬币组合能组成总金额的情况。如果将初始值设为 0，会使计算 dp[i-coin]+1 最小值的逻辑复杂化；如果将初始值设为 amount，在面对类似 coins=[2]，amount=3 情况时，处理逻辑也会复杂化。第 12～13 行代码使用变量遮蔽来调整变量 i 和 coin 的类型，避免后面代码中每一个使用到 i 和 coin 的地方都要做类型转换。

第 19 行代码 dp.last() 得到 Option<&i32> 类型的值，dp.last().unwrap() 得到 &i32 类型的值，最终 *dp.last().unwrap() 得到 i32 类型的值。

代码清单 13-26　零钱兑换

```
 1   impl Solution {
 2       pub fn coin_change(coins: Vec<i32>, amount: i32) -> i32 {
 3           let mut dp = vec![amount + 1; (amount + 1) as usize];
 4
 5           // 初始状态
 6           dp[0] = 0;
 7
 8           for i in 1..=amount {
 9               // 遍历硬币面值，金额 i 大于硬币面值，代表可以使用此硬币，否则不可用此硬币
10               for &coin in coins.iter() {
11                   if i >= coin {
12                       let i = i as usize;
13                       let coin = coin as usize;
14                       dp[i] = dp[i].min(dp[i - coin] + 1);
15                   }
16               }
17           }
18
19           let last = *dp.last().unwrap();
20           if last > amount { -1 } else { last }
21       }
22   }
```

4. 实战要点

（1）基础概念

1）可变变量声明

2）动态数组创建、更新和访问

3）变量遮蔽

4）类型转换

5）解引用操作符

6）Option 类型使用

（2）数据结构

Vec<i32>

（3）流程控制

1）if 条件判断

2）for 循环

（4）要点提示

1）使用 mut 声明可变变量。

2）使用 vec! 宏创建有初始值的动态数组。

3）使用索引访问和更新动态数组。

4）使用 as 进行类型转换。

5）使用 "*" 操作符进行解引用操作。

6）使用 Option 的 unwrap 方法取出 Some 中包含的值。

13.5.5　最长上升子序列

1. 题目描述

给定一个无序的整数数组，找到其中最长上升子序列的长度。

（1）说明

可能会有多种最长上升子序列的组合，只需要输出对应的长度即可。

（2）示例

输入：[10, 9, 2, 5, 3, 7, 101, 18]

输出：4

解释：最长的上升子序列是 [2, 3, 7, 101]，它的长度是 4。

（3）链接

https://leetcode-cn.com/problems/longest-increasing-subsequence

2. 解题思路

（1）状态定义

将状态定义为 dp[i]，表示以 nums[i] 结尾的最长上升子序列的长度。这个定义中 nums[i] 必须被选取，且必须被放在最后一个元素。

（2）转移方程

设 $0 \leqslant j < i$，考虑每轮计算 dp[i] 时，遍历区间 [0, i)，并做以下判断。

1）当 nums[i]>nums[j] 时，nums[i] 可以接在 nums[j] 之后，最长上升子序列长度为 dp[j]+1。

2）当 nums[i]≤nums[j] 时，nums[i] 无法接在 nums[j] 之后，上升子序列不成立，跳过。

所有计算出的 dp[j]+1 的最大值是到 i 的最长上升子序列长度 dp[i]，实现方式为遍历 j，每轮执行 dp[i]=max(dp[i], dp[j]+1)，状态转移方程是：

```
dp[i] = max(dp[i], dp[j] + 1) for j in [0, i)
```

（3）初始状态

dp[i] 所有元素置为 1，因为每个元素至少可以单独成为长度为 1 的子序列。

（4）返回值

dp[i] 考虑了所有以 nums[i] 结尾的上升子序列，返回所有 dp[i] 中的最大值，即 max(dp[i]) 就是最长上升子序列的长度。

3. 代码实现

代码清单 13-27 中，第 12～16 行代码遍历区间 [0, i)，如果 nums[i] 大于 nums[j]，代表 nums[i] 可以接在 nums[j] 之后，那么 dp[i] 取所有计算出的 dp[j]+1 的最大值。

代码清单13-27　最长上升子序列

```
1  impl Solution {
2      pub fn length_of_lis(nums: Vec<i32>) -> i32 {
3          if nums.len() <= 1 {
4              return nums.len() as i32;
5          }
6
7          let mut dp = vec![1; nums.len()];
8          // res记录所有计算出的dp[i]的最大值
9          let mut res = 1;
10
11         for i in 0..nums.len() {
12             for j in 0..i {
13                 if nums[i] > nums[j] {
14                     dp[i] = dp[i].max(dp[j] + 1);
15                 }
16             }
17             res = res.max(dp[i]);
18         }
19         res
20     }
21 }
```

4. 实战要点

（1）基础概念

1）可变变量声明

2）动态数组创建、更新和访问

3）类型转换

（2）数据结构

Vec<i32>

（3）流程控制

1）if 条件判断

2）for 循环

（4）要点提示

1）使用 mut 声明可变变量。

2）使用 vec! 宏创建有初始值的动态数组。

3）使用索引访问和更新动态数组。

4）使用 as 进行类型转换。

13.5.6　编辑距离

1. 题目描述

给定两个单词 word1 和 word2，计算将 word1 转换成 word2 所使用的最少操作数。

（1）说明

可以对一个单词进行 3 种操作：插入字符、删除字符、替换字符。

（2）示例

输入：word1="horse"，word2="ros"

输出：3

解释：

horse->rorse（将 h 替换为 r）

rorse->rose（删除 r）

rose->ros（删除 e）

输入：word1="intention"，word2="execution"

输出：5

解释：

intention->inention（删除 t）

inention->enention（将 i 替换为 e）

enention->exention（将 n 替换为 x）

exention->exection（将 n 替换为 c）

exection->execution（插入 u）

（3）链接

https://leetcode-cn.com/problems/edit-distance

2. 解题思路

（1）状态定义

将状态定义为 dp[i][j]，表示 word1 前 i 个字符转换成 word2 前 j 个字符所需要的最少操作数，dp[5][3] 就是 word1 前 5 个字符转换成 word2 前 3 个字符的最少操作数。以 word1="horse"，word2="ros" 为例，dp[5][3] 表示 horse 转换成 ros 的最少操作数。

（2）转移方程

dp[i][j] 有 3 种计算方法。

1）从 dp[i-1][j-1] 到 dp[i][j] 的替换操作。

假设已将 word1 的前 4 个字符 hors 转换成 word2 的前 2 个字符 ro，那就需要把 word1 的第 5 个字符 e 替换为 word2 的第 3 个字符 s。

2）从 dp[i][j-1] 到 dp[i][j] 的插入操作。

假设已将 word1 的前 5 个字符 horse 转换为 word2 的前 2 个字符 ro，那就需要在末尾插入一个 s。

3）从 dp[i-1][j] 到 dp[i][j] 的删除操作。

假设已将 word1 的前 4 个字符 hors 转换为 word2 的前 3 个字符 ros，那就需要删除 word1 的第 5 个字符 e。

设 $n1$ 为 word1 的长度，$n2$ 为 word2 的长度，遍历每一行，区间为 $[1, n1]$，同时遍历每一列，区间为 $[1, n2]$，做以下判断。

1）当 word1$[i]$=word2$[j]$ 时，表示当前两字符相等，最少操作数不变，即 dp$[i][j]$=dp$[i-1][j-1]$；

2）否则，dp$[i][j]$=min(dp$[i-1][j-1]$, dp$[i][j-1]$, dp$[i-1][j]$)+1。

最终计算出的 dp$[n1][n2]$ 就是 word1 转换成 word2 所使用的最少操作数。

（3）初始状态

初始化 dp$[i][j]$ 的第一行 dp$[0][j]$ 与第一列 dp$[i][0]$，如图 13-10 所示。

第一行 dp$[0][j]$ 表示从 word1 的空字符 '' 编辑成 word2 的所有子串所需要的操作数，每次执行的都是插入操作，即 j 在区间 $[1, 3]$ 中，dp$[0][j]$=dp$[0][j-1]$+1。

第一列 dp$[i][0]$ 表示从 word1 的所有子串编辑成 word2 的空字符 '' 所需要的操作数，每次执行的都是删除操作，即 i 在区间 $[1, 5]$ 中，dp$[i][0]$=dp$[i-1][0]$+1。

（4）返回值

返回 dp$[n1][n2]$，其保存着从 word1 转换成 word2 所需要的最少操作数。

	''	r	o	s
''	0	1	2	3
h	1			
o	2			
r	3			
s	4			
e	5			

图 13-10　horse 到 ros 的编辑距离

3. 代码实现

代码清单 13-28 中，第 3 行代码 chars 方法返回按字符迭代的迭代器，再通过 collect 方法将迭代器中的元素（字符）收集到动态数组中，由此将 String 类型转换成 Vec<char> 类型。第 27 行代码连续使用 min 方法在 3 个数中取最小值。

代码清单13-28　编辑距离

```
1   impl Solution {
2       pub fn min_distance(word1: String, word2: String) -> i32 {
3           let word1_chars: Vec<char> = word1.chars().collect();
4           let word2_chars: Vec<char> = word2.chars().collect();
5
6           let n1 = word1.len();
7           let n2 = word2.len();
8           let mut dp = vec![vec![0; n2 + 1]; n1 + 1];
9
10          // 初始化第一行，执行插入操作
11          for j in 1..=n2 {
12              dp[0][j] = dp[0][j - 1] + 1;
13          }
14
15          // 初始化第一列，执行删除操作
16          for i in 1..=n1 {
17              dp[i][0] = dp[i - 1][0] + 1;
18          }
19
```

```
20          for i in 1..=n1 {
21              for j in 1..=n2 {
22                  if word1_chars[i - 1] == word2_chars[j - 1] {
23                      // 相等时不需要任何操作
24                      dp[i][j] = dp[i - 1][j - 1];
25                  } else {
26                      // 不相等时取替换、插入、删除3种操作的最小值加1
27                      dp[i][j] = dp[i][j - 1].min(dp[i - 1][j]).min(dp[i - 1][j - 1]) + 1;
28                  }
29              }
30          }
31
32          dp[n1][n2]
33      }
34  }
```

4. 实战要点

（1）基础概念

1）可变变量声明

2）动态数组创建、更新和访问

3）字符串按字符访问

4）迭代器消费者

（2）数据结构

Vec<char>

（3）流程控制

1）if-else 条件判断

2）for 循环

（4）要点提示

1）使用 mut 声明可变变量。

2）使用 vec! 宏创建有初始值的动态数组。

3）使用索引访问和更新动态数组。

4）使用 String 类型的 chars 方法返回按字符迭代的迭代器。

5）使用消费器 collect 将迭代器转换成指定的容器类型。

13.6　本章小结

本章介绍了递归、分治、回溯、二分查找、深度优先搜索、广度优先搜索、冒泡排序、插入排序、选择排序、堆排序、归并排序、快速排序和动态规划等常用算法。

递归、分治、回溯是 3 个应用非常广泛的算法，为帮助读者更熟练地使用它们，选择了 pow(x, n)、爬楼梯、括号生成、子集、组合、N 皇后试题进行训练，以求掌握算法的核心思想与 Rust 编程实现的技巧，特别是子集、组合、N 皇后中对于二维数组的使用需要多加练习。

二分查找算法是一种简单高效的快速查找算法，重点掌握使用二分查找算法的代码模板来处理搜索旋转排序数组、寻找旋转排序数组中的最小值、有效的完全平方数等问题。

深度优先搜索与广度优先搜索在树数据结构中使用较多，通过二叉树的最大深度、二叉树的最小深度、二叉搜索树中搜索的练习，加强对智能指针这一知识点的掌握。

排序算法非常重要，不管是面试还是实际项目开发中都有广泛的应用。比如，基于区块链智能合约开发的去中心化交易所，其中的订单簿通常会使用堆排序算法来处理。因此，对于冒泡排序、插入排序、选择排序、堆排序、归并排序和快速排序，读者都应熟练掌握并能编写出每种排序算法的 Rust 代码实现。

动态规划属于难度较大但非常实用的算法，适合用来解决最优问题。对于最小路径和、三角形最小路径和、零钱兑换、最长上升子序列、编辑距离等经典的动态规划问题，读者需要反复练习才能达到真正掌握的程度。

综合实战篇

通过前面的学习，读者已经对 Rust 语法有了一定的了解，同时具备了初步的编程能力。本篇将以排序算法为主题，围绕功能拓展和性能拓展两条主线，结合 Rust 的重要语法知识点进行综合实战训练。

泛型与高阶函数实战

本章以功能拓展为主线，主要针对工程管理、泛型、trait 系统、高阶函数、闭包、迭代器、单元测试等重要知识点进行综合训练。项目将从零开始，以多 crate、多模块的方式进行构建；支持泛型编程和 trait 系统，实现对基本数据类型和自定义结构体排序的功能；通过闭包和迭代器实现自动生成大批量测试数据；使用高阶函数调用各排序算法的泛型函数来简化代码。

14.1 工程管理

在开始写代码之前，首先应该对代码结构做整体规划，按功能来划分模块，以提高代码的可读性与重用性。整个工程放在 project 文件夹，包含 6 个 crate，其中 sort_lib、sort_middleware_lib、random_data_lib 是库 crate，generic、thread_run、async_run 是二进制 crate。project 文件夹结构如下所示。

```
project
|- sort_lib
|    |- Cargo.toml
|    |- src
|        |- async_lib.rs
|        |- lib.rs
|        |- sync_lib.rs
|- sort_middleware_lib
|    |- Cargo.toml
|    |- src
|        |- async_lib.rs
|        |- lib.rs
```

```
|          |- main.rs
|          |- sync_lib.rs
|- random_data_lib
|    |- Cargo.toml
|    |- src
|         |- lib.rs
|- generic
|    |- Cargo.toml
|    |- src
|         |- data_source
|         |    |- student.rs
|         |- data_source.rs
|         |- main.rs
|- thread_run
|    |- Cargo.toml
|    |- src
|         |- main.rs
|- async_run
     |- Cargo.toml
     |- src
          |- main.rs
```

sort_lib 是排序算法库，包含冒泡排序、选择排序、插入排序、堆排序、归并排序和快速排序 6 种排序算法的泛型实现。考虑到项目中有异步并发的需求，将库 sort_lib 分为两个模块：sort_lib/src/async_lib.rs 存放排序算法的异步实现代码，sort_lib/src/sync_lib.rs 存放排序算法的非异步实现代码。

sort_middleware_lib 是排序算法 API 库，对各排序算法进行了封装，通过高阶函数调用排序算法的泛型函数并记录执行时间。sort_middleware_lib 中有两个 crate，sort_middleware_lib/src/lib.rs 是库 crate 的根模块，sort_middleware_lib/src/main.rs 是二进制 crate 的根模块。考虑到项目中有异步并发的需求，将库 crate 分为两个模块：sort_middleware_lib/src/async_lib.rs 是异步实现，sort_middleware_lib/src/sync_lib.rs 是非异步实现。

random_data_lib 是工具库，用于生成完全随机数组和近似有序数组。

generic 中使用插入排序算法，对整数、浮点数、字符串字面量以及自定义结构体分别进行排序操作，以检验排序算法对泛型的支持。

thread_run 以多线程并发方式，对完全随机数组和近似有序数组分别执行排序算法并记录执行时间。

async_run 以异步并发方式，对完全随机数组和近似有序数组分别执行排序算法并记录执行时间。

14.2　泛型编程

在 5.1 节中介绍过，泛型编程的优势是可以套用代码，大大减少了重复工作。这里把 13.4 节中冒泡排序、选择排序、插入排序、堆排序、归并排序和快速排序 6 种排序算法的代码优化为支持泛型，这样对于整数、浮点数、字符串字面量以及自定义结构体等数据类型，使用一套代码就能完成排序操作了。

14.2.1 插入排序算法

下面尝试将插入排序算法的代码优化为支持泛型，实现对整数、浮点数、字符串字面量以及自定义结构体的排序操作，同时还将完成单元测试代码。

1. 创建排序算法库

新建一个文件夹 project，在文件夹中创建库 sort_lib。

```
$ mkdir project
$ cd project
$ cargo new sort_lib --lib
```

生成新文件夹 sort_lib，sort_lib/src/lib.rs 是当前 crate 的根模块。在 sort_lib/src/ 目录中新建两个文件：sort_lib/src/async_lib.rs 存放排序算法的异步实现代码，sort_lib/src/sync_lib.rs 存放排序算法的非异步实现代码。修改 sort_lib/src/lib.rs，代码如下所示。

```
1   pub mod sync_lib;
2   // pub mod async_lib; 此处暂未使用，可先注释掉
```

2. 编写泛型函数

修改 sort_lib/src/sync_lib.rs，在 13.4 节插入排序算法代码的基础上让其支持泛型。代码清单 14-1 中，第 3 行泛型函数 insertion_sort 用于对动态数组的元素进行插入排序，其中泛型参数的 trait 约束 <T: Copy + cmp::PartialOrd> 表示泛型参数实现了 Copy trait 和 PartialOrd trait。这样，T 类型的元素不仅可以复制，还可以直接使用 <、>、<= 和 >= 运算符。为了方便后续测试各种排序算法的正确性，第 23~31 行泛型函数 is_sorted 中对动态数组的元素进行单调递增性判断，只要前面的元素值大于后面的元素值，就确定动态数组的元素非有序。

代码清单14-1　插入排序的泛型实现

```
1   use std::cmp;
2
3   pub fn insertion_sort<T: Copy + cmp::PartialOrd>(arr: &mut Vec<T>) {
4       if arr.is_empty() { return; }
5
6       for i in 1..arr.len() {
7           let current = arr[i];
8
9           let mut j = (i - 1) as i32;
10          while j >= 0 {
11              if arr[j as usize] > current {
12                  arr[(j + 1) as usize] = arr[j as usize];
13              } else {
14                  break;
15              }
```

```
16                j -= 1;
17            }
18
19            arr[(j + 1) as usize] = current;
20        }
21    }
22
23    pub fn is_sorted<T: cmp::PartialOrd>(arr: &Vec<T>) -> bool {
24        for i in 0..arr.len() - 1 {
25            if arr[i] > arr[i + 1] {
26                return false;
27            }
28        }
29
30        return true;
31    }
```

3. 单元测试

修改 sort_lib/src/sync_lib.rs 中的 tests 模块，对 insertion_sort 函数进行单元测试，以验证排序算法的有效性。代码清单 14-2 中，第 3 行代码引入 super::*，是因为 tests 是一个子模块，不能直接访问父模块中的代码。要测试父模块中的函数，需要将父模块引入 tests 模块的作用域中。第 5～10 行代码用于对 insertion_test 函数进行测试，创建了 Vec<f64> 类型的动态数组并将其作为参数传递给 insertion_test 函数，排序后再验证动态数组的元素是否单调递增。

代码清单14-2　插入排序泛型函数的单元测试

```
1   #[cfg(test)]
2   mod tests {
3       use super::*;
4
5       #[test]
6       fn insertion_test() {
7           let mut nums = vec![7.7, 9.9, 12.12, 11.11, 6.6, 3.3];
8           insertion_sort(&mut nums);
9           assert!(is_sorted(&nums));
10       }
11   }
```

在终端运行 cargo test 命令，可以看到如下测试报告。

```
$ cargo test
    Compiling sort_lib v0.1.0 (/project/sort_lib)
        Finished test [unoptimized + debuginfo] target(s) in 0.67s
            Running target/debug/deps/sort_lib-7786c910ccb0dbb9

running 1 test
test tests::insertion_test ... ok

test result: ok. 1 passed; 0 failed; 0 ignored; 0 measured; 0 filtered out
```

```
    Doc-tests sort_lib

running 0 tests

test result: ok. 0 passed; 0 failed; 0 ignored; 0 measured; 0 filtered out
```

14.2.2　加载算法库

创建可执行程序 generic，在其中加载和使用库 sort_lib，调用插入排序算法的泛型函数，分别对整数、浮点数、字符串字面量等数据进行排序操作。

1. 创建可执行程序

在文件夹 project 中，使用如下命令创建名为 generic 的二进制 crate。

```
$ cargo new generic
```

生成新文件夹 generic，generic/src/main.rs 是当前 crate 的根模块。

修改 Cargo.toml，在 [dependencies] 下添加 sort_lib 的路径。

```
[dependencies]
sort_lib = { path = "../sort_lib" }
```

2. 定义数据模块

为了实现程序与数据的分离，我们可以将待排序的数据放入独立的模块 data_source 中。在 generic/src/ 目录下创建 data_source.rs，用于存放排序使用的整数、浮点数、字符串字面量等数据，如代码清单 14-3 所示。

代码清单14-3　初始化数据源

```
1   pub fn integer() -> Vec<i32> {
2       return vec![1, 3, 6, 7, 8, 5, 4, 2, 10, 9];
3   }
4
5   pub fn floating_point() -> Vec<f64> {
6       return vec![2.2, 1.1, 6.6, 5.5, 4.4, 3.3];
7   }
8
9   pub fn str() -> Vec<&'static str> {
10      return vec!["B", "C", "D", "A", "G", "F", "E"];
11  }
```

3. 使用泛型函数

修改 generic/src/main.rs，分别对整数、浮点数、字符串字面量等数据进行排序操作。代码清单 14-4 中，第 1 行代码使用 mod 关键字引入 data_source 模块，第 3 行代码使用 use 关键字将库 sort_lib 引入本地作用域。

代码清单14-4 泛型函数对不同类型数据的排序操作

```
1   mod data_source;
2
3   use sort_lib;
4
5   fn main() {
6       // 整数排序
7       let arr1 = &mut data_source::integer();
8       sort_lib::insertion_sort(arr1);
9       println!("{:?}", arr1);
10
11      // 浮点数排序
12      let arr2 = &mut data_source::floating_point();
13      sort_lib::insertion_sort(arr2);
14      println!("{:?}", arr2);
15
16      // 字符串字面量排序
17      let arr3 = &mut data_source::str();
18      sort_lib::insertion_sort(arr3);
19      println!("{:?}", arr3);
20  }
21
22  // [1, 2, 3, 4, 5, 6, 7, 8, 9, 10]
23  // [1.1, 2.2, 3.3, 4.4, 5.5, 6.6]
24  // ["A", "B", "C", "D", "E", "F", "G"]
```

14.2.3 结构体实例排序

创建自定义结构体 Student，它有 name 和 score 两个字段，字段 name 表示学生名字，字段 score 表示学生分数。使用插入排序算法对 Student 的实例进行排序，要求以字段 score 从小到大排序，如果 score 值相等，则按字段 name 的字母顺序排序。

1. 自定义结构体

根据 Rust 多层模块在文件系统的寻找规则，在 generic/src/ 目录下创建与 data_source.rs 同名的文件夹 data_source，再在该文件夹下创建 student.rs，用于存放自定义结构体 Student。存放在文件夹 data_source 下的文件都是 data_source 模块的子模块。使用 use 关键字可以将子模块 student 中的结构体 Student 引入 data_source 模块中并初始化数据。

代码清单 14-5 中，第 3 行代码使用 # [derive] 语法，编译器会自动为 Student 实例生成 Debug、Copy、Clone、Eq、PartialEq 等 trait 的默认实现代码。第 9～21 行代码定义了结构体方法和关联函数，第 23～31 行代码为 Student 实例实现了 PartialOrd 的 partial_cmp 方法，这里要求按 score 对 Student 实例进行排序，如果 score 值相等，则按 name 对 Student 实例进行排序。

代码清单14-5 自定义结构体Student

```
1   use std::cmp::Ordering;
2
```

```
3   #[derive(Debug, Copy, Clone, Eq, PartialEq)]
4   pub struct Student {
5       name: &'static str,
6       score: i32,
7   }
8
9   impl Student {
10      pub fn new(name: &'static str, score: i32) -> Self {
11          Student { name, score }
12      }
13
14      pub fn name(&self) -> &str {
15          self.name
16      }
17
18      pub fn score(&self) -> i32 {
19          self.score
20      }
21  }
22
23  impl PartialOrd for Student {
24      fn partial_cmp(&self, other: &Student) -> Option<Ordering> {
25          return if self.score == other.score {
26              Some(self.name().cmp(&other.name()))
27          } else {
28              Some(self.score().cmp(&other.score()))
29          };
30      }
31  }
```

2. 初始化结构体数据模块

修改 generic/src/data_source.rs，如代码清单 14-6 所示，第 1 行代码使用 mod 关键字引入 student 模块，第 3 行代码使用 use 关键字将 student 模块中的结构体 Student 引入本地作用域。

代码清单14-6　初始化结构体Student

```
1   mod student;
2
3   use student::Student;
4
5   pub fn student() -> Vec<Student> {
6       return vec![Student::new("D", 90),
7                   Student::new("C", 100),
8                   Student::new("B", 95),
9                   Student::new("A", 95)];
10  }
```

3. 结构体实例排序

修改 generic/src/main.rs，实现对 Student 实例的排序操作。代码清单14-7 中，第 9 行代码使用 {:#?} 格式以优雅打印的方式输出。

代码清单14-7　Student实例排序

```
1   mod data_source;
2
3   use sort_lib;
4
5   fn main() {
6       // 结构体实例排序
7       let arr4 = &mut data_source::student();
8       sort_lib::insertion_sort(arr4);
9       println!("{:#?}", arr4);
10  }
11
12  // [
13  //     Student {
14  //         name: "D",
15  //         score: 90,
16  //     },
17  //     Student {
18  //         name: "A",
19  //         score: 95,
20  //     },
21  //     Student {
22  //         name: "B",
23  //         score: 95,
24  //     },
25  //     Student {
26  //         name: "C",
27  //         score: 100,
28  //     },
29  // ]
```

14.3　高阶函数编程

通过高阶函数调用排序算法的泛型函数并记录执行时间，可实现对各排序算法的封装，方便其他程序调用。同时，创建一个工具库，用于生成完全随机数组和近似有序数组，供排序算法测试大批量数据排序时使用。

14.3.1　排序算法库

修改 sort_lib/src/sync_lib.rs，完善排序算法库。在 13.4 节排序算法代码实现的基础上，让冒泡排序、选择排序、堆排序、归并排序和快速排序都支持泛型，如代码清单 14-8 所示。如果你对某个排序算法还不清楚，请参阅 13.4 节的详细介绍，这里不再赘述。

代码清单14-8　支持泛型排序算法库

```
1   use std::cmp;
2
```

```rust
 3   // 冒泡排序算法泛型实现
 4   pub fn bubble_sort<T: Copy + cmp::PartialOrd>(arr: &mut Vec<T>) {
 5       if arr.is_empty() { return; }
 6
 7       for i in 0..arr.len() - 1 {
 8           let mut flag = false;
 9           for j in 0..arr.len() - i - 1 {
10               if arr[j] > arr[j + 1] {
11                   let tmp = arr[j];
12                   arr[j] = arr[j + 1];
13                   arr[j + 1] = tmp;
14
15                   flag = true;
16               }
17           }
18
19           if !flag { break; }
20       }
21   }
22
23   // 选择排序算法泛型实现
24   pub fn selection_sort<T: cmp::PartialOrd>(arr: &mut Vec<T>) {
25       if arr.is_empty() { return; }
26
27       for i in 0..arr.len() - 1 {
28           let mut min_index = i;
29           for j in i + 1..arr.len() {
30               if arr[j] < arr[min_index] {
31                   min_index = j;
32               }
33           }
34
35           if i != min_index {
36               arr.swap(i, min_index);
37           }
38       }
39   }
40
41   // 插入排序算法泛型实现
42   pub fn insertion_sort<T: Copy + cmp::PartialOrd>(arr: &mut Vec<T>) {
43       if arr.is_empty() { return; }
44
45       for i in 1..arr.len() {
46           let current = arr[i];
47
48           let mut j = (i - 1) as i32;
49           while j >= 0 {
50               if arr[j as usize] > current {
51                   arr[(j + 1) as usize] = arr[j as usize];
52               } else {
53                   break;
54               }
55               j -= 1;
```

```rust
56              }
57
58              arr[(j + 1) as usize] = current;
59          }
60  }
61
62  // 堆排序算法泛型实现
63  pub fn heap_sort<T: cmp::PartialOrd>(arr: &mut Vec<T>) {
64      build_heap(arr);
65
66      for i in (0..arr.len()).rev() {
67          arr.swap(0, i);
68          heapify(arr, 0, i);
69      }
70  }
71
72  fn build_heap<T: cmp::PartialOrd>(arr: &mut Vec<T>) {
73      let len = arr.len();
74      for i in (0..len / 2).rev() {
75          heapify(arr, i, len);
76      }
77  }
78
79  fn heapify<T: cmp::PartialOrd>(arr: &mut Vec<T>, idx: usize, len: usize) {
80      let mut idx = idx;
81      loop {
82          let mut max_pos = idx;
83          if 2 * idx + 1 < len && arr[idx] < arr[2 * idx + 1] { max_pos = 2 * idx + 1; }
84          if 2 * idx + 2 < len && arr[max_pos] < arr[2 * idx + 2] { max_pos = 2 * idx + 2; }
85
86          if max_pos == idx { break; }
87          arr.swap(idx, max_pos);
88          idx = max_pos;
89      }
90  }
91
92  // 归并排序算法泛型实现
93  pub fn merge_sort<T: Copy + cmp::PartialOrd>(arr: &mut Vec<T>) {
94      if arr.is_empty() { return; }
95
96      let n = arr.len() - 1;
97      merge_sort_recursion(arr, 0, n);
98  }
99
100 fn merge_sort_recursion<T: Copy + cmp::PartialOrd>(arr: &mut Vec<T>, left: usize,
        right: usize) {
101     if left >= right { return; }
102     let middle = left + (right - left) / 2;
103
104     merge_sort_recursion(arr, left, middle);
105     merge_sort_recursion(arr, middle + 1, right);
106
107     merge(arr, left, middle, right);
```

```
108  }
109
110  fn merge<T: Copy + cmp::PartialOrd>(arr: &mut Vec<T>, left: usize, middle: usize,
         right: usize) {
111      let mut i = left;
112      let mut j = middle + 1;
113      let mut k = left;
114      let mut tmp = vec![];
115
116      while k <= right {
117          if i > middle {
118              tmp.push(arr[j]);
119              j += 1;
120              k += 1;
121          } else if j > right {
122              tmp.push(arr[i]);
123              i += 1;
124              k += 1;
125          } else if arr[i] < arr[j] {
126              tmp.push(arr[i]);
127              i += 1;
128              k += 1;
129          } else {
130              tmp.push(arr[j]);
131              j += 1;
132              k += 1;
133          }
134      }
135
136      for i in 0..=(right - left) {
137          arr[left + i] = tmp[i];
138      }
139  }
140
141  // 快速排序算法泛型实现
142  pub fn quick_sort<T: cmp::PartialOrd>(arr: &mut Vec<T>) {
143      if arr.is_empty() { return; }
144
145      let len = arr.len();
146      quick_sort_recursion(arr, 0, len - 1);
147  }
148
149  fn quick_sort_recursion<T: cmp::PartialOrd>(arr: &mut Vec<T>, left: usize, right:
         usize) {
150      if left >= right { return; }
151
152      let pivot = partition(arr, left, right);
153      if pivot != 0 {
154          quick_sort_recursion(arr, left, pivot - 1);
155      }
156      quick_sort_recursion(arr, pivot + 1, right);
157  }
158
```

```
159   fn partition<T: cmp::PartialOrd>(arr: &mut Vec<T>, left: usize, right: usize) ->
          usize {
160       let pivot = right;
161       let mut i = left;
162
163       for j in left..right {
164           if arr[j] < arr[pivot] {
165               arr.swap(i, j);
166               i += 1;
167           }
168       }
169
170       arr.swap(i, right);
171       i
172   }
```

14.3.2　生成随机数据

random_data_lib 是工具库，用于生成完全随机数组和近似有序数组，供排序算法测试大批量数据排序时使用。

1. 创建随机数工具库

在文件夹 project 中，使用如下命令创建库 random_data_lib。

```
$ cargo new random_data_lib --lib
```

生成新文件夹 random_data_lib，random_data_lib/src/lib.rs 是当前 crate 的根模块。

修改 Cargo.toml，在 [dependencies] 下添加 rand 依赖库，以便生成随机数。

```
[dependencies]
rand = "0.7.3"
```

2. 生成完全随机数组

生成完全随机数组的策略是，创建一个含有 *n* 个元素的数组，每个元素在 [range_left, range_right] 区间内随机取值。

修改 random_data_lib/src/lib.rs，如代码清单 14-9 所示。第 10 行代码通过 iter 方法将动态数组转换为迭代器，再使用 map 方法调用闭包执行得到 [range_left, range_right] 区间内的随机数，并生成一个新的迭代器，最后调用 collect 方法将新迭代器中的元素收集到新的动态数组并返回。

代码清单14-9　生成完全随机数组

```
1   use rand::Rng;
2
3   pub fn generate_random_array(n: i32, range_left: i32, range_right: i32) -> Vec<i32> {
4       let arr = vec![0; n as usize];
5       if range_left > range_right {
```

```
6          return arr;
7      }
8
9      let mut rng = rand::thread_rng();
10     return arr.iter().map(|_| rng.gen_range(range_left, range_right)).collect();
11 }
```

3. 生成近似有序数组

生成近似有序数组的策略是，创建一个从 0 到 n-1 的有序数组，随机交换其中 m 对数据。m 代表数组的无序程度，当 m 等于 0 时完全有序，m 越大越趋向于无序。

修改 random_data_lib/src/lib.rs，添加如下代码。代码清单 14-10 中，第 2~5 行代码创建了一个从 0 到 n-1 的有序数组。第 8~12 行代码进行 swap_times 次循环，每次随机交换两个位置的元素。

代码清单14-10　生成近似有序数组

```
1  pub fn generate_nearly_ordered_array(n: i32, swap_times: i32) -> Vec<i32> {
2      let mut arr = vec![0; n as usize];
3      for i in 0..n {
4          arr[i as usize] = i;
5      }
6
7      let mut rng = rand::thread_rng();
8      for _ in 0..swap_times {
9          let posx = rng.gen_range(0, n);
10         let posy = rng.gen_range(0, n);
11         arr.swap(posx as usize, posy as usize);
12     }
13
14     return arr;
15 }
```

14.3.3　排序算法 API 库

sort_middleware_lib 是排序算法 API 库，通过高阶函数调用排序算法的泛型函数并记录执行时间，实现对各排序算法的封装，方便其他程序调用。

1. 创建排序算法 API 库

在文件夹 project 中，使用如下命令创建库 sort_middleware_lib。

```
$ cargo new sort_middleware_lib --lib
```

生成新文件夹 sort_middleware_lib，sort_middleware_lib/src/lib.rs 是当前 crate 的根模块。在 sort_middleware_lib/src/ 目录下新建两个文件：async_lib.rs 存放异步实现代码，sync_lib.rs 存放非异步实现代码。修改 sort_middleware_lib/src/lib.rs，代码如下所示。

```
1  pub mod sync_lib;
2  // pub mod async_lib; 此处暂未使用，可先注释掉
```

再修改 Cargo.toml，在 [dependencies] 下添加 sort_lib 和 random_data_lib 的路径以及 time 依赖库。

```
[dependencies]
sort_lib = { path = "../sort_lib" }
random_data_lib = { path = "../random_data_lib" }
time = "0.1"
```

2. 编写高阶函数

修改 sort_middleware_lib/src/sync_lib.rs，如代码清单 14-11 所示。第 3 行代码声明了高阶函数 sort，参数 sort_function 的类型为 fn(&mut Vec<T>)，是一个函数指针类型。

代码清单14-11　高阶函数

```
1   use std::cmp;
2
3   fn sort<T: cmp::PartialOrd>(sort_function: fn(&mut Vec<T>), arr: &mut Vec<T>,
        function_name: &str) {
4       let start = time::get_time();
5       sort_function(arr);
6       let end = time::get_time();
7
8       println!("{} duration: {:?}", function_name, (end - start).num_milliseconds());
9   }
```

3. 排序算法 API

修改 sort_middleware_lib/src/sync_lib.rs，如代码清单 14-12 所示，调用高阶函数 sort，传入排序算法的函数名作为实参，实现对库 sync_lib 中各排序算法的封装。

代码清单14-12　排序算法API

```
1   use sort_lib::sync_lib;
2
3   pub fn bubble_sort(mut arr: Vec<i32>, function_name: &str) {
4       sort(sync_lib::bubble_sort, &mut arr, function_name);
5   }
6
7   pub fn selection_sort(mut arr: Vec<i32>, function_name: &str) {
8       sort(sync_lib::selection_sort, &mut arr, function_name);
9   }
10
11  pub fn insertion_sort(mut arr: Vec<i32>, function_name: &str) {
12      sort(sync_lib::insertion_sort, &mut arr, function_name);
13  }
14
15  pub fn heap_sort(mut arr: Vec<i32>, function_name: &str) {
16      sort(sync_lib::heap_sort, &mut arr, function_name);
17  }
18
19  pub fn merge_sort(mut arr: Vec<i32>, function_name: &str) {
```

```
20        sort(sync_lib::merge_sort, &mut arr, function_name);
21  }
22
23  pub fn quick_sort(mut arr: Vec<i32>, function_name: &str) {
24        sort(sync_lib::quick_sort, &mut arr, function_name);
25  }
```

4. 排序算法效率比较

新建 sort_middleware_lib/src/main.rs，它是二进制 crate 的根模块。代码清单 14-13 中，第 1 行代码使用 use 关键字将 sort_middleware_lib::sync_lib 引入本地作用域。main 函数中分别生成完全随机数组和近似有序数组，并依次调用各排序算法 API，记录排序算法的执行时间以及总的运行时间。

代码清单14-13　使用排序算法API

```
1   use sort_middleware_lib::sync_lib;
2
3   fn main() {
4       let n = 20000;
5       let start = time::get_time();
6
7       // 生成完全随机数组
8       let arr1 = random_data_lib::generate_random_array(n, 0, n);
9       let arr2 = arr1.clone();
10      let arr3 = arr1.clone();
11      let arr4 = arr1.clone();
12      let arr5 = arr1.clone();
13      let arr6 = arr1.clone();
14
15      sync_lib::bubble_sort(arr1, "bubble_random_sort");
16      sync_lib::selection_sort(arr2, "selection_random_sort");
17      sync_lib::insertion_sort(arr3, "insertion_random_sort");
18      sync_lib::heap_sort(arr4, "heap_random_sort");
19      sync_lib::merge_sort(arr5, "merge_random_sort");
20      sync_lib::quick_sort(arr6, "quick_random_sort");
21
22      // 生成近似有序数组
23      let arr1 = random_data_lib::generate_nearly_ordered_array(n, 100);
24      let arr2 = arr1.clone();
25      let arr3 = arr1.clone();
26      let arr4 = arr1.clone();
27      let arr5 = arr1.clone();
28      let arr6 = arr1.clone();
29
30      sync_lib::bubble_sort(arr1, "bubble_nearly_ordered_sort");
31      sync_lib::selection_sort(arr2, "selection_nearly_ordered_sort");
32      sync_lib::insertion_sort(arr3, "insertion_nearly_ordered_sort");
33      sync_lib::heap_sort(arr4, "heap_nearly_ordered_sort");
34      sync_lib::merge_sort(arr5, "merge_nearly_ordered_sort");
35      sync_lib::quick_sort(arr6, "quick_nearly_ordered_sort");
36
```

```
37        let end = time::get_time();
38        println!("duration: {:?}", (end - start).num_milliseconds());
39    }
```

各排序算法的执行时间如表 14-1 所示，可以看到堆排序对于完全随机数组和近似有序数组都具有较好的性能，归并排序次之。快速排序的性能不太稳定，对近似有序数组的排序性能明显弱于对完全随机数组的排序。

表 14-1　排序算法的执行时间

排序算法	完全随机数组（单位：毫秒）	近似有序数组（单位：毫秒）
冒泡排序	30 195	18 658
选择排序	18 423	18 277
插入排序	8517	122
堆排序	45	46
归并排序	75	71
快速排序	40	305
共　计	94 800	

14.4　本章小结

本章针对工程管理、泛型、trait 系统、高阶函数、闭包、迭代器、单元测试等重要知识点进行了综合实战训练，主要实现了以下功能。

1）支持模块化编程，使用多 crate、多模块的方式管理工程。

2）在 13.4 节排序算法代码实现的基础上，让冒泡排序、插入排序、选择排序、堆排序、归并排序和快速排序支持泛型编程和 trait 系统，实现对各种基本数据类型和自定义结构体的排序。

3）使用闭包和迭代器自动生成大批量测试数据。

4）使用高阶函数调用各排序算法的泛型函数来简化代码。

5）对库 crate 中的函数进行单元测试。

Chapter 15 第 15 章

并发编程实战

本章以性能拓展为主线，针对多线程并发和异步并发两个知识点，分别以多线程并发和异步并发两种方式执行排序算法，并对两种并发方式与单线程顺序执行的效率进行对比。

15.1 多线程并发

使用线程池 threadpool 实现以多线程并发方式执行排序任务，提高程序的性能，同时还可以复用线程，避免多次创建和销毁线程，造成系统开销增大。

在文件夹 project 中，使用如下命令创建名为 thread_run 的二进制 crate。

```
$ cargo new thread_run
```

生成新文件夹 thread_run，thread_run/src/main.rs 是当前 crate 的根模块。

修改 Cargo.toml，在 [dependencies] 下添加 sort_middleware_lib 和 random_data_lib 的路径以及 threadpool 和 time 依赖库。

```
[dependencies]
sort_middleware_lib = { path = "../sort_middleware_lib" }
random_data_lib = { path = "../random_data_lib" }
threadpool = "1.8.1"
time = "0.1"
```

修改 thread_run/src/main.rs，如代码清单 15-1 所示。第 7 行通过 ThreadPool::new 函数创建初始线程数是 5 的线程池。第 27~29 行使用 execute 方法并向其传递一个闭包。闭包中调用的 sync_lib::bubble_sort 函数会在当前线程中执行。第 66 行中 join 方法阻塞主线程，等待线程池中的任务执行完毕。

代码清单15-1　多线程并发排序

```
1   use threadpool::ThreadPool;
2   use sort_middleware_lib::sync_lib;
3
4   fn main() {
5       let n = 20000;
6       let n_workers = 5;
7       let pool = ThreadPool::new(n_workers);
8       let start = time::get_time();
9
10      // 生成完全随机数组
11      let arr1 = random_data_lib::generate_random_array(n, 0, n);
12      let arr2 = arr1.clone();
13      let arr3 = arr1.clone();
14      let arr4 = arr1.clone();
15      let arr5 = arr1.clone();
16      let arr6 = arr1.clone();
17
18      // 生成近似有序数组
19      let arr11 = random_data_lib::generate_nearly_ordered_array(n, 100);
20      let arr12 = arr11.clone();
21      let arr13 = arr11.clone();
22      let arr14 = arr11.clone();
23      let arr15 = arr11.clone();
24      let arr16 = arr11.clone();
25
26      // 添加完全随机数组排序任务
27      pool.execute(move || {
28          sync_lib::bubble_sort(arr1, "bubble_random_sort");
29      });
30      pool.execute(move || {
31          sync_lib::selection_sort(arr2, "selection_random_sort");
32      });
33      pool.execute(move || {
34          sync_lib::insertion_sort(arr3, "insertion_random_sort");
35      });
36      pool.execute(move || {
37          sync_lib::heap_sort(arr4, "heap_random_sort");
38      });
39      pool.execute(move || {
40          sync_lib::merge_sort(arr5, "merge_random_sort");
41      });
42      pool.execute(move || {
43          sync_lib::quick_sort(arr6, "quick_random_sort");
44      });
45
46      // 添加近似有序数组排序任务
47      pool.execute(move || {
48          sync_lib::bubble_sort(arr11, "bubble_nearly_ordered_sort");
49      });
50      pool.execute(move || {
51          sync_lib::selection_sort(arr12, "selection_nearly_ordered_sort");
52      });
53      pool.execute(move || {
54          sync_lib::insertion_sort(arr13, "insertion_nearly_ordered_sort");
```

```
55       });
56       pool.execute(move || {
57           sync_lib::heap_sort(arr14, "heap_nearly_ordered_sort");
58       });
59       pool.execute(move || {
60           sync_lib::merge_sort(arr15, "merge_nearly_ordered_sort");
61       });
62       pool.execute(move || {
63           sync_lib::quick_sort(arr16, "quick_nearly_ordered_sort");
64       });
65
66       pool.join();
67
68       let end = time::get_time();
69       println!("duration: {:?}", (end - start).num_milliseconds());
70   }
```

15.2 异步并发

以异步并发方式调用排序算法对大批量数据执行排序操作分为三步。

1）为排序算法库编写排序算法的异步实现代码。

2）为排序算法 API 库编写封装排序算法的异步实现代码。

3）创建可执行程序，使用异步编程库 async-std 实现异步并发排序功能。

15.2.1 排序算法库的异步实现

在 14.3.1 节已完成排序算法库的非异步实现代码，下面编写排序算法库的异步实现代码。

首先，修改 sort_lib/Cargo.toml，在 [dependencies] 下添加 async-std 依赖库。当前 [dependencies] 下的依赖库如下所示。

```
[dependencies]
async-std = "1.6.3"
```

然后，修改 sort_lib/src/lib.rs，取消原先的注释，代码如下所示。

```
1  pub mod sync_lib;
2  pub mod async_lib;
```

最后，修改 sort_lib/src/async_lib.rs。排序算法的异步代码和非异步代码唯一的区别是泛型函数声明中，在 fn 关键字前加上 async 关键字，如代码清单 15-2 所示。

代码清单15-2 排序算法库的异步实现

```
1  use std::cmp;
2
3  // 冒泡排序算法的异步实现
4  pub async fn bubble_sort<T: Copy + cmp::PartialOrd>(arr: &mut Vec<T>) {
5      if arr.is_empty() { return; }
```

```
 6
 7      for i in 0..arr.len() - 1 {
 8          let mut flag = false;
 9          for j in 0..arr.len() - i - 1 {
10              if arr[j] > arr[j + 1] {
11                  let tmp = arr[j];
12                  arr[j] = arr[j + 1];
13                  arr[j + 1] = tmp;
14
15                  flag = true;
16              }
17          }
18
19          if !flag { break; }
20      }
21  }
22
23  // 选择排序算法的异步实现
24  pub async fn selection_sort<T: cmp::PartialOrd>(arr: &mut Vec<T>) {
25      if arr.is_empty() { return; }
26
27      for i in 0..arr.len() - 1 {
28          let mut min_index = i;
29          for j in i + 1..arr.len() {
30              if arr[j] < arr[min_index] {
31                  min_index = j;
32              }
33          }
34
35          if i != min_index {
36              arr.swap(i, min_index);
37          }
38      }
39  }
40
41  // 插入排序算法的异步实现
42  pub async fn insertion_sort<T: Copy + cmp::PartialOrd>(arr: &mut Vec<T>) {
43      if arr.is_empty() { return; }
44
45      for i in 1..arr.len() {
46          let current = arr[i];
47
48          let mut j = (i - 1) as i32;
49          while j >= 0 {
50              if arr[j as usize] > current {
51                  arr[(j + 1) as usize] = arr[j as usize];
52              } else {
53                  break;
54              }
55              j -= 1;
56          }
57
58          arr[(j + 1) as usize] = current;
59      }
60  }
```

```
61
62   // 堆排序算法的异步实现
63   pub async fn heap_sort<T: cmp::PartialOrd>(arr: &mut Vec<T>) {
64       build_heap(arr);
65
66       for i in (0..arr.len()).rev() {
67           arr.swap(0, i);
68           heapify(arr, 0, i);
69       }
70   }
71
72   fn build_heap<T: cmp::PartialOrd>(arr: &mut Vec<T>) {
73       let len = arr.len();
74       for i in (0..len / 2).rev() {
75           heapify(arr, i, len);
76       }
77   }
78
79   fn heapify<T: cmp::PartialOrd>(arr: &mut Vec<T>, idx: usize, len: usize) {
80       let mut idx = idx;
81       loop {
82           let mut max_pos = idx;
83           if 2 * idx + 1 < len && arr[idx] < arr[2 * idx + 1] { max_pos = 2 * idx + 1; }
84           if 2 * idx + 2 < len && arr[max_pos] < arr[2 * idx + 2] { max_pos = 2 * idx + 2; }
85
86           if max_pos == idx { break; }
87           arr.swap(idx, max_pos);
88           idx = max_pos;
89       }
90   }
91
92   // 归并排序算法的异步实现
93   pub async fn merge_sort<T: Copy + cmp::PartialOrd>(arr: &mut Vec<T>) {
94       if arr.is_empty() { return; }
95
96       let n = arr.len() - 1;
97       merge_sort_recursion(arr, 0, n);
98   }
99
100  fn merge_sort_recursion<T: Copy + cmp::PartialOrd>(arr: &mut Vec<T>, left: usize,
         right: usize) {
101      if left >= right { return; }
102      let middle = left + (right - left) / 2;
103
104      merge_sort_recursion(arr, left, middle);
105      merge_sort_recursion(arr, middle + 1, right);
106
107      merge(arr, left, middle, right);
108  }
109
110  fn merge<T: Copy + cmp::PartialOrd>(arr: &mut Vec<T>, left: usize, middle: usize,
         right: usize) {
111      let mut i = left;
```

```rust
112         let mut j = middle + 1;
113         let mut k = left;
114         let mut tmp = vec![];
115
116         while k <= right {
117             if i > middle {
118                 tmp.push(arr[j]);
119                 j += 1;
120                 k += 1;
121             } else if j > right {
122                 tmp.push(arr[i]);
123                 i += 1;
124                 k += 1;
125             } else if arr[i] < arr[j] {
126                 tmp.push(arr[i]);
127                 i += 1;
128                 k += 1;
129             } else {
130                 tmp.push(arr[j]);
131                 j += 1;
132                 k += 1;
133             }
134         }
135
136         for i in 0..=(right - left) {
137             arr[left + i] = tmp[i];
138         }
139     }
140
141     // 快速排序算法的异步实现
142     pub async fn quick_sort<T: cmp::PartialOrd>(arr: &mut Vec<T>) {
143         if arr.is_empty() { return; }
144
145         let len = arr.len();
146         quick_sort_recursion(arr, 0, len - 1);
147     }
148
149     fn quick_sort_recursion<T: cmp::PartialOrd>(arr: &mut Vec<T>, left: usize, right:
            usize) {
150         if left >= right { return; }
151
152         let pivot = partition(arr, left, right);
153         if pivot != 0 {
154             quick_sort_recursion(arr, left, pivot - 1);
155         }
156         quick_sort_recursion(arr, pivot + 1, right);
157     }
158
159     fn partition<T: cmp::PartialOrd>(arr: &mut Vec<T>, left: usize, right: usize) ->
            usize {
160         let pivot = right;
161         let mut i = left;
162
```

```
163        for j in left..right {
164            if arr[j] < arr[pivot] {
165                arr.swap(i, j);
166                i += 1;
167            }
168        }
169
170        arr.swap(i, right);
171        i
172    }
```

15.2.2 排序算法 API 库的异步实现

在 14.3.3 节已完成排序算法 API 库的非异步实现代码，下面编写排序算法 API 库的异步实现代码。

首先，修改 sort_middleware_lib/Cargo.toml，在 [dependencies] 下添加 async-std 依赖库。当前 [dependencies] 下的依赖库如下所示。

```
[dependencies]
sort_lib = { path = "../sort_lib" }
random_data_lib = { path = "../random_data_lib" }
async-std = "1.6.3"
time = "0.1"
```

然后，修改 sort_middleware_lib/src/lib.rs，取消原先的注释，代码如下所示。

```
1  pub mod sync_lib;
2  pub mod async_lib;
```

最后，修改 sort_middleware_lib/src/async_lib.rs，如代码清单 15-3 所示。

代码清单15-3　排序算法API库的异步实现

```
1  use sort_lib::async_lib;
2
3  pub async fn bubble_sort(mut arr: Vec<i32>, function_name: &str) {
4      let start = time::get_time();
5      async_lib::bubble_sort(&mut arr).await;
6      let end = time::get_time();
7      println!("{} duration: {:?}", function_name, (end - start).num_milliseconds());
8  }
9
10 pub async fn selection_sort(mut arr: Vec<i32>, function_name: &str) {
11     let start = time::get_time();
12     async_lib::selection_sort(&mut arr).await;
13     let end = time::get_time();
14     println!("{} duration: {:?}", function_name, (end - start).num_milliseconds());
15 }
16
17 pub async fn insertion_sort(mut arr: Vec<i32>, function_name: &str) {
18     let start = time::get_time();
19     async_lib::insertion_sort(&mut arr).await;
```

```
20        let end = time::get_time();
21        println!("{} duration: {:?}", function_name, (end - start).num_milliseconds());
22    }
23
24    pub async fn heap_sort(mut arr: Vec<i32>, function_name: &str) {
25        let start = time::get_time();
26        async_lib::heap_sort(&mut arr).await;
27        let end = time::get_time();
28        println!("{} duration: {:?}", function_name, (end - start).num_milliseconds());
29    }
30
31    pub async fn merge_sort(mut arr: Vec<i32>, function_name: &str) {
32        let start = time::get_time();
33        async_lib::merge_sort(&mut arr).await;
34        let end = time::get_time();
35        println!("{} duration: {:?}", function_name, (end - start).num_milliseconds());
36    }
37
38    pub async fn quick_sort(mut arr: Vec<i32>, function_name: &str) {
39        let start = time::get_time();
40        async_lib::quick_sort(&mut arr).await;
41        let end = time::get_time();
42        println!("{} duration: {:?}", function_name, (end - start).num_milliseconds());
43    }
```

15.2.3　创建可执行程序

在文件夹 project 中，使用如下命令创建名为 async_run 的二进制 crate。

```
$ cargo new async_run
```

生成新文件夹 async_run，async_run/src/main.rs 是当前 crate 的根模块。

修改 Cargo.toml，在 [dependencies] 下添加 sort_middleware_lib 和 random_data_lib 的路径以及 async-std 和 time 依赖库，具体依赖如下所示。

```
[dependencies]
sort_middleware_lib = { path = "../sort_middleware_lib" }
random_data_lib = { path = "../random_data_lib" }
async-std = "1.6.3"
time = "0.1"
```

使用异步编程库 async-std 实现异步并发排序功能，修改 async_run/src/main.rs，如代码清单 15-4 所示。

代码清单15-4　异步并发排序

```
1    use async_std::task;
2    use sort_middleware_lib::async_lib;
3
4    fn main() {
5        let n = 20000;
6        let start = time::get_time();
```

```
7
8        // 生成完全随机数组
9        let arr1 = random_data_lib::generate_random_array(n, 0, n);
10       let arr2 = arr1.clone();
11       let arr3 = arr1.clone();
12       let arr4 = arr1.clone();
13       let arr5 = arr1.clone();
14       let arr6 = arr1.clone();
15
16       // 生成近似有序数组
17       let arr11 = random_data_lib::generate_nearly_ordered_array(n, 100);
18       let arr12 = arr11.clone();
19       let arr13 = arr11.clone();
20       let arr14 = arr11.clone();
21       let arr15 = arr11.clone();
22       let arr16 = arr11.clone();
23
24       // 添加完全随机数组排序任务
25       let bubble_random_sort_task = task::spawn(async {
26           async_lib::bubble_sort(arr1, "bubble_random_sort").await;
27       });
28       let selection_random_sort_task = task::spawn(async {
29           async_lib::selection_sort(arr2, "selection_random_sort").await;
30       });
31       let insertion_random_sort_task = task::spawn(async {
32           async_lib::insertion_sort(arr3, "insertion_random_sort").await;
33       });
34       let heap_random_sort_task = task::spawn(async {
35           async_lib::heap_sort(arr4, "heap_random_sort").await;
36       });
37       let merge_random_sort_task = task::spawn(async {
38           async_lib::merge_sort(arr5, "merge_random_sort").await;
39       });
40       let quick_random_sort_task = task::spawn(async {
41           async_lib::quick_sort(arr6, "quick_random_sort").await;
42       });
43
44       // 添加近似有序数组排序任务
45       let bubble_nearly_ordered_sort_task = task::spawn(async {
46           async_lib::bubble_sort(arr11, "bubble_nearly_ordered_sort").await;
47       });
48       let selection_nearly_ordered_sort_task = task::spawn(async {
49           async_lib::selection_sort(arr12, "selection_nearly_ordered_sort").await;
50       });
51       let insertion_nearly_ordered_sort_task = task::spawn(async {
52           async_lib::insertion_sort(arr13, "insertion_nearly_ordered_sort").await;
53       });
54       let heap_nearly_ordered_sort_task = task::spawn(async {
55           async_lib::heap_sort(arr14, "heap_nearly_ordered_sort").await;
56       });
57       let merge_nearly_ordered_sort_task = task::spawn(async {
58           async_lib::merge_sort(arr15, "merge_nearly_ordered_sort").await;
59       });
60       let quick_nearly_ordered_sort_task = task::spawn(async {
61           async_lib::quick_sort(arr16, "quick_nearly_ordered_sort").await;
```

```
62        });
63
64        task::block_on(bubble_random_sort_task);
65        task::block_on(selection_random_sort_task);
66        task::block_on(insertion_random_sort_task);
67        task::block_on(heap_random_sort_task);
68        task::block_on(merge_random_sort_task);
69        task::block_on(quick_random_sort_task);
70
71        task::block_on(bubble_nearly_ordered_sort_task);
72        task::block_on(selection_nearly_ordered_sort_task);
73        task::block_on(insertion_nearly_ordered_sort_task);
74        task::block_on(heap_nearly_ordered_sort_task);
75        task::block_on(merge_nearly_ordered_sort_task);
76        task::block_on(quick_nearly_ordered_sort_task);
77
78        let end = time::get_time();
79        println!("duration: {:?}", (end - start).num_milliseconds());
80    }
```

在笔者电脑（处理器 2.5 GHz 四核 Intel Core i7，内存 16G）运行上述程序，各排序算法在单线程顺序、多线程并发和异步并发这 3 种方式下的执行时间如表 15-1 所示。虽然这 3 种方式运行时针对的不是完全相同的一组数据，但从中依然可以看出多线程并发、异步并发相比于单线程顺序执行在切换线程或任务过程中会产生一定的系统开销，但是在多核处理器上可以充分利用硬件能力，显著地提高程序的整体性能。

表 15-1　排序算法的执行时间

排序算法	单线程顺序（单位：毫秒）		多线程并发（单位：毫秒）		异步并发（单位：毫秒）	
	完全随机	近似有序	完全随机	近似有序	完全随机	近似有序
冒泡排序	30 195	18 658	36 669	22 993	34 697	22 798
选择排序	18 423	18 277	23 067	23 003	22 690	22 945
插入排序	8 517	122	10 114	159	11 371	193
堆排序	45	46	48	63	83	85
归并排序	75	71	93	111	138	134
快速排序	40	305	61	727	70	1 062
总　计	94 800		36 689		34 718	

15.3　本章小结

本章针对多线程并发、异步并发知识点进行综合实战训练，主要实现了使用线程池 threadpool 以多线程并发方式调用排序算法对大批量数据执行排序操作；使用异步编程库 async-std 以异步并发方式调用排序算法对大批量数据执行排序操作。

推荐阅读

中台战略

这是一本全面讲解企业如何建设各类中台，并利用中台以数字营销为突破口，最终实现数字化转型和商业创新的著作。

云徙科技是国内双中台技术和数字商业云领域领先的服务提供商，在中台领域有雄厚的技术实力，也积累了丰富的行业经验，已经成功通过中台系统和数字商业云服务帮助近百家国内外行业龙头企业实现了数字化转型。

数据中台

这是一部系统讲解数据中台建设、管理与运营的著作，旨在帮助企业将数据转化为生产力，顺利实现数字化转型。

本书由国内数据中台领域的领先企业数澜科技官方出品，几位联合创始人亲自执笔，7位作者都是资深的数据人，大部分作者来自原阿里巴巴数据中台团队。他们结合过去帮助百余家各行业头部企业建设数据中台的经验，系统总结了一套可落地的数据中台建设方法论。

中台实践

本书是国内领先的中台服务提供商云徙科技为近百家头部企业提供中台服务和数字化转型指导的经验总结。主要讲解了如下4个方面的内容：

第一，中台如何帮助企业让数字化转型落地，以及中台在资源整合、业务创新、数据闭环、应用移植、组织演进 5个方面为企业带来的价值；

第二，业务中台、数据中台、技术平台这3大平台的建设内容、策略和方法；

第三，中台如何驱动新地产、新汽车、新直销、新零售、新渠道5大行业和领域实现数字化转型，给出了成熟的解决方案（实现目标、解决方案和实现路径）和成功案例；

第四，开创性地提出了"软件定义中台"的思想，通过对中台的进化历程和未来演进方向的阐述，帮助读者更深入地理解中台并明确未来的行动方向。

中台架构与实现

这是一部系统讲解如何基于DDD思想实现中台和微服务协同设计和落地的著作。

它将DDD、中台和微服务三者结合，一方面，它为中台的划分和领域建模提供指导，帮助企业更好地完成中台建设，实现中台的能力复用；一方面，它为微服务的拆分和设计提供指导，帮助团队提升分布式微服务的架构设计能力。给出了一套体系化的基于DDD思想的企业级前、中、后台协同设计方法。